T0156145

MINTUS – Beiträge zur mathematisch-naturwissenschaftlichen Bildung

Reihe herausgegeben von

Ingo Witzke, Mathematikdidaktik, Universität Siegen
Siegen, Deutschland

Oliver Schwarz, Didaktik der Physik, Universität Siegen
Siegen, Deutschland

MINTUS ist ein Forschungsverbund der **MINT**-Didaktiken an der Universität Siegen. Ein besonderes Merkmal für diesen Verbund ist, dass die Zusammenarbeit der beteiligten Fachdidaktiken gefördert werden soll. Vorrangiges Ziel ist es, gemeinsame Projekte und Perspektiven zum Forschen und auf das Lehren und Lernen im MINT-Bereich zu entwickeln.

Ein Ausdruck dieser Zusammenarbeit ist die gemeinsam herausgegebene Schriftenreihe *MINTUS – Beiträge zur mathematisch-naturwissenschaftlichen Bildung*. Diese ermöglicht Nachwuchswissenschaftlerinnen und Nachwuchs-wissenschaftlern, genauso wie etablierten Forscherinnen und Forschern, ihre wissenschaftlichen Ergebnisse der Fachcommunity vorzustellen und zur Diskussion zu stellen. Sie profitiert dabei von dem weiten methodischen und inhaltlichen Spektrum, das MINTUS zugrunde liegt, sowie den vielfältigen fachspezifischen wie fächerverbindenden Perspektiven der beteiligten Fachdidaktiken auf den gemeinsamen Forschungsgegenstand: die mathematisch-naturwissenschaftliche Bildung.

Frederik Dilling · Kathrin Holten
Ingo Witzke
Hrsg.

Interdisziplinäres Forschen und Lehren in den MINT-Didaktiken

Mathematik mit Informatik, Naturwissenschaften und Technik in der Bildungsforschung vernetzt denken

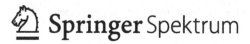 Springer Spektrum

Hrsg.
Frederik Dilling
Didaktik der Mathematik
Universität Siegen
Siegen, Deutschland

Kathrin Holten
Pädagogische Hochschule Kärnten
Klagenfurt, Österreich

Ingo Witzke
Didaktik der Mathematik
Universität Siegen
Siegen, Deutschland

ISSN 2661-8060 ISSN 2661-8079 (electronic)
MINTUS – Beiträge zur mathematisch-naturwissenschaftlichen Bildung
ISBN 978-3-658-43872-2 ISBN 978-3-658-43873-9 (eBook)
https://doi.org/10.1007/978-3-658-43873-9

Die Deutsche Nationalbibliothek verzeichnet diese Publikation in der Deutschen Nationalbibliografie; detaillierte bibliografische Daten sind im Internet über https://portal.dnb.de abrufbar.

Planung/Lektorat: Marija Kojic
Springer Spektrum ist ein Imprint der eingetragenen Gesellschaft Springer Fachmedien Wiesbaden GmbH und ist ein Teil von Springer Nature.
Die Anschrift der Gesellschaft ist: Abraham-Lincoln-Str. 46, 65189 Wiesbaden, Germany

Das Papier dieses Produkts ist recycelbar.

Inhaltsverzeichnis

Autorenverzeichnis

Amelie Vogler Institut für Didaktik der Mathematik, Universität Bielefeld, Bielefeld, Deutschland

Frederik Dilling Didaktik der Mathematik, Universität Siegen, Siegen, Deutschland

Heiko Etzold Didaktik der Mathematik, Universität Potsdam, Potsdam, Deutschland

Kathrin Holten Pädagogische Hochschule Kärnten, Klagenfurt, Österreich

Simon Friedrich Kraus Didaktik der Physik, Universität Siegen, Siegen, Deutschland

Felicitas Pielsticker Didaktik der Mathematik, Universität Siegen, Siegen, Deutschland

Christoph Pielsticker Radiologie, Krankenhaus (wechselnder Standort), Schwedt, Deutschland

Julian Plack Didaktik der Mathematik, Universität Siegen, Siegen, Deutschland

Rebecca Schneider Didaktik der Mathematik, Universität Siegen, Siegen, Deutschland

Gero Stoffels Institut für Mathematikdidaktik, Universität zu Köln, Köln, Deutschland

Ingo Witzke Didaktik der Mathematik, Universität Siegen, Siegen, Deutschland

Perspektiven interdisziplinärer Forschung und Lehre in den MINT-Didaktiken – Eine Einführung

Frederik Dilling, Kathrin Holten und Ingo Witzke

1 Die Zielsetzung dieses Sammelbands

Unter dem Akronym MINT versteht man die Gesamtheit der Disziplinen Mathematik, Informatik, Naturwissenschaften und Technik. Mit MINT sind in der öffentlichen Wahrnehmung neben vielen positiven Assoziationen leider aber auch Schlagworte wie Studienabbruchquote oder Fachkräftemangel verbunden. Daher ist es nachvollziehbar, dass zahlreiche Initiativen dafür einstehen, die Bildung im MINT-Bereich zu stärken, um negativen Entwicklungen entgegenzuwirken. Hier ist beispielsweise das Bundesministerium für Bildung und Forschung mit seinem Aktionsplan zu nennen (BMBF, 2022). Auch aus fachdidaktischer Perspektive ist die MINT-Bildung von großem Interesse. Der vorliegende Band greift dieses Interesse auf, nimmt dabei aber nicht die Perspektiven einzelner Fachdidaktiken in den Blick, sondern insbesondere solche Vorhaben, die aus der Perspektive zweier oder mehrerer MINT-Didaktiken heraus entstanden sind. Diese interdisziplinäre didaktische Sicht nennen wir *fachdidaktischverbindend* (Holten & Witzke, 2017); dies beschreibt eine interdisziplinäre Kooperation der Fachdidaktiken in Forschung oder Lehre und bedeutet gemeinsam formulierten, interdisziplinären

F. Dilling (✉) · I. Witzke
Didaktik der Mathematik, Universität Siegen, Siegen, Deutschland
E-Mail: dilling@mathematik.uni-siegen.de; witzke@mathematik.uni-siegen.de

K. Holten
Pädagogische Hochschule Kärnten, Klagenfurt, Österreich
E-Mail: kathrin.holten@ph-kaernten.ac.at

F. Dilling et al. (Hrsg.), *Interdisziplinäres Forschen und Lehren in den MINT-Didaktiken*, MINTUS – Beiträge zur mathematisch-naturwissenschaftlichen Bildung, https://doi.org/10.1007/978-3-658-43873-9_1

Fragestellungen in Form konkreter Vorhaben nachzugehen. Zielsetzung dieses Bandes ist eine Sammlung an Beiträgen zu fachdidaktischverbindender Forschung und Lehre in den MINT-Fächern an der Schule oder Hochschule, um

- *Impulse für die gemeinsame Forschung der MINT-Fachdidaktiken zu übergreifenden Themenbereichen zu setzen,*
- *neue Perspektiven auf fächerverbindenden bzw. fachübergreifenden Unterricht im MINT-Bereich durch die Integration verwandter Fachdidaktiken einzunehmen,*
- *empirische und theoretische Perspektiven auf Lehr- und Lernprozesse in den MINT-Fächern an der Schule oder Hochschule aus fachdidaktischverbindender Perspektive zu eröffnen und*
- *das Konzept sog. fachdidaktischverbindender Forschung und Lehre in der Lehramtsausbildung zu diskutieren.*

2   Die Perspektive der Mathematik

Die Initiative für diesen Band und auch ein Großteil der Autor*innen kommt aus dem Bereich der Mathematikdidaktik. Der Fokus auf die Mathematik lässt sich auch an den einzelnen Beiträgen unmittelbar erkennen. Nun mögen Leser*innen zurecht darüber verwundert sein, dass sich Mathematikdidaktiker*innen mit Fragen aus dem MINT-Bereich beschäftigen. So handelt es sich bei der Mathematik, der Informatik, den Naturwissenschaften und der Technik doch um teilweise sehr unterschiedliche Disziplinen, die in der Schule auch getrennt voneinander unterrichtet werden. Der theoretische Hintergrund der Siegener Arbeitsgruppe für Mathematikdidaktik legt jedoch die folgende Sichtweise nahe: „Blickt man auf den arbeitenden (forschenden) Mathematiker, so verschwimmt der Unterschied zwischen ihm und seinen naturwissenschaftlichen Kollegen zunehmend" (Burscheid & Struve, 2009, S. 1). Wir gehen noch einen Schritt zurück und blicken von den Wissenschaftler*innen zu den Lernenden. Denn wir folgen der These, dass Schüler*innen sich im Mathematikunterricht so verhalten, als würden sie über empirische (d. h. naturwissenschaftliche) Theorien verfügen (vgl. Burscheid & Struve, 2009; Witzke, 2009; Pielsticker, 2020; Stoffels, 2020; Dilling, 2022; Schneider, 2023). Die empirischen Theorien der Lernenden sind Theorien über die im Unterricht eingesetzten Lehr-Lern-Mittel (Struve 1990). Das Wissen der Schüler*innen ist durch das verwendete Material – wir würden sagen durch die empirischen Objekte – ontologisch gebunden an die uns umgebende Realität. Der Begriff empirisch bedeutet in unserer Sprechweise, dass sowohl die Phase der Hypothesenbildung als auch die Phase der Wissenssicherung, d. h. dass ein mathematischer Sachverhalt gilt, im Mathematikunterricht zunächst anschauungsgebunden und experimentell, beispielsweise an Zeichenblattfiguren erfolgt. Die Wissenserklärung, d. h. warum ein mathematischer Sachverhalt gilt, geschieht durch das Zurückführen auf bekanntes Wissen durch logische Schlüsse. Wir bezeichnen solche Settings, die die drei genannten Phasen beinhalten, als förderlich für eine tragfähige Wissensentwicklung in einem empirischen Mathematikunterricht.

Folgt man dieser Annahme, so unterscheiden sich die MINT-Fächer auf erkenntnistheoretischer Ebene nicht in Bezug auf die Herangehensweisen und Prozesse. Das Bilden von Hypothesen, das Überprüfen der Hypothesen in realistischen Experimenten und die Entwicklung eines präzisen Begriffssystems verbunden durch logische Schlüsse ist für die (Schul-)Mathematik genauso wie für die Informatik, die Naturwissenschaften und auch die Technik prinzipiell ähnlich, wenngleich sich die Inhaltsbereiche bzw. Phänomenbereiche selbstverständlich deutlich unterscheiden: Während in der Mathematik beispielsweise Zeichenblattfiguren (Geometrie), Glücksspiele (Wahrscheinlichkeitsrechnung) oder Kurven (Analysis) betrachtet werden, sind es beispielsweise in der Informatik Programme, in den Naturwissenschaften das Zusammenwirken von Teilchen oder die Beziehungen von Tieren innerhalb von Ökosystemen, in der Technik schließlich Mechanismen und Maschinen. Zwischen den einzelnen Phänomenbereichen gibt es selbstverständlich Überschneidungen, die sich im Unterricht produktiv zur Vernetzung von Wissen nutzen lassen (vgl. z. B. Beckmann, 2003; Dilling et al., 2022; Dilling & Kraus, 2023). So verlangen auch die Bildungsstandards, reale Anwendungen „aus Natur, Gesellschaft und Kultur" (Winter, 1995, S. 37) adäquat in den Mathematikunterricht zu integrieren. Diese verschiedenen außermathematischen Kontexte bieten über die bloße Anwendung von Mathematik hinaus zahlreiche Möglichkeiten, einen Begriff in unterschiedlichen Erfahrungsbereichen zu verwenden und Begriffsbildungsprozesse anzuregen. Dies stellt Lehrer*innen und Schüler*innen aber durchaus vor große Herausforderungen, da es zusätzlichen außermathematischen kontextspezifischen Wissens bedarf, um authentische Zugänge anbieten zu können und das reine Einkleiden in Sachkontexte zu vermeiden. Die Aufgabe, wesentliche Begriffe aus mathematikhaltigen INT-Kontexten zu identifizieren und im Mathematikunterricht aufzugreifen, sollten Mathematiklehrkräfte dennoch wahrnehmen, um eine kontextspezifische inhaltliche Bedeutungszuweisung überhaupt erst zu ermöglichen.

Daher liegt es aus mathematikdidaktischer Sicht nahe, zur Beschreibung der Wissensentwicklungsprozesse der Lernenden auch die fachdidaktischen Erkenntnisse benachbarter Disziplinen, also der INT-Fachdidaktiken zu konsultieren. Umgekehrt scheint es auch aus einer INT-didaktischen Perspektive heraus lohnenswert, mathematikdidaktische Erkenntnisse einzubeziehen (vgl. bspw. Geyer & Kuske-Janßen, 2019; Pospiech & Karam, 2016; Uhden, 2012). Neben den außermathematischen Kontexten, die zusätzliche inhaltliche Fähigkeiten erfordern, ist auch unsere Beobachtung zu nennen, dass Methoden, insbesondere aus dem naturwissenschaftlichen Unterricht für den Mathematikunterricht zunehmend an Bedeutung gewinnen (Goy & Kleine, 2015; Philipp, 2013) und daher auch entsprechend naturwissenschaftsdidaktische Fertigkeiten für die Vermittlung gefordert sind.

3   Fachdidaktischverbindendes Forschen und Lehren

Eine Methodologie zur interdisziplinären Kooperation der Fachdidaktiken bietet Holten (2022) in Form einer Handlungsfolge an, die an einem konkreten Vorhaben aus den Disziplinen Mathematikdidaktik und Physikdidaktik heraus abgeleitet wurde.

„Fachdidaktischverbindende Arbeit scheint demnach zu gelingen, indem die folgenden Schritte ausgeführt werden:

[1] Ein gemeinsames Ziel z. B. in Form eines gemeinsamen Erkenntnisinteresses formulieren.

→ Eine geeignete Kooperationsform wählen.

[2] Den die Disziplingrenzen überschreitenden Anwendungsbereich im Rahmen des Erkenntnisinteresses festlegen.

[3] Eigenheiten der einzelnen fachdidaktischen Begriffe, Denkweisen und Methoden innerhalb des Anwendungsbereichs sukzessive erkunden.

→ Eigenaspekte der beteiligten Disziplinen identifizieren.

[4] Gemeinsamkeiten und Unterschiede zwischen den dargestellten fachdidaktischen Begriffen, Denkweisen und Methoden herausstellen als Ausgangspunkte der Kooperation.

→ Fremdaspekte der jeweils benachbarten Disziplin erkennen und erklären können.

[5] Verbindende Sichtweise formulieren.

→ Im Aushandlungsprozess Einigung auf gemeinsam zu verwendende disziplinäre Begriffe, Denkweisen und Methoden und ggf. Konstruktion verbindender Begriffe, Denkweisen und Methoden.

[6] Anwendung der fachdidaktischverbindenden Sichtweise zur Erreichung des gemeinsamen Ziels.

[7] Geltungsbereich der fachdidaktischverbindenden Sichtweise abstecken.

[8] Metaperspektive einnehmen und Passung von Erkenntnisinteresse, fachdidaktischverbindender Sichtweise und Geltungsbereich überprüfen; ggf. zurück zu Schritt [1], um durch Erreichen des gemeinsamen Ziels eine Bereicherung der Fachdidaktiken zu erzielen." (Holten, 2022, S. 216).

Dieser Leitfaden zur Durchführung interdisziplinärer Kooperationen der Fachdidaktiken wurde bereits erfolgreich im Projekt InterTeTra umgesetzt, in dem Didaktiker*innen der Mathematik und der Physik an der Universität Siegen und der Hanoi National University of Education an gemeinsamen Themen geforscht haben und diese in die Lehrer*innenbildung eingebracht haben (Kraus & Krause, 2020; Dilling & Kraus, 2022; Dilling et al., 2019). Auch im Kontext der interdisziplinären Vorhaben, die in diesem Sammelband vorgestellt werden, konnte der Leitfaden eine sinnvolle Herangehensweise bieten.

4 Ein Blick in den Sammelband

Die beiden Facetten Forschung und Lehrer*innenbildung von fachdidaktischverbindender Kooperation spielen in den Beträgen dieses Sammelbandes eine gleichsam bedeutende Rolle. In diesem Sammelband werden verschiedene interdisziplinäre Perspektiven auf Forschung und Lehre im MINT-Bereich eröffnet, wobei die Mathematikdidaktik als Hauptbezugsdisziplin dieses Bandes in allen Beiträgen auftaucht.

Der erste Artikel in diesem Band stammt von Gero Stoffels. Er befasst sich am Beispiel der sogenannten „Flat-Earthers"-Bewegung mit der wissenschaftlichen Diskussion und Infragestellung von Verschwörungstheorien. Ausgehend von einem Ausschnitt aus einem Physikbuch werden Aspekte der Verschwörungstheorie mathematisch analysiert und kritisch geprüft. Diese Aktivitäten können im Unterricht einen Ausgangspunkt für die Entwicklung eines adäquaten Verständnisses der Mathematik und der Naturwissenschaften im Sinne des Auffassungs- und „Nature of Science"-Konzepts bilden.

Auch der zweite Beitrag nimmt die Verbindung zwischen der Mathematik und der Physik in den Blick. Frederik Dilling erörtert ausgehend von verschiedenen Erkenntnismodellen der Naturwissenschaften, welchen Status Begründungen in einem empirischen Mathematikunterricht haben können. Dabei spielen die einleitend bereits erwähnten Phasen der Hypothesenbildung, der Wissenssicherung und der Wissenserklärung, aber auch die Verwendung sogenannter theoretischer Begriffe eine besondere Rolle. Die entwickelte Konzeption wird anschließend genutzt, um drei Ausschnitte aus einem Mathematikschulbuch zu analysieren und Implikationen für die Unterrichtspraxis zu formulieren.

Im dritten Beitrag wird ein gemeinsames Vorhaben des Physikdidaktikers Simon Kraus und des Mathematikdidaktikers Frederik Dilling vorgestellt. Im Rahmen einer qualitativen Interviewstudie haben die Autoren Beliefs von Lehrkräften der Fächer Mathematik und Physik zu dem für beide Fächer fundamentalen Begriff des Modells bzw. dem zugehörigen Prozess des Modellierens erhoben. Aus der Perspektive der Lehrkräfte konnten vier Funktionen von Modellen im Mathematik- und Physikunterricht identifiziert werden, die im Beitrag ausgiebig diskutiert werden: eine didaktische Funktion, eine erkenntnistheoretische Funktion, eine problemlösende Funktion und eine fachkulturelle Funktion.

Heiko Etzold geht im vierten Beitrag gezielt auf die universitäre Lehrer*innenbildung in der Mathematik und der Physik ein. Seit dem Wintersemester 2020/2021 findet das Studium für das Lehramt in den Fächern Mathematik und Physik an der Universität Potsdam in einem verbindenden Studiengang mit engen inhaltlichen und organisatorischen Abstimmungen zwischen den Fächern statt. Der Beitrag zeigt Chancen und Herausforderungen einer solchen grundlegenden Neukonzeption im Bereich der Lehre auf.

Der fünfte Beitrag von Kathrin Holten und Amelie Vogler beschäftigt sich mit einem fächerverbindenden Zugang zu zweidimensionalen Darstellungen von Körpern in der Primarstufe. Anhand eines Lernsettings, das die Entstehung von Schatten thematisiert, wird konkret aufgezeigt, welches Potenzial physikalische Kontexte aus der Erfahrungswelt der Schüler*innen für mathematische Wissensentwicklungsprozesse bieten. Die fachdidaktischverbindende Reflexion des Lernsettings und die Analyse eines Fallbeispiels zeigen aber auch auf, wie herausfordernd der ehrliche Umgang mit Kontexten für Schüler*innen und Lehrpersonen sein kann.

Auch der sechste Beitrag von Rebecca Schneider und Ingo Witzke zeigt Verbindungen zum Sachunterricht. In einer Fallstudie arbeiteten Schüler*innen an der Aufgabe, Möbel ihres Klassenraumes maßstabsgetreu auf einem Plan abzubilden. Die Bearbeitungsprozesse einer Schülerinnengruppe werden vor dem Hintergrund des wissenschaftstheoretischen Strukturalismus tiefgehend analysiert, sodass empirische Schüler*innentheorien zum Maßstabsbegriff formal rekonstruiert werden konnten. Diese legen nahe, dass mit Blick auf die Schüler*innentheorien neben einem arithmetischen auch ein geometrischer Maßstabsbegriff im Mathematikunterricht adressiert werden sollte. Die Ergebnisse werden in Bezug auf den Mathematik- und den Sachunterricht der Primarstufe eingeordnet.

Julian Plack untersucht in Beitrag 7 den Übergang von der Schule in ein ingenieurwissenschaftliches Studium. Im Rahmen einer quantitativen Studie geht er der Frage nach, welche schulischen Eingangsparameter und schulmathematischen Kenntnisse Einfluss auf den Studienerfolg im ersten Semester haben. Ein Ergebnis ist, dass die untersuchten Studierenden grundlegende Probleme mit mathematischen Inhalten der Sekundarstufe I haben und sich dies stark auf die Klausurergebnisse in der Mathematik-Veranstaltung des ersten Semesters auswirkt.

Die Beiträge 8 und 9 in dem Band stammen aus einer interdisziplinären Kooperation der Mathematikdidaktikerin Felicitas Pielsticker, des Mathematikdidaktikers Ingo Witzke und des Radiologen Christoph Pielsticker. Gemeinsam betrachten sie neurowissenschaftlich-radiologische Befunde mit Bezug auf das Mathematiklernen. Dabei geht es zum einen um das automatisierende Üben, welches insbesondere im Bereich der Arithmetik und Algebra eine bedeutende Rolle spielt. Zum anderen wird das Thema Rechenschwierigkeiten vor einem neurowissenschaftlichen Hintergrund beleuchtet.

Der zehnte und letzte Beitrag des Bands von Felicitas Pielsticker und Ingo Witzke thematisiert die Verbindung von Mathematik und Realität durch einen vergleichenden Blick auf zwei verschiedenen Ansätze: Einerseits das Modellieren im Mathematikunterricht, welches analytisch Mathematik und Realität voneinander trennt, und andererseits empirische mathematische Theorien, welche analytisch Mathematik und Empirie als Einheit begreifen. Am Beispiel einer Fallsituation zum „manipulierten Spielwürfel" in der Wahrscheinlichkeitsrechnung werden die Potenziale der beiden Ansätze zur Beschreibung von Wissensentwicklungs- und Wissensanwendungsprozessen erörtert sowie Gemeinsamkeiten und Unterschiede identifiziert.

Wir freuen uns, dass dieser Band mit den zusammengetragenen Beiträgen vielfältige Einsichten in die Anwendung und Weiterentwicklung fachdidaktischverbindender Ansätze im Bereich der MINT-Fächer liefern kann und dabei Impulse für eine verstärkte Zusammenarbeit der MINT-Fachdidaktiken in den Bereichen Forschung und Lehre gibt. Wir wünschen viel Freude beim Lesen und hoffen, dass wir auf nachfolgende Sammelwerke zu weiteren und neuen Themenbereichen neugierig machen können.

Siegen, September 2023
Frederik Dilling, Kathrin Holten und Ingo Witzke

Literatur

Beckmann, A. (2003). *Fächerübergreifender Unterricht. Konzept und Begründung.* Franzbecker.

BMBF. (2022). MINT-Aktionsplan 2.0, Bundesministerium für Bildung und Forschung. https://www.bmbf.de/bmbf/de/home/_documents/mint-aktionsplan.html. Zugegriffen am 08.06.2022.

Burscheid, H. J., & Struve, H. (2009). *Mathematikdidaktik in Rekonstruktionen. Ein Beitrag zu ihrer Grundlegung.* Franzbecker.

Dilling, F. (2022). *Begründungsprozesse im Kontext von (digitalen) Medien im Mathematikunterricht. Wissensentwicklung auf der Grundlage empirischer Settings.* Springer Spektrum.

Dilling, F., & Kraus, S. F. (Hrsg.). (2022). *Comparison of mathematics and physics education II. Examples of interdisciplinary teaching at school.* Springer Spektrum.

Dilling, F., & Kraus, S. F. (Hrsg.). (2023). *Mathematik – Astronomie – Physik. Themenheft in Zeitschrift Der Mathematikunterricht, 69*(2). Friedrich.

Dilling, F., Holten, K., & Krause, E. (2019). Explikation möglicher inhaltlicher Forschungsgegenstände für eine Wissenschaftskollaboration der Mathematikdidaktik und Physikdidaktik – Eine vergleichende Inhaltsanalyse aktueller deutscher Handbücher und Tagungsbände. *Mathematica Didactica, 42*(2), 87–104.

Dilling, F., Rott, B., & Witzke, I. (Hrsg.). (2022). *Mathematik im Kontext Physik. Themenheft in Zeitschrift Mathematik Lehren 231.* Friedrich.

Geyer, M.-A., & Kuske-Janßen, W. (2019). Mathematical Representations in Physics Lessons. In G. Pospiech, M. Michelini, & B.-S. Eylon (Hrsg.), *Mathematics in physics education* (S. 75–102). Springer.

Goy, A., & Kleine, M. (2015). *Experimentieren. Themenheft in Praxis der Mathematik in der Schule, 65.*

Holten, K. (2022). *Fachdidaktischverbindendes Forschen und Lehren in der Mathematiklehrer*innenbildung. Neue Perspektiven auf das Lehren und Lernen von Mathematik (und Physik).* Springer Spektrum.

Holten, K., & Witzke, I. (2017). Chancen und Herausforderungen fachdidaktischverbindender Elemente in der Lehramtsausbildung. In U. Kortenkamp & A. Kuzle (Hrsg.), *Beiträge zum Mathematikunterricht 2017. 51. Jahrestagung der Gesellschaft für Didaktik der Mathematik vom 27.02.2017 bis 03.03.2017 in Potsdam* (S. 457–460). WTM.

Kraus, S. F., & Krause, E. (Hrsg.). (2020). *Comparison of mathematics and physics education I. Theoretical foundation for interdisciplinary collaboration.* Springer Spektrum.

Philipp, K. (2013). *Experimentelles Denken. Theoretische und empirische Konkretisierung einer mathematischen Kompetenz.* Springer Spektrum.

Pielsticker, F. (2020). *Mathematische Wissensentwicklungsprozesse von Schülerinnen und Schülern. Fallstudien zu empirisch-orientiertem Mathematikunterricht mit 3D-Druck.* Springer Spektrum.

Pospiech, G., & Karam, R. (Hrsg.). (2016). *Mathematik im Physikunterricht. Themenheft in Zeitschrift Naturwissenschaften im Unterricht Physik.* Friedrich.

Schneider, R. (2023). *Komparative Fallanalysen zur Spezifität von Wissensentwicklungsprozessen in empirischen Settings im Mathematikunterricht der Grundschule.* Springer Spektrum.

Stoffels, G. (2020). *(Re-)Konstruktion von Erfahrungsbereichen bei Übergängen von empirisch-gegenständlichen zu formal-abstrakten Auffassungen. Eine theoretische Grundlegung sowie Fallstudien zur historischen Entwicklung der Wahrscheinlichkeitsrechnung und individueller Entwicklungen mathematischer Auffassungen von Lehramtsstudierenden beim Übergang Schule-Hochschule.* universi – Universitätsverlag Siegen.

Struve, H. (1990). *Grundlagen einer Geometriedidaktik.* BI-Wiss.-Verl.

Uhden, O. (2012). *Mathematisches Denken im Physikunterricht. Theorieentwicklung und Problemanalyse.* Logos.

Winter, H. (1995). Mathematikunterricht und Allgemeinbildung. *Mitteilungen der Gesellschaft für Didaktik der Mathematik, 61*, 37–46.

Witzke, I. (2009). *Die Entwicklung des Leibnizschen Calculus. Eine Fallstudie zur Theorieentwicklung in der Mathematik.* Franzbecker.

„Flat Earthers", Ernsthaft? – Weltbilder mit mathematischen Methoden interdisziplinär betrachten

Gero Stoffels

1 „Flat Earthers" im Schulbuch: Eine Analyse

Die Motivation und der Ausgangspunkt für diesen Artikel ist eine Schulbuchseite (Abb. 1), die mir bei der Durchsicht des Physikbuchs „Universum Physik, Band 7–10 G9 NRW" (Burisch et al., 2020a, S. 76) ins Auge gefallen ist. Zunächst wird diese Seite analysiert und in eine Schulbuchstrukturanalyse eingebettet.

Stoffels (2020, S. 220–252 & 334) hat die Strukturdefinitionen nach Rezat (2010), Makro-, Meso- und Mikrostruktur, um die Ebenen der Mega- und Nano-Struktur[1] erweitert. In diesem Artikel wird zur Einordnung der obigen Schul-

---

[1] Die *Megastruktur* bezieht sich auf die Struktur einer Schulbuchreihe und ihrer Konzeption über mehrere Jahrgangsstufen, z. B. Änderung und Ergänzung von weiteren Strukturelementtypen, oder Begriffsentwicklungen über die verschiedenen Bände der Schulbuchreihe (Stoffels, 2020, S. 250). Nach Rezat (2008, S. 47) beschreibt die *Makrostruktur* die grundlegende Systematik eines einzelnen Schulbuchs, insbesondere welche Themenbereiche enthalten, in welcher Reihung sie angeordnet und inwiefern diese Themenfelder miteinander vernetzt sind. Die *Mesostruktur* beschreibt die Struktur eines Kapitels in einem Schulbuch zu einem Themenfeld, das in der Regel ebenfalls untergliedert ist und Stoff für mehrere Unterrichtsstunden bereithält (Rezat, 2008, S. 48). Die *Mikrostruktur* behandelt den Aufbau einzelner thematischer Abschnitte in einem Kapitel, z. B. Lerneinheiten (Rezat, 2008, S. 48). Die *Nanostruktur* behandelt die Strukturanalyse einzelner Aufgaben, sowie deren Zusammen-

---

G. Stoffels (✉)
Institut für Mathematikdidaktik, Universität zu Köln, Köln, Deutschland
E-Mail: gero.stoffels@uni-koeln.de

© Der/die Autor(en), exklusiv lizenziert an Springer Fachmedien Wiesbaden GmbH, ein Teil von Springer Nature 2024
F. Dilling et al. (Hrsg.), *Interdisziplinäres Forschen und Lehren in den MINT-Didaktiken*, MINTUS – Beiträge zur mathematisch-naturwissenschaftlichen Bildung, https://doi.org/10.1007/978-3-658-43873-9_2

///. METHODE //

Mit Informationen kritisch umgehen

Das Internet bietet eine unbegrenzte Fülle an Informationen. Dieser unbeschränkte Zugang zu Informationen bringt aber nicht nur Vorteile mit sich: Jeder kann jederzeit Informationen weltweit verbreiten. Das lässt auch Raum für Manipulation und Fake News. Nur weil etwas im Internet behauptet wird, heißt das noch lange nicht, dass das auch wirklich stimmt. Daher ist es wichtig, die Glaubwürdigkeit einer Quelle zu hinterfragen. Wir sehen uns die Thesen der Flat-Earth-Society an, um daran zu verstehen, wie wir uns kritisch mit Informationen auseinandersetzen sollten.

Die Flat-Earth-Society ist seit 1849 davon überzeugt, dass unsere Erde eine flache Scheibe mit dem Nordpol im Zentrum und einem antarktischen Eiswall am Rand sei (▸ Bild 01). Die Sonne befinde sich dabei weniger als 4000 Meilen von London entfernt. Ursprünglich wurde die Theorie mit der Bibel begründet, obwohl seitens der Kirche dieser Gedanke nicht unterstützt wurde. Später erklärte die Gruppierung, dass eine Verschwörung der Mächtigen bewusst die Menschen in die Irre führen möchte, um sie zu blindem Glauben und Gehorsam zu erziehen.

Die Krümmung der Erde widerlegen die Anhänger der Flat-Earth-Society u.a. wie folgt. Schüttet man Wasser auf einen großen Ball, dann läuft es an den Seiten herunter. Selbst aus einem Flugzeug heraus kann man die Krümmung nicht erkennen. Außerdem könne die Erde nicht mit fast 1700 $\frac{km}{h}$ um ihre eigene Achse rotieren, da sonst alles, was sich auf ihr befindet, weggeschleudert werde. Dass Gegenstände auf den Erdboden fallen, erklären sie damit, dass die flache Erdscheibe konstant nach oben beschleunige.

Durch das Internet erfährt die Flat-Earth-Society einen großen Aufschwung. In den sozialen Netzwerken hatte die Gruppierung im Jahr 2019 über 200 000 Follower.

Bevor du diese Informationen verwertest, solltest du dir einige Fragen stellen: Kann das wirklich sein? Wer ist diese Flat-Earth-Society und welche Intention verfolgt sie vielleicht? Gibt es andere Quellen, die das Gegenteil beweisen können?

01 Weltbild der Flat-Earth-Society

Seitdem sich die Menschen in den Weltraum gewagt haben, existieren Fotos von der runden Erde. Auch die Argumente der Flat-Earth-Society, die vielleicht auf den ersten Blick überzeugend wirken, lassen sich mit physikalischem Fachwissen und eigenen Experimenten leicht widerlegen.

Auch die Zahl der Follower darf nicht falsch interpretiert werden. Sie besagt nicht, dass alle die Theorie unterstützen. Es bleibt unklar, wie viele nur Interesse an den Aktivitäten haben und wie viele zur Belustigung der Gruppierung folgen. Die eingetragenen Mitglieder der Flat-Earth-Society ist deutlich geringer.

1ʃ Erkläre die wissenschaftlichen Argumente, die gegen die Theorie einer flachen Erde sprechen. ◖

2ʃ Einige Menschen sind der Meinung, dass die Mondlandung nie stattgefunden hat und die Aufnahmen in einem Fotostudio nachgestellt wurden. Bewerte diese Information, indem du Argumente für und gegen eine Mondlandung gegenüberstellst. Nimm Stellung. ■

Abb. 1 Schulbuchseite in der das Weltbild der „Flat Earthers" diskutiert wird, um auf den kritischen Umgang mit Informationen hinzuweisen. (Burisch et al., 2020a, S. 76)

buchseite nur die Makro-, Meso- und Mikrostruktur betrachtet und dann auf die Nanostruktur fokussiert. Dies liegt unter anderem daran, dass „Universum-Physik Nordrhein-Westfalen G9, Klasse 7–10" ein jahrgangsübergreifendes Schulbuch ist. Die Megastruktur über mehrere Jahrgänge ist also in einem Buch vereint. Das Schulbuch ist in Kapitel gegliedert und nach Themen geordnet. Diese Themen lauten: optische Instrumente; Sterne und Weltall; Bewegung, Kraft und Energie; Druck und Auftrieb; Elektrizität; ionisierende Strahlung und Kernenergie sowie Energieversorgung. Im Schulbuch selbst wird keine explizite Vorgabe zur jahrgangsspezifischen Themenbehandlung gemacht, sofern man von der Reihung der Kapitel absieht.

Eingebettet ist die bezüglich ihrer Nanostruktur zu untersuchende Schulbuchseite in das Kap. „Sterne und Weltall", in dem ausgehend von der Erde und dessen Beleuchtung durch die Sonne über die Mondphasen ein Einblick in das Sonnensystem und darüber hinaus, geworfen wird. Vor dem Abschluss des Kapitels, der durch eine Überprüfungsmöglichkeit des eigenen Lernstands gebildet wird, werden verschiedene weitere Weltbilder, u. a. das Aristotelische, Ptolemäische, Kopernikanische und Keplersche dargestellt. Auch Newtons Gravitationsgesetz wird in diesem Kontext ebenso erwähnt wie neue Aspekte der Dunklen Materie für ein aktuelles wissenschaftliches Weltbild des Kosmos.

Nach diesem kurzen Überblick der Einbettung der Schulbuchseite in das Kap. „Sterne und Weltall" soll in den Tab. 1, 2 und 3 die Makro-, Meso- und Mikrostruktur des Schulbuches dargestellt werden, bevor die Nanostruktur der Schulbuchseite in Form des Methodenkastens „Mit Informationen kritisch umgehen" in den Fokus gestellt wird. Die Analyse der Makrostruktur umfasst dabei den gesamten jahrgangsübergreifenden Band. In der Mesostruktur wird die Struktur eines Unterkapitels untersucht, da die thematischen Kapitelüberschriften nur als Abschnittsbezeichnungen fungieren. In der Mikrostruktur jedes Unterabschnitts eines Unterkapitels gibt es Unterschiede, d. h. einzelne Elemente treten nicht in jedem Unterkapitel auf.

Die Nanostrukturanalyse der zu untersuchenden Schulbuchseite als Methodenkasten „Mit Informationen kritisch umgehen" zeigt, dass der Methodenkasten die gesamte Seite ausfüllt. Oben links auf der Seite folgt auf die Kapitelüberschrift „Sterne und Weltall" die Unterkapitelüberschrift „Ein Blick ins Universum". Darauf folgt die Seitenzahl 76. Der Methodenkasten wird oben durch einen blau-

---

hang zu den übergeordneten Strukturebenen. (Stoffels, 2020, S. 334). Hierbei treten auf den unterschiedlichen Ebenen verschiedene Strukturelementtypen auf, die den Vergleich verschiedener Konzeptionen von Schulbüchern oder Schulbuchreihen ermöglichen. Konkrete Beispiele finden sich hier in den Tab. 1, 2, 3, 4.

Tab. 1 Makrostruktur des Jahrgangsübergreifenden Schulbuchs „Universum – Physik, NRW G9, Klassen 7–10" von Burisch et al. (2020a)

Strukturelementtyp (vgl. Rezat, 2010, S. 94, 96, 99)	Bezeichnung im untersuchten Schulbuch „Universum – Physik"
Makrostruktur	
Hinweise zur Struktur	[nicht enthalten]
Inhaltsverzeichnis	Inhaltsverzeichnis
Kapitel	Kapitel (Sachgebiet geordnet, unnummeriert)
	Unterkapitel (nummeriert)
kapitelübergreifende Aufgaben	Wissen vernetzt (Material A–F)
Projekt	PROJEKT Physical Computing
Übersicht über Maße und Maßeinheiten	Umgang mit physikalischen Größen, Tabellen, Periodensystem der Elemente, Auszug aus der Nuklidkarte (vereinfacht)
Formelsammlung	[nicht enthalten]
Lösung zu ausgewählten Aufgaben	Lösungen
Stichwortverzeichnis	Stichwortverzeichnis
Allgemeine Hinweise zum (physikalischen) Lernen	Aufgaben richtig verstehen (Hinweise zu Operatoren mit Beispielaufgaben); Sprachbildung;
Bildquellenverzeichnis	Bildquellenverzeichnis

Tab. 2 Mesostruktur des Jahrgangsübergreifenden Schulbuchs „Universum – Physik, NRW G9, Klassen 7–10" von Burisch et al. (2020a)

Strukturelementtyp (vgl. Rezat, 2010, S. 94, 96, 99)	Bezeichnung im untersuchten Schulbuch „Universum – Physik"
Mesostruktur	
Einführungsseite	[Vorhanden]
	Inhaltsverzeichnis der Unterkapitel
Aktivitäten	[nicht vorhanden]
Lerneinheiten	Lerneinheiten
Lerneinheitenübergreifende Zusammenfassung	In diesem Kapitel beschäftigst du dich mit, GRUNDWISSEN, BASISKONZEPTE
Lerneinheitenübergreifende Aufgaben	[nicht vorhanden]
Lerneinheitenübergreifende Tests	ÜBERPRÜFE DICH SELBST
Aufgaben zu früheren Inhalten	Weißt du es noch? Kannst du es noch?

Tab. 3 Mikrostruktur des Jahrgangsübergreifenden Schulbuchs „Universum – Physik, NRW G9, Klassen 7–10" von Burisch et al. (2020a)

Strukturelementtyp (vgl. Rezat, 2010, S. 94, 96, 99)	Bezeichnung im untersuchten Schulbuch „Universum – Physik"
Mikrostruktur	
Einstieg	Einstieg (mit Bild)
Weiterführende Aufgabe	Aufgaben
Lehrtext	[vorhanden]
Merkwissen	Blau hervorgehoben mit straffierten Quadrat und in blauer Schrift
Kasten mit Informationen	METHODE, BLICKPUNKT
Musterbeispiel	[nicht vorhanden]
Übungsaufgaben	Aufgaben
Testaufgaben	Bist du sicher?, Zeit zu überprüfen
Aufgaben zur Wiederholung	Kannst du das noch?, Zeit zu Wiederholen
Zusatzinformationen	Randtexte,
	MATERIAL (Versuche, Unterkapitelübergreifende Aufgaben und Informationen)

straffierten Balken begrenzt, in dem ebenfalls blau, links ausgerichtet und unterstrichen das Wort „METHODE" steht. Der gesamte Kasten ist an den übrigen Rändern, links, unten und rechts durch einen schwarzen dünnen Rahmen eingefasst. Unter der Kasten Überschrift „METHODE" findet sich die Überschrift des Kastens „Mit Informationen kritisch umgehen" über der linken Spalte des Textes. Vor dieser Überschrift findet sich ein Icon, dass auf die Förderung von Medienkompetenz in diesem Methodenkasten hinweist. Der Inhalt des Kastens setzt sich aus einem Lehrtext im zweispaltigen Format mit insgesamt 7 Absätzen, einer Abbildung mit einer bunten künstlerischen Darstellung des „Weltbilds der Flat-Earth-Society" (Bildunterschrift) und zwei Aufgaben zusammen. In der linken Spalte befinden sich lediglich fünf Absätze des Erklärtextes in der rechten Spalte folgen auf die Darstellung des „Weltbilds der Flat-Earth-Society" zwei weitere Absätze des Textes. Darauf folgen zwei nummerierte Aufgaben. In Tab. 4 sind die Kernaussagen der Elemente und die Fundstellen ausgewiesen. Diese sind in der Reihenfolge, die sich aus der üblichen Leserichtung ergibt, aufgeführt. Also mit der linken Spalte beginnend und dann von oben nach unten in der rechten Spalte. Die Aufgabenstellungen sind im Wortlaut wiedergegeben, die übrigen Kernaussagen wurden paraphrasiert.

Tab. 4 Kernaussagen der Inhaltselemente des Methodenkastens entsprechend der Nanostruktur des Methodenkastens „Mit Informationen kritisch umgehen" (S. 76) des Jahrgangsübergreifenden Schulbuchs „Universum – Physik, NRW G9, Klassen 7–10" von Burisch et al. (2020a)

Fundstelle	Kernaussage
1. Absatz	Das Internet bietet freie Möglichkeit (auch falsche) Informationen, wie etwa die „Flat Earth"-Theorie zu verbreiten. Die Auseinandersetzung mit Letzterer dient dazu zu Lernen wie man sich „kritisch mit Informationen auseinandersetzen sollte".
2. Absatz	Grundinformationen zur „Flat Earth"-Society von 1849, insbesondere Abstand Sonne-Erde, und Bezug zur Bibel, Sicht wird nicht von Kirche unterstützt.
3. Absatz	Benennung dreier weiterer Kritiken der „Flat Earth"-Bewegung in Bezug auf eine kugelförmige Erde: Wasser fließt von Kugel herab; zu schnelle Erdrotation würde zu Fliehkräften führen; Fallbewegung durch konstant beschleunigte Bewegung nach oben.
4. Absatz	Anzahl der Follower-Zahlen der „Flat Earth" Bewegung.
5. Absatz	Appell an Leser*innen (also Schüler*innen), Informationen oder Behauptungen der „Flat Earth"-Bewegung zu hinterfragen, hinsichtlich der Plausibilität; Quellenursprung; verfolgten Intentionen; Abschließend wird eine Suche nach Quellen empfohlen, die die Behauptung der „Flat-Earth-Society" widerlegen.
Abbildung 01	In der Abbildung wird das „Weltbild der Flat-Earth-Society" künstlerisch dargestellt. Vor dem Hintergrund eines Sternenhimmels ist von schräg oben eine Ansicht einer flachen Erde mit Kontinenten und Meeren dargestellt, an deren Rändern Wasser herunterfließt. Über der Erdscheibe befindet sich eine milchige Kuppel an deren höchstem Punkt ein Feuerball dargestellt ist, der vermutlich die Sonne zeigen soll.
6. Absatz	Widerlegung von „Flat Earth"-Theorie wird durch Verweis auf Fotos einer runden Erde, physikalisches Fachwissen und eigene Experimente nahegelegt.
7. Absatz	Hinweise zur Einordnung der Zahl der Follower in den Social-Media-Plattformen wird gegeben, insofern nicht jeder Follower auch Unterstützer der Theorie sein muss.
Aufgabe 1	„Erkläre die wissenschaftlichen Argumente, die gegen die Theorie einer flachen Erde sprechen."
Aufgabe 2	„Einige Menschen sind der Meinung, dass die Mondlandung nie stattgefunden hat und die Aufnahmen in einem Fotostudio nachgestellt wurden. Bewerte diese Information, indem du Argumente für und gegen eine Mondlandung gegenüberstellst. Nimm Stellung."

Der Lehrtext ist so strukturiert, dass zunächst Informationen über die „Flat Earth"-Bewegung bereitgestellt werden und im Anschluss Impulse zum Hinterfragen dieser Informationen sowie weiterführende Informationen gegeben sind. Entsprechend lässt sich hier die klassische Struktur „Information ← Reflexion der Information ← Stützung der Reflektion" identifizieren.

Aufgrund der Einbettung in den Methodenkasten mit den verschiedenen Elementen und auch in Bezug auf die in diesem Kasten enthaltenen Inhalte wird deutlich, dass die „Flat Earth"-Theorie als Beispiel für „Manipulation und Fake-News" (Burisch et al., 2020a, S. 76) in Zeiten des Internets und Social-Media genutzt wird. Entsprechend geht es in diesem Methodenkasten weniger darum, die Theorie der „Flat Earthers" wiederzugeben, was auch verwunderlich in einem Physikbuch wäre, das dem aktuellen Stand der Wissenschaft Physik, bzw. dem Common-Sense in der physikalischen Community entsprechen soll.

Nach einer generellen Beschreibung der Chancen und Risiken des Informationsaustauschs und einfachen Informationsverbreitung per Internet und Social-Media (Absatz 1), wird auf verschiedene Thesen der „Flat-Earth-Society" (Absätze 2–3) eingegangen. Die Thesen, die man aus diesem Artikel entnehmen kann, neben der Grundthese, dass die Erde eine flache Scheibe sei, in deren Mitte der Nordpol und ein antarktischer Eiswall am Rande der Erde läge, lauten:

i. *Die Sonne befände sich weniger als 4000 Meilen über London*
ii. *Die Krümmung der Erde sei widerlegt, denn wenn man Wasser auf einen großen Ball schüttet, es an den Seiten herunterläuft.*
iii. *Aus einem Flugzeug könne man die Erdkrümmung nicht erkennen.*
iv. *Wenn die Erde mit fast 1700 Stundenkilometer um ihre eigene Achse rotieren würde, dann würde alles weggeschleudert werden.*
v. *Gegenstände fielen deshalb herunter, da sich die flache Erdscheibe konstant nach oben beschleunige.*

In Abschn. 3 dieses Beitrags werden drei dieser Thesen exemplarisch mit mathematischen und naturwissenschaftlichen Methoden näher betrachtet. Diese Diskussion der Thesen, die Darstellung der historischen Rezeption und Kritik der „Flat Earth"-Theorie sowie ihrer Thesen in den folgenden Abschnitten erfolgt zum einen, da so die Argumentationskraft mathematischer Überlegungen konkret gezeigt wird, die „Flat Earther" wie auch „Nicht Flat Earther" nutzen, zum anderen aber auch wegen der – zumindest aus persönlicher Sicht – eher unbefriedigenden Antworten die der Lehrerband (Burisch et al., 2020b) für die zitierten Aufgaben bereithält.

Der Lehrerband spricht zum einen zunächst von einer „rund[en]" Erde, was unpräzise ist, da auch eine Erdscheibe in Form eines Zylinders mit geringer Höhe als „rund" angesehen werden kann, wie auch in der im Methodenkasten vorliegenden Abbildung zu sehen ist. Die im Lösungsbuch vorgeschlagenen Argumente gegen die „Flat Earth"-Theorie werden in Tab. 5 mit zugehörigen Kommentaren, weshalb die Argumente für „Flat Earther" nur bedingt überzeugend sein müssen, wiedergegeben. Man beachte in folgender Tabelle, dass es sich bei den „stützenden" Quellen in den Kommentaren zum Teil um Dokumente von „Flat Earth"-Unterstützern handelt, deren Meinung der Autor dieses Beitrages natürlich *nicht* teilt.

Insgesamt lässt sich festhalten, dass die dargestellten Argumente für eine kugelförmige Erde eher nicht Teil des Erfahrungsbereichs der Schüler*innen sind und ein Beweis durch „Autorität der Wissenschaft" nur wenig besser erscheint als derjenige des „blinden Glaubens an eine Verschwörungstheorie". Diese Fragen führen unter anderem dazu, wie genau Mathematik- und Physikunterricht zur Allgemein- bzw. Bürger*innenbildung beitragen soll (Ernest, 2000; Vohns, 2017; Winter, 1995) und welche Weltbilder bzw. Auffassungen durch den Mathematik- und Physikunterricht angeregt werden. Insbesondere wurden in den angegebenen Lösungsmöglichkeiten die physikalischen Theorien, auf die verwiesen wird, nicht angewendet, bzw. die Implikationen dieser Theorien, die sich durch eine mathematische Betrachtung ergeben würden, nicht in den Lösungen berücksichtigt. Hier bietet sich die Chance, den Nutzen und Sinn mathematischer Betrachtungen in der Naturwissenschaft zu erfahren.

2   „Flat Earthers": ein paradigmatisches Beispiel für Weltbilder heute, früher und noch früher

In diesem Abschnitt werden zum einen aus fachdidaktischverbindender Perspektive (Witzke, 2015) die Konzepte *Auffassungen, Beliefs, Weltbilder* und *Nature of Science* aus der Mathematik- und Physikdidaktik heraus thematisiert, wodurch sich zeigen lässt, dass die „Flat Earth"-Theorie, weniger als Theorie, sondern vielmehr als Belief-System und somit als Auffassung klassifiziert werden sollte (Stoffels, 2020). Dies impliziert auch, dass die Ansichten längerfristig verankert und nur schwer veränderbar sind.

Weiterhin wird die Rezeption und Kritik der „Flat Earth"-Theorie, bzw. verschiedener Annahmen, die zu dieser Auffassung gehören, in einen wissenschaftshistorischen Kontext gesetzt. Hierbei geht es nicht um eine vollständige Aufarbeitung des Auftretens der „Flat Earth"-Theorie, sondern um eine Darstellung dessen, was heute, insbesondere im Kontext der sozialen Medien, unter der „Flat Earth"-Theorie

Tab. 5 Argumente für eine kugelförmige Erde aus „Universum – Physik, Lösungen, NRW G9, Klassen 7–10" von (Burisch et al., 2020b) und Kommentare des Autors aus einer möglichen „Flat Earther"-Perspektive

Genanntes Argument für kugelförmige Erde aus dem Schulbuch	Kommentar
„Die Erde ist rund, weil …"	
„… man es schon bei einem Linienflug aus dem Fenster sehen kann; der Horizont kann nicht von einem Objekt über eine größere Strecke abgesteckt werden"	Argumente mit Flügen per Flugzeugen sind bei den Vertretern der „Flat Earth"-Theorie eher schwierig, da sie nicht zwingend aus dem Fenster schauen (Andrei, 2017), oder Phänomene wie Flugrouten auf Großkreisen bei Langstreckenflügen nicht akzeptieren, bzw. umdeuten (The Flat Earth Wiki, 2022).
„… Fotos aus dem Weltall den Erdball zeigen"	Die „Flat Earth"-Theorie geht häufig einher mit Verschwörungstheorien gegenüber Organisationen aus Politik und Wissenschaft wie bspw. der NASA. Entsprechend werden solche Fotos nicht als wahr angesehen, was dazu führt, dass im Eigenbau Raketen konstruiert und geflogen werden (Hegmann, 2020). Zudem ist es für Einzelpersonen, vermutlich insbesondere für „Flat Earther", häufig schwierig als Astronaut oder Kosmonaut selbst Teil eines Weltraumprogramms zu werden.
„… die Erdanziehung gemessen und bestätigt wurde, es somit klar ist, warum wir nicht von der Erde herunterfallen oder Wasser von der Erde abläuft"	Dieses Argument hängt davon ab, ob man klassische physikalische Theorien und Überlegungen akzeptiert und versteht (Andrei, 2017).
„… kein Objekt – also auch keine flache Erde – kontinuierlich beschleunigt werden kann, da spätestens die Lichtgeschwindigkeit ein oberes Limit ist"	Auch das Limit der Lichtgeschwindigkeit ergibt sich daraus, dass man die Relativitätstheorie von Einstein akzeptiert. Eine Frage ist tatsächlich, je nachdem wann man diese Weltbilder diskutiert, ob auch die Lernenden dieses Argument nachvollziehen können, ansonsten bleibt es bei einer Begründung durch Autorität des Lehrenden.
„… die Bewegung der Erde und Planeten um die Sonne wissenschaftlich belegt und berechnet wurde; ebenso: Satelliten um die Erde (wie soll ein geostationärer Satellit bei einer flachen Erde am Himmel bleiben?)"	Dieses Argument basiert wie beide vorherigen auf der Annahme, dass „wissenschaftliche Forschung wohl richtig sei". Die geklammerte Frage ist ebenso nur verständlich, wenn man vom Trägheitsgesetz und der radialen Richtung der Schwerkraft der Erde ausgeht.

verstanden wird. Dann um eine frühere Kritik an der „Flat Earth"-Theorie durch Augustus de Morgan (1863, 1872), der diese Theorien als bedeutender Mathematiker (die de Morgan'schen Regeln der Mengenlehre gehören zum mathematischen universitären Grundwissen) auf interessante und amüsante Weise in seinem Werk „A Budget of Paradoxes" diskutiert. Zuletzt wird ein Aspekt, nämlich die Bewegung der Erde mit Rückbezug auf antike Quellen diskutiert, die eine ähnliche, aber konträre Begründung für das Fallen von Gegenständen diskutieren.

Auffassungen, Beliefs, Nature of Science und Weltbilder im Allgemeinen

Gerade im Kontext der Didaktik der Physik und der Didaktiken der Naturwissenschaften im Allgemeinen hat sich das Konzept der „Nature of Science(s)" [NOS] durchgesetzt, um zu beschreiben, welches Wissen, welche Einstellungen und welche Auffassungen die Schüler*innen gegenüber Physik und Naturwissenschaften erwerben sollen. Entsprechend formulieren Lederman et al. (2002, S. 498)

> „Typically, NOS refers to the epistemology and sociology of science, science as a way of knowing, or the values and beliefs inherent to scientific knowledge and its development."

Im gleichen Artikel stellen die Autoren fest, dass in den vergangenen 85 Jahren Bemühungen von fast allen Wissenschaftler*innen, und Vertretern naturwissenschaftlicher Bildung angestellt wurden, entsprechende Sichtweisen in diesem Kontext bei Lernenden zu fördern. Dabei spielen Aspekte wie die empirische Natur von (natur-)wissenschaftlichem Wissen, mit Bezug zur Unterscheidung von Beobachtung, Schlussfolgerung und theoretischer Aspekte, wissenschaftliche Theorien und Gesetze, kreative und imaginative Momente, der theoretische Gehalt naturwissenschaftlicher Begriffe und beobachteter Phänomene sowie die Eingebundenheit wissenschaftlicher Erkenntnisse in soziale und kulturelle Praktiken eine große Rolle. Besonders interessant für die Diskussion der „Flat Earth"-Theorie sind die ebenfalls von Lederman et al. (2002) genannten Sichtweise auf die *Nature of Science*, die in einem Aufräumen mit dem „Mythos der wissenschaftlichen Methode" sowie der Kenntnis über tentative Natur wissenschaftlicher Erkenntnis deutlich werden. In der Auseinandersetzung mit diesen Methoden wird zwar festgestellt, dass es relevante wissenschaftliche Methoden und Praktiken gibt, diese aber nicht zwingend zu sicheren und immerwährenden Antworten auf wissenschaftliche Fragestellungen und damit auch nicht zu sicherem und wahrem Wissen führen, sondern, dass es vielmehr zur guten wissenschaftlichen Kultur gehört, das Wissen einer Disziplin durch Hinterfragen, Anwenden und Erweitern der Theorien und Methoden weiterzuentwickeln.

Umso schwerwiegender und problematischer erscheint es, dass die „Flat Earth"-Theorie, entgegen der Bemühung einer Förderung aufgeklärter Auffassungen von Naturwissenschaften, in den vergangenen 5 Jahren einen solchen Aufschwung erfahren hat.

Ein Grund liegt vermutlich darin, dass Auffassungen recht stabil sind (Grigutsch et al., 1998; Schoenfeld, 1985), weshalb Goldin et al. (2009, S. 8) folgenden Unterschied, oder zumindest Reibungspunkte zu Lernprozessen aufzeigen, die u. a. solche adäquaten Vorstellungen zu NOS fördern sollen:

> „Learning itself is seen as fundamentally a process of change in internal mental states. To become accommodated to new insights or new perspectives is one of the challenges posed in a learning situation. These processes then come into conflict with beliefs, since in this context beliefs (like attitudes) may be relatively stable and resistant to change."

Ein weiterer Grund liegt möglicherweise darin, wie sich solche Auffassungen entwickeln, und warum überhaupt bei der „Flat Earth"-Theorie von einer Auffassung gesprochen werden sollte. Es handelt sich nämlich nicht um eine geschlossene Theorie, vielmehr scheinen die Vertreter der „Flat Earth"-Bewegung nicht nur aktuelle physikalische und geografische Grundannahmen abzulehnen, sondern zusätzlich einige politische und gesellschaftliche Institutionen. Umso interessanter ist es, dass sie dennoch Mathematik benutzen. Fast so, als würden sie die Worte Einsteins (1921, S. 3) aus seinem Vortrag „Geometrie und Erfahrung" kennen und entsprechend teilen:

> „die Mathematik genießt vor allem in anderen Wissenschaften aus einem Grund ein besonderes Ansehen; ihre Sätze sind absolut sicher und unbestreitbar, während je alle anderen Wissenschaften bis zu einem gewissen Grad umstritten und stets in Gefahr sind durch neu entdeckte Tatsachen umgestoßen zu werden. Trotzdem brauchte der auf einem anderen Gebiet erforschte den Mathematiker noch nicht zu beneiden, wenn sich seine Sätze nicht auf Gegenstände der Wirklichkeit, sondern nur auf solche unserer bloßen Einbildung bezögen. Denn es kann nicht wundernehmen, wenn man zu übereinstimmenden logischen Folgerungen kommt, nachdem man sich über die fundamentalen Sätze (Axiome) sowie über die Methoden geeinigt hat, vermittels welcher aus diesen fundamentalen Sätzen andere Sätze abgeleitet werden sollen. Aber jenes große Ansehen der Mathematik ruht andererseits darauf, daß die Mathematik es auch ist, die den exakten Naturwissenschaften ein gewisses Maß von Sicherheit gibt, die sie ohne Mathematik nicht erreichen könnten."

Somit kann Mathematik gegebenenfalls nicht als zwingend verbindendes, aber vielleicht doch als gemeinsam genutztes Element der „Flat Earther" und der Naturwissenschaftler angesehen werden, das beide Gruppen zur Begründung ihrer jeweiligen „Theorien" nutzen. Eine gemeinsame Basis ist hierbei insofern notwendig, da sie das Potenzial hat, gemeinsame Perspektiven auf Theorien, Phänomene und Deutung dieser Ergebnisse in Interaktionen zu ermöglichen. Denn soll sich eine Auffassung ändern, kann dies nur durch Änderung oder Wechsel der aktivierten subjektiven Erfahrungsbereiche (SEB) ermöglicht werden, insbesondere dann, wenn man Auffassungen als Äquivalenzklassen subjektiver Erfahrungsbereiche (SEB) versteht (Stoffels, 2020). Mathematik bietet, wie Einstein im obigen Zitat beschreibt, seit jeher ein solches System einer gemeinsamen Basis. Selbst dann, wenn die Auffassungen von Mathematik und deren Fundament, wie während der Grundlagenkrise zu Beginn des 20. Jahrhunderts unsicher erscheinen, was folgendes Zitat über Poincaré und Hilbert aufzeigt:

> „Despite the deep differences in their philosophical views, Poincaré and Hilbert came to the same conception of the axioms of geometry" (Fontanella, 2019, S. 168)

Ein „Flat Earth"-Weltbild?

Entsprechend der obigen Klassifizierung des „Flat Earth"-Weltbilds als Auffassung, stellen sich folgende Fragen: Wie hat sich die, in der heutigen Zeit in der Diskussion stehende, „Flat Earth"-Theorie entwickelt? Gibt es nur eine „Flat Earth"-Theorie und falls nein, hinsichtlich welcher Aspekte unterscheiden sich die jeweiligen „Flat Earth"-Theorien? Entsprechend wird im Folgenden zunächst die im aktuellen Fokus stehende „Flat Earth"-Theorie betrachtet. Dann ein Rückblick auf die bereits in vorigen Jahrhunderten geführte „Flat Earth"-Diskussion gegeben. Den Abschluss dieses Abschnitts bildet die Diskussion der Theorie von der Kugelgestalt der Erde der antiken Griechen, die aber weitere Annahmen in den damaligen wissenschaftlichen Diskurs gebracht haben, die aktuellen Annahmen der „Flat Earth"-Theorie entsprechen.

„Flat Earthers" im Kontext von Social-Media und Fake News

Bereits in der Einleitung und auch in der Diskussion des Schulbuchtextes wurde darauf eingegangen, dass die aktuelle „Flat Earth"-Bewegung insbesondere durch Social-Media ihre Anhänger vernetzt und so eine höhere Aufmerksamkeit erhalten hat. Bekannt sind aktuell vor allem zwei Zusammenschlüsse. Einerseits die sogenannte „The Flat Earth Society", die auf Samuel Rowbotham (2023) zurückgeht mit ihrem Sitz in London und insgesamt etwa 3500 Mitgliederinnen und Mitgliedern und andererseits der Zusammenschluss von „Flat Earthern" im Rahmen der „Flat Earth International Conferences" (FEIC), die von Robbie Davidson (2017) erstmals im Jahr 2017 durchgeführt wurde. Beide Organisationen haben jeweils gegenseitige Verbindungen sowohl organisatorischer als auch konkret inhaltlicher Natur ausgeschlossen. Gerade durch die FEIC und dortige Besuche durch verschiedene Reporter haben sich neben Social-Media auch etablierte Medien aus Fernsehen und Print mit dem Thema „Flat Earth"-Theorie auseinandergesetzt (Budjan, 2022; Dawson et al., 2018; Hegmann, 2020; Picheta, 2019). Einige der Hauptthesen wurden bereits in der Diskussion des Schulbuchtextes genannt. Eine umfassende Dokumentensammlung, aber auch Themensammlung zur Form und Größe der Erde, des Weltraums sowie vermeintlichen Experimenten finden sich auf der umfassenden „Flat Earth Wiki" (Rowbotham, 2023).

Durch die hohe Medienaufmerksamkeit wurde die „Flat Earth"-Theorie Teil des allgemeinen Diskurses. Dies hatte zur Folge, dass gerade in der physikdidaktischen aber auch weiteren wissenschaftlichen Community vielfältige Aufsätze zur Widerlegung der „Flat Earth"-Theorie erschienen, die insbesondere auch verschwörungstheoretische Aspekte diskutieren (Brazil, 2020; Erlaine, 2020). An dieser Stelle möchte ich zwei dieser Artikel besonders herausheben, da sie exemplarisch für verschiedene Umgangsweisen und Diskussionsformen in Auseinandersetzung mit der „Flat Earth"-Theorie sind. Der erste Artikel von Břízová et al. (2018) mit dem Titel „Flat Earth theory: an exercise in critical thinking" wendet die Auseinandersetzung mit der „Flat Earth"-Theorie als positiven Anlass kritisches Denken zu üben, indem er zunächst eine kurze Einführung bietet, dann aber auch exemplarische Argumente aus „A hundred proofs the Earth is not a Globe" (William Carpenter, 1885) und „200 Proofs Earth is Not a Spinning Ball" (Dubay, 2018) widerlegt. Hierbei nutzen die Autor*innen mathematische Überlegungen, klassifizieren aber zugleich die verschiedenen Argumentationstypen hinsichtlich geometrischer Argumentationen, dem Ignorieren der Gesetze von Newton, der Diskussion von Flugrouten und -zeiten sowie dem Sonneninklinationswinkel, der relevant für die Jahreszeitenwechsel ist. Entsprechend formulieren die Autor*innen in ihrem Artikel:

„Nowadays more than ever it is important to encourage students to learn critical and skeptical thinking and to adopt methods to help distinguish between ideas that are considered valid science and those that can be considered pseudoscience. Alongside almost classic publications (Sagan, 2011) or (Williams, 2013) activities such as rigorous deconstruction of specific arguments of presented pseudoscientific theory, can be beneficial for students." (Břízová et al., 2018, S. 5)

Im zweiten Artikel mit dem Titel „A flat-earther brought a spirit level on a plane to prove the Earth is flat. Yeah ..." von Andrei (2017) wird nicht nur die Argumentation und deren Widerlegung eines entsprechenden Videos (in dem D. Marble (2017) eine Wasserwaage mit in das Flugzeug nimmt) diskutiert, sondern auch ein Überblick über die Diskussion in den Kommentaren des Videos und Twitter gegeben. Alles in allem handelt es sich hier eher um einen populärwissenschaftlichen Kommentar. Dennoch werden auf unterhaltsame Weise die verschiedenen Positionen abgewogen und ebenso die Übertragbarkeit, d. h. die Exemplarität der „Flat Earth"-Theorie für Verschwörungstheorien im Allgemeinen diskutiert, sodass Andrei in seinem Schlusswort festhält „Yes, there are societies like these all around the globe".

„Flat Earthers" im 19. Jahrhundert von Mathematikern diskutiert

Im vorangehenden Abschnitt wurde die aktuelle Rezeption der „Flat Earth"-Theorie dargestellt und die Möglichkeiten, die diese Auffassung für physikdidaktische, aber auch mathematische Überlegungen bietet. Gerade in der aktuellen Zeit, in der in kurzen Abständen eine (globale) Krise die vorige Krise ablöst, könnte man auf den Gedanken kommen, dass die „Flat Earth"-Theorie und auch die Auseinandersetzung aus wissenschaftlicher Perspektive neu und nur durch die Selbstorganisation im Internet möglich war. So wirkt folgendes Zitat von de Morgan (1863), obwohl 160 Jahre alt, überraschend aktuell:

> „In every age of the world there has been an established system, which has been opposed from time to time by isolated and dissentient reformers. The established system has sometimes fallen, slowly and gradually: it has either been upset by the rising influence of some one man, or it has been sapped by gradual change of opinion in the many." (de Morgan, 1863, S. 130)

Der Autor, Augustus de Morgan, ist ein bekannter englischer Mathematiker, insbesondere durch die de Morgan'schen Regeln, die in der Logik und Mengenlehre zu den Grundregeln gehören, sowie seiner Etablierung der „mathematischen Induktion". Umso verwunderlicher erscheint seine intensive Auseinandersetzung mit verschiedenen Verschwörungstheorien seiner Zeit und den Personen, die diese versuchen zu verbreiten. De Morgan (1863, S. 131) nennt solche Personen „Paradoxer", und zwar unter Verweis auf die ältere Wortbedeutung eines Paradoxons, nicht hinsichtlich eines (vermeintlichen) logischen Widerspruchs, sondern als etwas, dass der allgemeinen Meinung entweder in Bezug auf inhaltliche oder methodische Aspekte oder aufgrund daraus ableitbarer Schlussfolgerungen widerspricht.

In seinem zweibändigen Werk „A Budget of Paradoxes" behandelt de Morgan verschiedene solcher Paradoxa, allerdings mit besonderer Berücksichtigung von

Mathematik. So bekräftigt er, ähnlich wie Einstein, die Fortschritte der Naturwissenschaften, die durch die Mathematik erreicht wurden und diskutiert zugleich das Verhältnis von Mathematik und Empirie:

> „During the last two centuries and a half, physical knowledge has been gradually made to rest upon a basis which it had not before. It has become *mathematical* [Herv. i. Original]. The question now is, not whether this or that hypothesis is better or worse to the pure thought, but whether it accords with observed phenomena in those consequences which can be shown necessarily to follow from it, if it be true. Even in those sciences which are not yet under the dominion of mathematics, and perhaps never will be, a working copy of the mathematical process has been made." (de Morgan, 1863, S. 130–131)

So wundert es nicht, dass er in seinem Werk nicht nur Paradoxa bezüglich einer flachen Erde, sondern auch zur Quadratur des Kreises, Approximationen von π, Atheismus, Astrologie, der Rotation des Mondes, usw. sammelt und kommentiert. Besonders lesenswert ist dieses Werk, da de Morgan nicht nur die verschiedenen Paradoxa sammelt und aus wissenschaftlich mathematischer Perspektive diskutiert, sondern häufig auch den persönlichen Findungsprozess der Paradoxa (oft auch im Umgang mit Paradoxern) auf anekdotische und unterhaltsame Weise dokumentiert.

Exemplarisch für diese an Spott grenzende Herangehensweise ist De Morgans Diskussion der „Flat Earth"-Theorie im Abschnitt „Zetetic Astronomy" im zweiten Band seines „Budget of Paradoxes" auf den Seiten 88–94. Nach einer kurzen Rezeption aktueller Zeitungsberichte, die ein Pamphlet von einem sogenannten Parallax erwähnen, der die „Flat Earth"-Theorie verbreitet hat, folgt folgende Einordnung von de Morgan, der Parallax als S. Goulden identifiziert. De Morgan rezitiert, dass in der letzten Vortragsankündigung zu diesem Thema abgedruckt worden sei, dass „A paper on the above subjects was read before the Council and Members of the Royal Astronomical Society, Somerset House, Strand, London (Sir John F. W. Herschel, President), Friday, Dec. 8, 1848." (Morgan, 1872, S. 88). De Morgan verweist nun darauf, dass wohl in dem Protokoll des entsprechenden Gremiums, de Morgan war Mitglied der Royal Astronomical Society, kein Hinweis auf eine entsprechende Lesung zu finden war und vermutet, dass die abgedruckte Darstellung wohl die Art und Weise illustrieren würde, mit der „Mr. S. Goulden" folgenden Zusammenhang interpretieren würde:

> „Dec. 8, 1848, the Secretary of the Astronomical Society (de Morgan by name) said, at the close of the proceedings, –„Now, gentlemen, if you will promise not to tell the Council, I will read something for your amusement": and he then read a few of the arguments which had been transmitted by the lecturer [Mr. S. Goulden, G.S.]." (Morgan, 1872, S. 88)

Nach der Diskussion weiterer Werke von „Flat Earthern" seiner Zeit gibt de Morgan ein Gedicht wieder, dass die Ergebnisse aus W. Carpenter (1864) „Theoretical astronomy examined and exposed, by ‚Common sense'" zusammenfasst:

> „How is't that sailors, bound to sea, with a ‚globe' would never start,
>   But in its place will always take Mercator's LEVEL chart!"
> (Carpenter, 1864, S. xv)

Worauf de Morgan (1872, S. 92) mit einem eigenen Spottgedicht folgendermaßen antwortet:

> „Why, really Mr. Common Sense, you've never got so far
>   As to think Mercator's planisphere shows countries as they are;
> It won't do to measure distances; it points out how to steer,
>   But this distortion's not for you; another is, I fear.
> The earth must be a cylinder, if seaman's charts be true,
> Or else the boundaries, right and left, are one as well as two;
> They contradict the notion that we dwell upon a plain,
> For straight away, without a turn, will bring you home again.
> There are various plane projections; and each one has its use:
> I wish a milder word would rhyme – but really you're a goose!"
> (Morgan, 1872, S. 92)

Insgesamt lässt sich festhalten, dass auch schon im 19. Jahrhundert der Ärger gegenüber wissenschaftlicher Ignoranz auftrat, wobei schon de Morgan darauf hinweist, dass die „Flat Earther" zwar die gleiche Auffassung teilen, sich aber ihre jeweiligen Theorien stark unterscheiden.

Abschließend soll eine weitere interessante Beobachtung von de Morgan wiedergegeben werden, die die Bewertung mathematischer und empirischer Begründungen betrifft und zeigt, dass man verschiedene Phänomene beobachten kann, die zusammen die Kugelform der Erde begründen, wohingegen der Beweis von π als Verhältnis von Umfang und Durchmesser des Kreises eine Begründung „höherer", nämlich mathematischer, Art benötigt.

> „But, strange as it may appear, the opposer of the earth's roundness has more of a case – or less of a want of case – than the arithmetical squarer of the circle. The evidence that the earth is round is but cumulative and circumstantial: scores of phenomena ask, separately and independently, what other explanation can be imagined except the sphericity of the earth. The evidence for the earth's figure is tremendously powerful of its kind; but the proof that the circumference is 3.14159265 … times the diameter is of a higher kind, being absolute mathematical demonstration." (Morgan, 1872, S. 89)

Round Earth bei den antiken griechischen Philosophen, aber alles fällt?

In Břízová et al. (2018) wird mit Bezug auf die Auffassung einer flachen Erde bereits auf Aristoteles verwiesen, der verschiedene Argumente gesammelt hat, weshalb die Erde kugelförmig ist. Insgesamt ist also schon in der Antike bekannt, dass die Erde eine Kugelform hat. Dazu trug auch die bemerkenswerte experimentelle Feststellung des Erdradius durch Eratosthenes im Jahre 240 v. Chr. durch den Vergleich von Schattenlängen an verschiedenen Orten zur gleichen Zeit bei. Er konnte einen Erdradius von etwa 6645 km berechnen, der zum eigentlichen Radius nur eine Abweichung von 4,3 % aufweist. An dieser Stelle muss auch erwähnt werden, dass die Erde nicht perfekt einer Kugelform entspricht, sondern eigentlich ein Ellipsoid ist, leicht abgeplattet an den Polen. Entsprechend dieser Einordnung, dass die Erde schon in der Antike als kugelförmig erkannt wurde, stellt sich die Frage, weshalb dieser Abschnitt Teil dieses Beitrages ist. Die Erklärung findet sich in These 5 der „Flat Earther", die besagt, dass Gegenstände nach unten fallen, da sich die Erde mit konstanter Beschleunigung nach oben bewegen würde. Hier wird nun konzise der Gegenentwurf von Lukrez aus seinem Werk „De rerum natura" dargestellt, dass nicht nur den Atomismus der epikureischen Lehre auf Basis von Demokrit enthält, sondern auch Hypothesen zur Bewegung der Atome aufstellt und ausgehend von diesem Weltbild verschiedene, insbesondere auch religiöse, Auffassungen reflektiert.

Im ersten Buch bittet Lukrez zuerst um den Beistand der Göttin Venus, nur um im folgenden Absatz zu schreiben, dass die Erkenntnis durch Epikur trotz der „wuchtigen Last der Religion", die das Leben der Menschen hässlich macht, zur Befreiung kommt. Lukrez schreibt:

> „Ihn hielten nicht die Fabeln über die Götter zurück, nicht Blitze, nicht der Himmel mit seinem drohenden Donner, um so mehr nur spornten sie den Mut seines feurigen Geistes an, daß er als erster die festen Torriegel der Natur zu durchbrechen begehrte. So blieb die lebendige Kraft seines Geistes Sieger und drang weit über die flammenden Wälle der Welt hinaus und durchschritt mutvollen Herzens das unendliche All." (Martin, 1972, S. 39)

Diese Befreiung von der erdrückenden Religion sieht Lukrez in den Erkenntnissen von Epikur, dessen Lehre er nun verbreitet. Die Leser*innen versucht er zu beruhigen, insofern er keiner falschen Auffassung folge, obwohl diese nicht der allgemeinen Auffassung entspräche:

> „Darum nur sorge ich mich dabei, du möchtest glauben, dich auf gottlose Lehrsätze eines Systems einzulassen und den Weg des Frevels zu beschreiten. Nein öfter hat schon jene Religion Verbrechen und gottlose Taten geboren." (Martin, 1972, S. 41)

Nach diesen einführenden Worten beginnt Lukrez mit dem Grundsatz, dass nichts aus nichts entstehen kann, dass er argumentativ durch verschiedene sehr konkrete Überlegungen und Beispiele stützt. Diese Argumentationsform lässt sich in allen Büchern Lukrez finden, die verschiedene Phänomene von der Bewegung der Sterne bis hin zur biologischen Fortpflanzung und Wäschetrocknung umfassen. Besonders relevant für die Betrachtungen in diesem Abschnitt ist, dass alle Dinge aus kleinen Teilchen, sogenannten Urkörpern oder Atomen zusammengesetzt sind. Zugleich begründet Lukrez die Notwendigkeit eines unendlichen leeren Raums (Martin, 1972, S. 87). Eines der Argumente für den leeren Raum basiert auf der für diesen Beitrag relevanten übergeordneten These, dass „alles fällt":

> „Außerdem, wenn aller Raum des ganzen Alls von allen Seiten geschlossen und mit festen Rändern bestünde und begrenzt wäre, wäre schon längst die Fülle des Stoffes von allen Seiten her durch sein festes Gewicht zum tiefsten Punkte zusammengeflossen, und kein Ding könnte mehr unter dem Himmelsdache geschehen, und überhaupt gäbe es keinen Himmel mehr und kein Licht der Sonne, da ja der gesamte Stoff gehäuft am Boden läge und seit unermeßlicher Zeit sich senkte. Nun aber ist sicher den Körpern der Urstoffe keine Ruhe geschenkt, weil es kein ganz und gar Tiefstes gibt, in das sie gleichsam zusammenfließen und wo sie sich einen Ruheplatz schaffen könnten. Immer vollendet in steter Bewegung sich jedes Ding auf allen Seiten und aus dem unendlichen Raum in der Tiefe stürmen die Körper des Stoffes hervor und bieten sich zur Ergänzung dar." (Martin, 1972, S. 89)

In dieser Argumentation findet sich zum einen ein Zirkelschluss, zum anderen findet sich Aristoteles Idee einer „natürlichen Bewegung" der Dinge wieder. Nutzt man diese Idee, dass alle Körper fallen, benötigt man ein weiteres Argument, dass nicht alle Körper parallel zueinander fallen. Ansonsten könnte der legendäre Apfel möglicherweise nie auf Newtons Kopf gefallen sein, da beide möglicherweise mit der gleichen Geschwindigkeit in dieselbe Richtung fallen. Lukrez hält für diese Frage die Antwort bereit, dass die Atome gegeneinanderstoßen und sich so in Ihrer Bahn ablenken. Bemerkenswert ist hier, wie offen er die Theoretizität dieser Elementarbewegungen anspricht:

> „Diese irrende Bewegung haben alle schon von den Urkörpern her. Erst bewegen sich nämlich die Urkörper der Dinge von sich aus, dann werden die Körper, die durch eine kleine Vereinigung geworden und gleichsam den Kräften der Urkörper am nächsten sind, durch deren unsichtbare Schläge getroffen und bewegt und reizen nun ihrerseits wieder andere, etwas größere Körper. So steigt von den Urkörpern die Bewegung empor und kommt nach und nach zu unseren Sinnen, so daß auch jene Körper sich bewegen, die wir im Sonnenlicht sehen können, *ohne daß es offen und klar wird, unter welchen Schlägen sie das tun* [Herv. G.S.]." (Martin, 1972, S. 103)

An diesem Beispiel lässt sich erkennen, dass Fallbewegungen und die Erzeugung von Bewegung überhaupt eine wichtige physikalische Basis bilden, die bei Lukrez und auch bei Aristoteles vor allem auf qualitativer Ebene begründet wurden. Durch Newtons (1686) Differenzial- und Integralkalkül in seiner „Philosophiae Naturalis Principia Mathematica" wurden diese Fragen präzisiert und mathematisch grundgelegt.

Im Vergleich von Lukrez mit den Ausführungen einiger Anhänger der „Flat Earth"-Theorie fällt nun auf, dass nach der Kategorisierung von Břízová et al. (2018) beide Seiten Newtons Gravitationsgesetze nicht nutzen bzw. nicht akzeptieren. Für Lukrez ist dies eine Folge der Vorzeitigkeit seiner eigenen Arbeiten. Es wurden Lösungen gefunden, die hinsichtlich der Bewegungsrichtung unterschiedlich sind, und bei Lukrez veränderliche Bewegungsprozesse ermöglichen, die „Flat Earther" aber eine gleichmäßige Bewegung für die Erde annehmen.

3   Mit mathematischen Methoden ad absurdum

In den folgenden Teilen werden drei der genannten fünf Thesen mit mathematischen Mitteln ad absurdum geführt. These ii ist, da es sich um eine These mit Bezug zu Flugzeugen handelt, aus Gründen, die in Tab. 5 näher erläutert werden, schwierig gegenüber „Flat Earthern" zu diskutieren. Für These iii ist eine Diskussion mit Rückführung auf die Gravitationskraft kugelförmiger Objekte notwendig.

These i: Sonne befindet sich weniger als 4000 Meilen von London entfernt

Nimmt man an, die Sonne befände sich etwa 4000 Meilen von London entfernt und würde man trotzdem davon ausgehen, dass die transsibirische Eisenbahn mit einer Streckenlänge von 9288 km (5768 Meilen) und einer West-Ost Ausdehnung von 7000 km (4347 Meilen) existiert (es handelt sich bewusst nicht um ein Flugzeug, da Flugreisen häufig nicht als argumentative Grundlage im Rahmen der „Flat Earth" Theorie gelten können, vgl. Tab. 5), so lässt sich Abb. 2 sehr leicht durch Einführung von Koordinaten für die Punkte L (London) und T (östliches Ende der transsibirischen Eisenbahnlinie) erstellen. Der Durchmesser der Sonne im Koordinatensystem ergibt sich aus der Entfernung Sonne-Erde und dem Sehwinkel von $32' = 0,53°$, den wir für London annehmen. Entsprechend ergibt sich der Durchmesser der Sonne bei senkrechtem Stand über London zu:

$$d_{Sonne} = \overline{D_1 D_2} = 2 \cdot \tan(0,265°) \cdot 4000 \text{ Meilen} \approx 37 \text{ Meilen}$$

Mithilfe von GeoGebra lässt sich nun auch leicht mithilfe der Tangentenfunktion und dem Ausmessen der Winkel ein Sehwinkel von 0,36° am östlichen Ende der transsibirischen Eisenbahn feststellen. Dies würde bedeuten, dort hätte zur gleichen Zeit die Sonne nur eine Größe von 60 % im Vergleich zur Beobachtung in London. Dies entspricht offenbar nicht empirischen Beobachtungen, die man leicht selbst anstellen kann. Natürlich könnte hier der entsprechende Winkel auch unter Zuhilfenahme des Satz des Pythagoras berechnet werden.

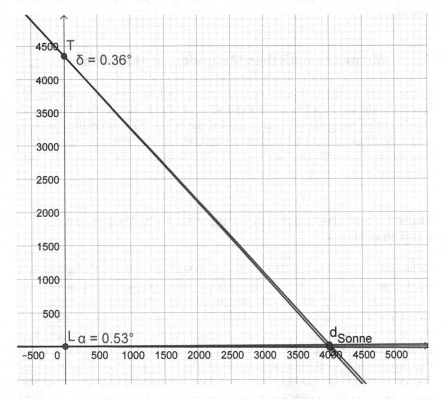

Abb. 2 Skizze zur Illustration, dass die Sonne nur 60 % der Größe am östlichen Ende der Transsibirischen Eisenbahn Strecke aufweist, wenn Sie 4000 Meilen über London steht

Eine kurze Übersicht über die Größen und Bestimmung der (scheinbaren) Größen verschiedener Himmelskörper sowie ihrer Abstände findet sich unter https://www.ago-sternwarte.ch/wissen/astronomie/distanzbestimmung.php.

These v: Die Erde beschleunigt sich konstant nach oben

Hier wird zunächst These v vor These iv besprochen, da diese als Grundlage für die Überlegungen zu These iv benötigt wird. Dabei wird insbesondere die Inkonsistenz des „Flat Earth"-Weltbildes deutlich. Die Konsistenz von Aussagen einer Theorie ist in modernen mathematischen Theorien aufgrund eines formal-abstrakten mathematischen Wahrheitsbegriffs zwingend. In Bezug auf naturwissenschaftliche Theorien gilt die Konsistenz ebenfalls als Qualitätskriterium. Eine aktuell besonders relevante und auch populär bekannte Konsistenzfrage ist die, nach der Vereinbarkeit von Relativitäts- und Quantentheorie (Nicolai, 2017).

Die These, dass sich die Erde konstant nach oben beschleunigt und somit irgendwann die „nicht fallenden", aber als fallend wahrgenommenen, Objekte einholt, erfordert Begrifflichkeiten der Kinematik. Die Beschleunigung wird entsprechend als Änderung der Geschwindigkeit aufgefasst. Es ergibt sich folgende klassische und leicht zu lösende Differenzialgleichung in üblicher Notation mit durch a bezeichneter Beschleunigung, mit v bezeichneter Geschwindigkeit und mit t bezeichneter Zeit:

$$\frac{dv}{dt} = a$$

Durch klassische Lösungsverfahren, wie der Kenntnis der Lösung oder Trennung der Variablen erhält man als Lösung

$$v(t) = a \cdot t + v_0$$

Wobei v_0 die Anfangsgeschwindigkeit zum Zeitpunkt $t = 0$ bezeichnet. Hieraus ergeben sich nun folgende Folgerungen und Fragen:

- Die Geschwindigkeit wächst unbegrenzt mit der Zeit. Damit stellt sich analog zur These vi die Frage, ob Lebewesen überhaupt so hohe Geschwindigkeiten aushalten.
- Wenn sich die Erde immer schneller nach oben bewegt, stellt sich weiterhin die Frage, wohin sich die Erde bewegt und inwiefern dafür unendlich viel ausgedehnter Raum zur Verfügung steht.

- Welche Anfangsgeschwindigkeit hatte die Erde, lässt sich die Geschwindigkeit der Erde bestimmen, und wenn ja, durch welche Referenzpunkte? Ließen sich beide Fragen beantworten, lässt sich so das Alter, oder zumindest der Beginn der Reise der Erde bestimmen. Eine weitere Frage läge dann aber immer noch in den Ursachen der Bewegung.

These iv: Die Rotation der Erde führt zum Wegschleudern

Nähmen wir diese These ernst und nimmt man trotzdem die Newton'schen Gesetze an, so lässt sich die Zentrifugalkraft, die die Fliehkraft darstellen soll, durch die Erddrehung folgendermaßen bestimmen:

$$F_{Zf} = m\omega^2 \cdot r$$

Die Masse m ist hier die Masse desjenigen Körpers, der weggeschleudert werden soll. Als Winkelgeschwindigkeit ergibt sich $\omega = \dfrac{2\pi}{86.400} s^{-1}$, wenn als Näherung angenommen wird, dass sich die Erde innerhalb von 24 h einmal um die eigene Achse dreht. Der mittlere Erdradius beträgt 6.371.001 m. Also ergibt sich eine Beschleunigung durch die Zentrifugalkraft von der Erdoberfläche weg zu

$$\omega^2 \cdot r = 0,03 \frac{m}{s^2}$$

Im Verhältnis zur Erdbeschleunigung von $9,81 \frac{m}{s^2}$, die sich entweder durch das Newtonsche Gravitationsgesetz (Physik) oder die Beschleunigung der Erde nach oben („Flat Earth"-Theorie) ergibt, ist die Zentrifugalkraft somit vergleichsweise klein. Nichtsdestotrotz wird die Erddrehung beim Start von Raketen ausgenutzt, um Treibstoff zu sparen, weshalb sich ein großer Teil der sog. „Weltraumbahnhöfen" in Äquatornähe befinden, wie bspw. das Kennedy-Space-Center.

Das Argument der Erdbeschleunigung (nach oben) durch die „Flat Earth"-Theorie ist insofern problematisch, da die maximale Drehgeschwindigkeit der Erde, bei einer Drehung um den Nordpol, am Südpol, der die Eisgrenze einer flachen Erde markieren würde, maximal sein müsste. Hier erkennt man, wie bereits durch de Morgan und Aristoteles festgestellt, dass es vielfältige Argumente für eine kugelförmige Erde gibt.

4 Fazit und Ausblick

Wie Břízová et al. (2018) festgestellt haben, eignet sich die „Flat Earth"-Theorie gut, eigene Auffassungen über den Weltraum und die Erde, aber auch physikalische Theorien und deren Methoden im Allgemeinen zu reflektieren und dabei kritisches Denken zu üben. Ein Blick in die Geschichte konnte zeigen, dass die „Flat Earth"-Theorien selbst, aber auch die Kritik daran nicht neu sind und bis in die Antike zurückreichen. Die wissenschaftshistorischen Perspektiven ermöglichen hierbei Einsichten, die einerseits konkrete Gegenargumentationen gegen die „Flat Earth"-Theorie, aber auch zeitgenössische Argumentationsfiguren sichtbar machen. Dabei wurde besonders deutlich, dass theoretische Voraussagen auf der Basis mathematischer Überlegungen im Laufe der Zeit einen immer höheren Stellenwert genossen haben, was die zunehmende Verbindung von Mathematik und den Naturwissenschaften zeigt. Diese mathematischen Perspektiven bieten dann die Möglichkeit, als gemeinsame Basis die Argumentationsgrundlage für die „Flat Earth"-Theorie und die Physik zu liefern, da sie von Vertretern beider Seiten genutzt werden. Außerdem bietet diese mathematische Perspektive auch konkrete Argumente und Ergebnisse, um Positionen kritisch zu hinterfragen. Exemplarisch wurde dies in diesem Beitrag mithilfe mathematischer Methoden aus der Sekundarstufe I und II für drei Thesen der „Flat Earth"-Theorie konkret umgesetzt.

Das Ziel dieses Beitrags liegt aber nicht in erster Linie darin, „Flat Earth"-Theorien zu widerlegen, sondern auch zukünftig den Blick für das Wirken mathematischer Methoden an der Schnittstelle von Mathematik und Naturwissenschaft zu schärfen und diese Methode als prägendes Element innerhalb der Erkenntnismethoden der Naturwissenschaften darzustellen. Nur durch solche Systematisierungsbemühungen ist man vom Glauben und Meinen über die Natur zum Verstehen von und Wissen über naturwissenschaftliche Phänomene gelangt. Dies muss und kann für Schüler*innen nur durch einen entsprechenden mathematikhaltigen Naturwissenschaftsunterricht wie auch anwendungsbezogenen Mathematikunterricht erlebbar gemacht werden und sollte sich entsprechend auch in den zugehörigen Unterrichtsmaterialien abbilden. Erste Ausgangspunkte dafür liegen in einer ernsthaften Auseinandersetzung und Offenlegung eigener und fremder Perspektiven.

Literatur

Andrei, M. (2017, Mai 21). A flat-earther brought a spirit level on a plane to prove the Earth is flat. Yeah … *ZME Science*. https://www.zmescience.com/other/offbeat-other/flat-earther-brought-spirit-level-plane-prove-earth-flat-yeah/. Zugegriffen am 03.03.2024.

Brazil, R. (2020). Fighting flat-Earth theory – Physics World. https://physicsworld.com/a/fighting-flat-earth-theory/. Zugegriffen am 03.03.2024.

Břízová, L., Gerbec, K., Šauer, J., & Šlégr, J. (2018). Flat Earth theory: An exercise in critical thinking. *Physics Education, 53*(4), 1–6. https://doi.org/10.1088/1361-6552/aac053

Budjan, J. (2022, Januar 17). Flat-Earth-Theorie: Der Glaube an eine flache Erde boomt. *RP ONLINE*. https://rp-online.de/panorama/humbug-verschwoerungstheorien-untersucht/flat-earth-theorie-der-glaube-an-eine-flache-erde-boomt_aid-52628805. Zugegriffen am 03.03.2024.

Burisch, C., Emse, A., Lauterjung, D., Lauterjung, S., & Rasbach, U. (2020a). *Universum Physik (Nordrhein-Westfalen, Gymnasium, G9)*. Cornelsen.

Burisch, C., Emse, A., Lauterjung, D., Lauterjung, S., & Rasbach, U. (2020b). *Universum Physik - Nordrhein-Westfalen G9: Lösungen* (1. Aufl.). Cornelsen.

Carpenter, W. (1864). *Theoretical astronomy examined and exposed, by 'Common sense'*. Job Caudwell.

Carpenter, W. (1885). *One hundred proofs that the earth is not a globe*. Printed and Published by the Author. https://www.gutenberg.org/files/55387/55387-h/55387-h.htm. Zugegriffen am 03.03.2024.

Davidson, R. (2017). *Flat Earth international conference (USA) 2018*. http://fe2018.com/. Zugegriffen am 03.03.2024.

Dawson, D., Pilgrim, E., & Mccarthy, K. (2018, Januar 25). Inside flat Earth international conference, where everyone believes Earth isn't round. *ABC News*. https://abcnews.go.com/US/inside-flat-earth-international-conference-believes-earth-round/story?id=52580041. Zugegriffen am 03.03.2024.

Dubay, E. (2018, August 18). *200 proofs Earth is not a spinning ball*. https://www.youtube.com/watch?v=x0EGB_o9TZM. Zugegriffen am 03.03.2024.

Einstein, A. (1921). *Geometrie und Erfahrung*. In *Geometrie und Erfahrung* (S. 2–20). Springer. https://doi.org/10.1007/978-3-642-49903-6_1

Erlaine, D. M. (2020). The culture of flat earth and its consequences. *Journal of Science & Popular Culture, 3*(2), 173–193. https://doi.org/10.1386/jspc_00019_1

Ernest, P. (2000). Why teach mathematics? In S. Bramall & J. White (Hrsg.), *Bedford Way papers: Bd. 13. Why learn maths?* University of London, Institute of Education.

Fontanella, L. (2019). Axioms as definitions: Revisiting Poincaré and Hilbert. *Philosophia Scientae, 23–1*, 167–183. https://doi.org/10.4000/philosophiascientiae.1827

Goldin, G., Rösken, B., & Törner, G. (2009). Beliefs – no longer a hidden variable in mathematical teaching and learning processes. In J. Maa & W. Schlöglmann (Hrsg.), *Beliefs and attitudes in mathematics education: New research results* (S. 1–18). Sense Publishers. https://doi.org/10.1163/9789087907235_002

Grigutsch, S., Raatz, U., & Törner, G. (1998). Einstellungen gegenüber Mathematik bei Mathematiklehrern. *JMD, 19*(1), 3–45. https://doi.org/10.1007/BF03338859

Hegmann, G. (2020, Februar 23). „Mad Mike" Hughes wollte beweisen, dass die Erde eine Scheibe ist. *WELT*. https://www.welt.de/wirtschaft/article206075673/Mad-Mike-Hughes-wollte-beweisen-dass-die-Erde-eine-Scheibe-ist.html. Zugegriffen am 03.03.2024.

Lederman, N. G., Abd-El-Khalick, F., Bell, R. L., & Schwartz, R. S. (2002). Views of nature of science questionnaire: Toward valid and meaningful assessment of learners' conceptions of nature of science. *Journal of Research in Science Teaching, 39*(6), 497–521. https://doi.org/10.1002/tea.10034

Marble, D. (2017, Mai 2). *Flat Earth PROOF: Spirit level flight experiment.* https://www.youtube.com/watch?v=6nNUEU8gnf4&t=0s. Zugegriffen am 03.03.2024.

Martin, J. (1972). *Lukrez, über die Natur der Dinge.* Akademie.

Morgan, A. de. (1863). A budget of paradoxes. *The assurance magazine and journal of the institute of actuaries, 11*(3), 130–150. https://doi.org/10.1017/s204616580002390x

Morgan, A. de. (1872). *A budget of paradoxes (Volume II).* Dover Publications, Inc. https://www.gutenberg.org/files/26408/26408-h/26408-h.htm. Zugegriffen am 03.03.2024.

Newton, I. (1686). *Philosophiae naturalis: principia mathematica.* Streater.

Nicolai, H. (2017). *Quantengravitation und Vereinheitlichung.* https://doi.org/10.17617/1.55

Picheta, R. (2019, November 18). *The flat-Earth conspiracy is spreading around the globe. Does it hide a darker core?* https://edition.cnn.com/2019/11/16/us/flat-earth-conference-conspiracy-theories-scli-intl/index.html. Zugegriffen am 03.03.2024.

Rezat, S. (2008). Die Struktur von Mathematikschulbüchern. *JMD, 29*, 46–67. https://doi.org/10.1007/BF03339361

Rezat, S. (2010). *Das Mathematikbuch als Instrument des Schülers.* Vieweg. https://doi.org/10.1007/978-3-8348-9628-5

Rowbotham, S. (2023). *The flat earth society.* https://www.tfes.org/. Zugegriffen am 03.03.2024.

Sagan, C. (2011). *The demon-haunted World: Science as a candle in the dark.* Random House Publishing Group.

Schoenfeld, A. H. (1985). *Mathematical problem solving.* Academic Press.

Stoffels, G. (2020). *(Re-)Konstruktion von Erfahrungsbereichen bei Übergängen von empirisch-gegenständlichen zu formal-abstrakten Auffassungen.* universi. https://doi.org/10.25819/UBSI/5563

The Flat Earth Wiki. (2022, Januar 11). *Flight Anomalies.* https://wiki.tfes.org/Flight_Anomalies. Zugegriffen am 03.03.2024.

Vohns, A. (2017). Bildung, mathematical literacy and civic education: The (strange?) case of contemporary Austria and Germany. http://mes9.ece.uth.gr/portal/images/paperslist/mes9apl/5.pdf. Zugegriffen am 03.03.2024.

Williams, W. F. (2013). *Encyclopedia of pseudoscience: From alien abductions to zone therapy.* Taylor and Francis.

Winter, H. (1995). Mathematikunterricht und Allgemeinbildung. *Mitteilungen der GDM, 37–46.* https://ojs.didaktik-der-mathematik.de/index.php/mgdm/article/download/69/80. Zugegriffen am 03.03.2024.

Witzke, I. (2015). *Fachdidaktischverbindendes Lernen und Lehren im MINT-Bereich.* https://doi.org/10.17877/DE290R-16867

Naturwissenschaftliche Erkenntniswege – Was können wir aus diesen über Begründungen im Mathematikunterricht lernen?

Frederik Dilling

1 Einleitung

Das Begründen gilt allgemeinhin als wesentliches Charakteristikum der Mathematik. Auch in den Bildungsstandards wird daher für den Unterricht gefordert, dass Schüler*innen „mathematische Argumentationen entwickeln (wie Erläuterungen, Begründungen, Beweise)" (KMK, 2003, S. 8). Doch wie gestalten sich Begründungen im Mathematikunterricht aus? Dieser Frage nähert sich der vorliegende Beitrag aus der Perspektive der Naturwissenschaften.

Zunächst wird in Abschn. 2 dieses Beitrags die Grundannahme erläutert, dass sich die Wissensentwicklung von Schüler*innen im Mathematikunterricht ähnlich wie in den Naturwissenschaften gestaltet und sich mathematisches Wissen in diesem Kontext als empirische Theorien beschreiben lässt. Darauf aufbauend werden im dritten Abschn. 3 festgelegt. In Abschn. 4 folgt die Beschreibung von drei wissenschaftstheoretischen Modellen zu Erkenntniswegen der Naturwissenschaften. Der Kern des Beitrags ist die Anwendung der dabei gewonnenen Erkenntnisse auf die Beschreibung von Begründungsprozessen im Mathematikunterricht in Abschn. 5. In diesem Zusammenhang werden unter anderem auch drei Schulbuchbeispiele vor dem beschriebenen Theoriehintergrund analysiert. Abschließend wird ein Fazit gezogen.

F. Dilling (✉)
Didaktik der Mathematik, Universität Siegen, Siegen, Deutschland
E-Mail: dilling@mathematik.uni-siegen.de

© Der/die Autor(en), exklusiv lizenziert an Springer Fachmedien Wiesbaden GmbH, ein Teil von Springer Nature 2024
F. Dilling et al. (Hrsg.), *Interdisziplinäres Forschen und Lehren in den MINT-Didaktiken*, MINTUS – Beiträge zur mathematisch-naturwissenschaftlichen Bildung, https://doi.org/10.1007/978-3-658-43873-9_3

2 Schulmathematisches Wissen als empirische Theorien

Der heutige Mathematikunterricht der Schule ist von Anschaulichkeit und Realitätsbezug geprägt. Hierfür finden sich auf lerntheoretischer, entwicklungspsychologischer sowie historischer Ebene gute Gründe (Dilling et al., 2020). Die Grundannahme dieses Beitrages ist, dass Schüler*innen in einem solchen Kontext eine empirische Auffassung von Mathematik entwickeln – vergleichbar mit den Sichtweisen von Naturwissenschaftler*innen auf ihren eigenen Gegenstandsbereich. Das mathematische Wissen wird auf der Basis von und mit direktem Bezug zu empirischen Objekten (z. B. Zeichenblattfiguren oder Funktionsgraphen) als sogenannte empirische Theorien entwickelt. Dem gegenüber steht die für Universitäten prototypische formalistische Auffassung, bei der die Begriffe der formalistischen mathematischen Theorie keine Referenzobjekte besitzen, sondern Variablen sind (Burscheid & Struve, 2009).

Zur Beschreibung einer empirischen mathematischen Theorie kann der Ansatz des Strukturalismus angewendet werden. Dabei handelt es sich um einen wissenschaftstheoretischen Ansatz zur präzisen Beschreibung und Analyse empirischer Theorien, also solcher, die der Beschreibung, Vorhersage und Erklärung empirischer Phänomene dienen.

Die Grundlage des strukturalistischen Ansatzes ist die Bestimmung sogenannter T-theoretischer Begriffe. Diese beschreibt Stegmüller (1986) mit Bezug zu Joseph D. Sneed (1971) wie folgt:

> „Eine Größe ist T-theoretisch, wenn ihre Messung stets die Gültigkeit eben dieser Theorie T voraussetzt." (S. 33)

Die Theoretizität eines Begriffs ist damit nicht universell gegeben, sondern relativ zu einer betrachteten Theorie T zu verstehen, weshalb auch von T-theoretisch gesprochen wird. T-theoretische-Begriffe erlangen ihre Bedeutung erst innerhalb dieser Theorie T. Es handelt sich somit um die Begriffe, welche keine empirischen Referenzobjekte besitzen und nicht in einer von T verschiedenen Vortheorie definiert werden können (Witzke, 2009). Theoretische Begriffe sind für die Wissenserweiterung, im Sinne von Erkenntnisgewinnung durch eine Theorie von großer Bedeutung, damit nicht lediglich Einsichten generiert werden, die aus den Objekten durch direkte Beobachtung ableitbar sind oder bereits in einer anderen Theorie bestimmt wurden (Burscheid & Struve, 2018).

Nicht-T-theoretische Begriffe sind dagegen solche, die eindeutige empirische Referenzobjekte besitzen oder in einer von T verschiedenen Vortheorie definiert werden können. Die nichttheoretischen Begriffe, für die es ein empirisches Referenzobjekt gibt, wollen wir im Folgenden als empirische Begriffe bezeichnen (Pielsticker, 2020).

Das Ziel einer empirischen Theorie ist die Beschreibung eines (oder mehrerer) Phänomene aus der Realität – die sogenannten intendierten Anwendungen, welche durch die Angabe von paradigmatischen Beispielen umschrieben werden. Das Anwendungsgebiet von empirischen Theorien wird im Strukturalismus somit stets als begrenzt beschrieben. Es gibt verschiedene weitere formale Elemente, die im Strukturalismus bei der Rekonstruktion empirischer Theorien herangezogen werden, an dieser Stelle aber nicht diskutiert werden sollen.

In diesem Beitrag wird wie bereits erwähnt angenommen, dass Schüler*innen ihr Wissen im Mathematikunterricht anhand empirischer Objekte entwickeln und dabei eine empirische Auffassung von Mathematik ausbilden – vergleichbar mit einer Naturwissenschaft. Aus diesem Grund lässt sich das Verhalten von Schüler*innen und das in diesem Zusammenhang entwickelte Wissen als empirische Theorien rekonstruieren. Das Theorienkonzept des wissenschaftstheoretischen Strukturalismus wurde bereits an verschiedener Stelle zur Beschreibung von Schüler*innentheorien oder zur Analyse von mathematischen Lehrwerken und historischen Quellen angewendet (siehe u. a. Burscheid & Struve, 2009; Struve, 1990; Witzke, 2009, 2014; Schlicht, 2016; Schiffer, 2019; Dilling et al., 2021; Dilling & Witzke, 2020; Pielsticker, 2020; Stoffels, 2020; Dilling, 2022). Es sei an dieser Stelle angemerkt, dass nicht davon ausgegangen wird, dass die Schüler*innen bei einer empirischen Auffassung von Mathematik über die formale Darstellung als empirische Theorie verfügen, sondern dass sie sich verhalten, als verfügten sie über eine solche Theorie (Burscheid & Struve, 2009).

3   Die Begriffe Begründung, Argumentation und Beweis

Bei der Entwicklung einer Theorie, werden im Allgemeinen zwei fundamentale Schritte unterschieden – die Entdeckung und die Überprüfung, welche durch die englischsprachigen Begriffe „context of discovery" und „context of justification" geprägt sind. Dabei muss differenziert werden zwischen der Entdeckung und Überprüfung einer ganzen Theorie verbunden mit der Formulierung neuer Axiome oder der Entdeckung und Überprüfung eines einzelnen Satzes (eines „Gesetzes") innerhalb einer bereits existierenden Theorie. Das Wort „Entdeckung" kennzeichnet die Phase der Hypothesenentwicklung. Eine Hypothese stellt das Ergebnis dieser Phase dar und ist eine Annahme, die noch nicht bestätigt ist. Sie wird in der Phase der Überprüfung im Rahmen einer Theorie erklärt und zudem gesichert. Die Erklärung und Sicherung von Wissen sollen im Folgenden mit dem Begriff Begründung gekennzeichnet werden. Der Fokus dieses Beitrages liegt auf Begründungen, also dem „context of justification", wenngleich dieser nicht getrennt von den zugrunde liegenden Hypothesen und deren Entwicklung im „context of discovery" beschrieben werden kann.

Begründungen lassen sich im Rahmen der Argumentationstheorie als wissenschaftliche Disziplin beschreiben. Demnach ist eine Argumentation „ein A[rgument] oder eine Reihe von A[rgument]en [...] zur Begründung einer Aussage" (Prechtl & Burkard, 2008, S. 43). Ein Argument sind wiederum Aussagen, die mithilfe eines Schlusses verbunden werden. Unterschieden werden die Konklusion, welche die zu begründende Aussage, und die Prämissen, welche die begründenden Aussagen darstellen (Bayer, 2007) (siehe Abb. 1).

Die Prämisse und die Konklusion werden durch einen Schluss miteinander in Beziehung gesetzt, der ein deduktiver oder ggf. ein induktiver Schluss sein kann (Abb. 2). Beim deduktiven Schließen wird die Gültigkeit einer „Regel" vorausgesetzt, die sich auf eine bestimmte Klasse von Fällen anwenden lässt und dabei ein bestimmtes Resultat hervorbringt (Peirce & Walther, 1967). Diese Regel und ein vorliegender Fall, auf den die Regel angewendet werden kann, können die Prämissen eines Argumentes bilden. Mit einem deduktiven Schluss kann sicher auf das Resultat geschlossen werden, welches die Konklusion des Argumentes bildet. Damit überträgt ein deduktiver Schluss die Gültigkeit der Prämissen auf die Konklusion.

Induktion bezeichnet dagegen das Generieren einer „Regel aus der Beobachtung eines Ergebnisses in einem bestimmten Fall" (Peirce & Walther, 1967, S. 128). Die Voraussetzung ist in diesem Fall das Vorliegen eines bestimmten Resultates in

Abb. 1 Schema zum Aufbau eines Arguments. (Dilling, 2022)

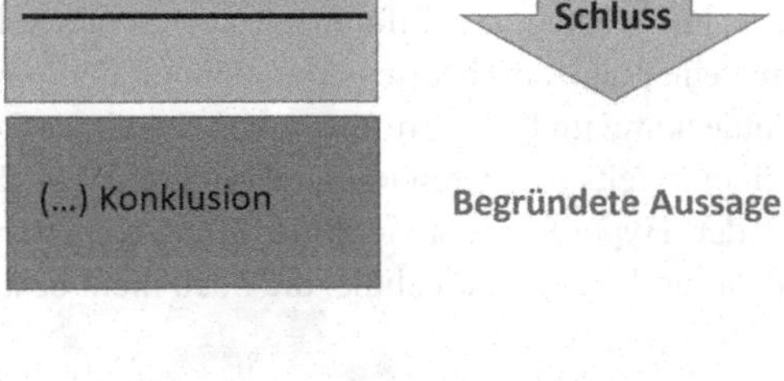

Aufbau eines Arguments

(1) Prämisse 1
(2) Prämisse 2
(...)

Begründende Aussage(n)

_____

Schluss

(...) Konklusion

Begründete Aussage

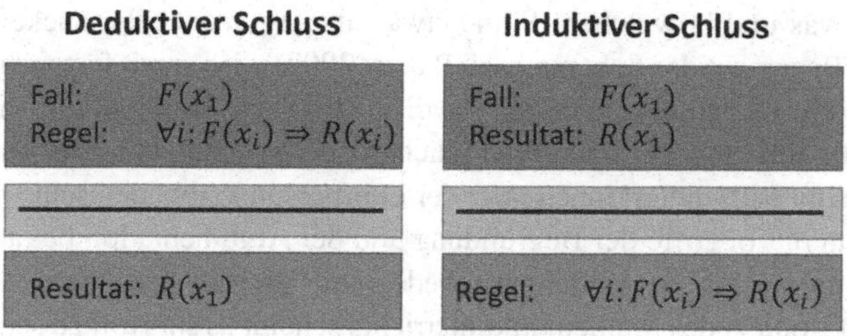

Deduktiver Schluss   **Induktiver Schluss**

Fall: $F(x_1)$ Regel: $\forall i: F(x_i) \Rightarrow R(x_i)$	Fall: $F(x_1)$ Resultat: $R(x_1)$
Resultat: $R(x_1)$	Regel: $\forall i: F(x_i) \Rightarrow R(x_i)$

Abb. 2 Schematische Darstellung deduktiver und induktiver Schlüsse in Anlehnung an Meyer (2007). (Dilling, 2022)

einem bestimmten Fall bzw. bestimmter Resultate in bestimmten Fällen. Der Fall und das Resultat bzw. die Fälle und die Resultate können die Prämissen eines Argumentes bilden, in dem mithilfe eines induktiven Schlusses eine allgemeine Regel als Konklusion gefolgert wird, die auf mehr als die vorliegenden Fälle anwendbar ist. Der induktive Schluss überträgt die Gültigkeit der Prämissen anders als die Deduktion nicht mit Sicherheit auf die Konklusion. Die Rolle der Induktion im Prozess der wissenschaftlichen Erkenntnis wird daher teilweise sehr unterschiedlich eingestuft (siehe u. a. Popper, 1994).

Wie sehr eine Konklusion in einem Argument gestützt wird, hängt neben der bereits angesprochenen Stärke des Schlusses auch von der Stichhaltigkeit der Prämissen ab. Handelt es sich um falsche oder wenig gesicherte Prämissen, so kann auch ein deduktiver Schluss zu einer falschen Konklusion führen. Ebenso können Prämissen aufgeführt sein, die für den Schluss keine Bedeutung haben, oder es können für den Schluss nötige Prämissen fehlen (Bayer, 2007).

Der in diesem Beitrag verwendete Argumentationsbegriff nutzt die vorherigen Ausführungen zum Aufbau eines Arguments, soll sich aber bei der Definition des Begriffs nicht auf diesen beschränken. Denn aus mathematikdidaktischer Perspektive scheint nicht nur eine fertige Argumentation von Interesse zu sein, sondern vielmehr auch der Argumentationsprozess, in dem eine Argumentation entwickelt wird. Dazu soll der aus dem Interaktionismus stammende Argumentationsbegriff nach Krummheuer (1991) genutzt werden. Dieser versteht Argumentationen als soziale Prozesse, in denen die am Unterricht beteiligten Personen gemeinsam Argumentationen entwickeln und dabei Begriffe aushandeln. In sogenannten kollektiven Argumentationen können teilnehmende Schüler*innen ihre subjektiven Wissenskonstruktionen zur Diskussion stellen und auf diese Weise deren Viabilität (i. S. d. Konstruktivismus als Gültigkeit bzw. Passung zu verstehen) prüfen. Damit wird im Unterricht zwischen Schüler*innen aber auch der Lehrperson ausgehandelt, was und in welchem Sinne etwas als Argument gilt (Yackel & Cobb, 1996). Mit Bezug auf das Schema nach Bayer (2007) wird somit festgelegt, welche Prämissen und Schlüsse anerkannt werden. Dies ist häufig, muss aber nicht zwangsläufig mit einer expliziten mündlichen oder schriftlichen Aushandlung der Konstrukte mit Mitschüler*innen oder der Lehrperson verbunden sein.

Nachdem die Begriffe der Begründung und der Argumentation betrachtet wurden, soll nun der für die Mathematik bedeutende Begriff des *Beweises* definiert werden. Im Kontext des Mathematikunterrichts scheint es sinnvoll zu sein, den Begriff des Beweises auf den der Argumentation zurückzuführen. Daher soll ein Beweis im Folgenden als Sonderform einer Argumentation betrachtet werden, bei der lediglich deduktive Schlüsse verwendet werden und bei dem der zu beweisende Satz oder Zusammenhang auf eine als akzeptiert geltende theoretische Basis zurückgeführt wird (Dilling, 2022). Damit hat der Beweis wie auch die Argumentation eine interaktionistische Komponente.

4   Erkenntnismodelle der Naturwissenschaften

Auf der Grundlage der im vorherigen Abschnitt eingeführten Begriffe sollen nun zwei bekannte Modelle zur Beschreibung naturwissenschaftlicher Erkenntniswege diskutiert werden – die experimentelle Methode und das EJASE-Modell. Anschließend soll die strukturalistische Perspektive auf entsprechende Prozesse in den Blick genommen werden.

Die experimentelle Methode nach Galileo Galilei

Ein in den Naturwissenschaften bekanntes Modell der Erkenntnisgewinnung ist die experimentelle Methode, die auf Galileo Galilei zurückgeführt wird. Er soll der erste Wissenschaftler gewesen sein, der auf der Basis einer empirischen Theorie und durch deduktives Schließen Vorhersagen in Bezug auf naturwissenschaftliche Phänomene traf. Erst im Anschluss an die Theoriearbeit wird bei Galilei ein Experiment durchgeführt, das empirische Vorhersagen der Theorie entweder bestätigt oder widerlegt (Kuhn, 1983). Schwarz (2009) beschreibt den Vorzug dieser Methode gegenüber der vor Galilei verbreiteten Methodik:

> „Bei Galilei wird die Durchführung des Experiments durch theoretisch-mathematische Modellvorstellungen geleitet. Bei ihm tritt an die Stelle des mühsamen, oft irreführenden und unsystematischen „Herauslesens" von Naturzusammenhängen das

zielgerichtete Überprüfen eines bereits im Vorfeld formulierten oder infrage gestellten Zusammenhangs." (Schwarz, 2009, S. 18)

Zur Durchführung der experimentellen Methode nach Galilei ist es notwendig, die Hypothese zunächst als Satz einer zugrunde liegenden Theorie zu beschreiben (Schwarz, 2009). Wie die Theorie und die Hypothese entwickelt wurden, ist für Galilei keine relevante Frage. Er sieht sie als von der Natur gegeben an und nimmt unter anderem im platonistischen Sinne einen direkten Zusammenhang von Geometrie und Natur an:

> „Ich habe ein Experiment darüber angestellt, aber zuvor hatte die natürliche Vernunft mich ganz fest davon überzeugt, daß die Erscheinung so verlaufen mußte, wie sie auch tatsächlich verlaufen ist." (Zitiert nach Koyré, 1988, S. 26)

Diese von Galilei vertretene Sichtweise auf die Entwicklung von Theorien gilt nach den Arbeiten von T. Kuhn und der neueren Historiografie der Naturwissenschaften als überholt. Entsprechend des wissenschaftstheoretischen Strukturalismus, dessen Sichtweise in dieser Arbeit zugrunde gelegt wird, ist die Konstruktion von neuen T-theoretischen Begriffen der wesentliche Schritt bei der Entwicklung einer neuen Theorie. Hypothesen über einzelne Phänomene können dann als Gesetze der empirischen Theorie formuliert und experimentell überprüft werden.

Das EJASE-Modell nach Albert Einstein

Ein neueres Modell zur Beschreibung naturwissenschaftlicher Erkenntniswege stammt von Albert Einstein. Auch dieser betont in seinem Modell die Bedeutung deduktiver Schlüsse im Rahmen von Theoriebildungen. Im Gegensatz zu Galilei sieht er die Grundbegriffe der Naturwissenschaften aber als hypothetisch und nicht durch die „natürliche Vernunft" gegeben an:

> „Es gibt keine induktive Methode, welche zu den Grundbegriffen der Physik führen könnte. Die Verkennung dieser Tatsache war der philosophische Grundirrtum so mancher Forscher des 19. Jahrhunderts [...]. Logisches Denken ist notwendig deduktiv, auf hypothetische Begriffe und Axiome gegründet." (Einstein, 1990, S. 85)

Diese Aussagen Einsteins können mit T-theoretischen Begriffen im Sinne des Strukturalismus genauer erklärt werden. Während nicht-T-theoretische Begriffe durchaus empirische Referenzobjekte haben können, sind T-theoretische Begriffe notwendigerweise referenzlos. Mit „hypothetische Begriffe" könnte Einstein etwas

Ähnliches im Sinn gehabt haben. Nimmt man an, dass die Konstruktion von neuen T-theoretischen Begriffen der wesentliche Schritt bei der Entwicklung einer neuen Theorie ist, so muss man Einstein zustimmen, dass es „keine induktive Methode" gibt, die diese Begriffe hervorbringt – sie haben ausschließlich in der Theorie T Bedeutung (Dilling, 2022).

Der naturwissenschaftliche Erkenntnisprozess gestaltet sich nach dem EJASE-Modell, das Einstein in einem Brief an den Philosophen und Mathematiker Maurice Solovine beschrieb, wie folgt: Ausgehend von der „Mannigfaltig der Sinneserlebnisse", die in der schematischen Darstellung (Abb. 3) durch eine Linie mit der Bezeichnung E symbolisiert wird, werden Axiome A einer physikalischen Theorie gebildet. Der Übergang von E nach A erfolgt durch einen „Jump" J, symbolisiert durch einen gebogenen Pfeil. Dies soll ausdrücken, dass kein direktes Ableiten der Axiome aus der Empirie möglich ist:

> „Psychologisch beruhen die A auf E. Es gibt aber keinen logischen Weg von den E zu den A, sondern nur einen intuitiven (psychologischen) Zusammenhang, der immer ‚auf Widerruf' ist." (Holton, 1981, S. 378–379)

Der Grund hierfür kann mit dem wissenschaftstheoretischen Strukturalismus in der Konstruktion T-theoretischer Begriffe identifiziert werden. Diese können aufgrund ihrer Referenzlosigkeit nicht unmittelbar aus realen Phänomenen gewonnen werden, sondern sind erst innerhalb der Theorie T bestimmt.

Ausgehend von den Axiomen der Theorie werden dann nach Einstein durch deduktives Schließen Sätze S, S′, S″, usw. gebildet. Die Sätze dieser empirischen Theorie werden anschließend in einem Experiment auf die „Sinneserlebnisse" E zurückgeführt und auf Passung geprüft. Dies kann dann zu einer Bestätigung oder einer Widerlegung verbunden mit einer Veränderung des Experimentes oder der theoretischen Setzungen in Form der Axiome führen (Krause, 2017). Somit handelt es sich bei dem von Einstein vorgeschlagenen Erkenntnismodell um einen zyklischen Prozess.

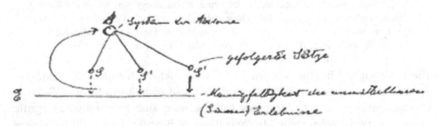

Abb. 3 Skizze von Einstein zum EJASE-Modell. (©Holton, 1981, S. 376)

Die strukturalistische Perspektive

Nachdem zwei bekannte naturwissenschaftliche Erkenntnismodelle diskutiert wurden, soll nun die auf dem Strukturalismus aufbauende Perspektive erläutert und teilweise von den obigen Erkenntnismodellen abgegrenzt werden. Dabei soll, wie bereits beschrieben, zwischen der Entdeckung und Überprüfung einer ganzen Theorie oder der Entdeckung und Überprüfung eines einzelnen Satzes (eines „Gesetzes") innerhalb einer bereits existierenden Theorie unterschieden werden.

1. Die Entwicklung einer neuen Theorie T ist nach dem wissenschaftstheoretischen Strukturalismus insbesondere mit der Formulierung von T-theoretischen und nicht-T-theoretischen Begriffen verbunden. Nicht-T-theoretische Begriffe wurden entweder in einer von T verschiedenen Vortheorie geklärt oder besitzen eindeutige empirische Referenzobjekte innerhalb der intendierten Anwendungen. T-theoretische Begriffe werden wiederum erst innerhalb der Theorie T festgelegt und ihre Messung setzt die Gültigkeit der Theorie T voraus. Die Konstruktion von neuen T-theoretischen Begriffen stellt den wesentlichen Schritt bei der Entwicklung einer neuen Theorie T dar, da diese dafür sorgen, dass die Theorie auch neue Erkenntnisse generieren kann. Die Überprüfung der mit der Theorie verbundenen empirischen Behauptung erfolgt im Rahmen eines Experiments, das die Eignung der Theorie zur Beschreibung einer intendierten Anwendung prüft.

2. Zusätzlich sollen die Entdeckung und Überprüfung eines Satzes innerhalb einer bereits formulierten Theorie T betrachtet werden. In diesem Zusammenhang soll eine Unterscheidung zwischen drei Phasen vorgenommen werden, wobei diese nicht als zeitliche Phasen mit einer festen Reihenfolge zu verstehen sind. In der ersten Phase, der Exploration, werden Hypothesen entwickelt. Bei einer Hypothese handelt es sich um einen angenommenen Zusammenhang, dessen Gültigkeit aber noch nicht begründet wurde. Die Begründung erfolgt dann durch zwei weitere Phasen. In der Phase der Wissenserklärung erfolgt die Beschreibung der Hypothese im Rahmen der Theorie T. Der zuvor angenommene Zusammenhang wird durch deduktive Schlüsse im Rahmen eines Beweises auf die Fundamental- und Spezialgesetze der Theorie T (oder einer zugrunde liegenden Vortheorie) zurückgeführt. Auf diese Weise wird die Hypothese mit bereits bekanntem Wissen in Verbindung gesetzt. Damit ist eine empirische Theorie aber noch nicht vollständig begründet. In der Phase der Wissenssicherung erfolgt die experimentelle Überprüfung der hypothetischen Zusammenhänge. Erst durch die systematische Messung entsprechender Zusammenhänge zwi-

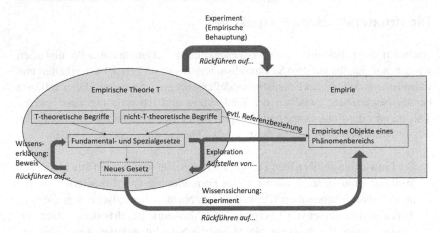

Abb. 4 Schematische Darstellung des Erkenntnismodells in Anlehnung an den Strukturalismus. (Eigene Darstellung)

schen empirischen Objekten der intendierten Anwendungen im Rahmen eines Experiments kann induktiv auf die Adäquatheit des Satzes der Theorie zur Beschreibung eines bestimmten empirischen Phänomens geschlossen werden. Bei dieser dreischrittigen Phasierung handelt es sich um ein vereinfachtes Modell der Entwicklung von Sätzen einer empirischen Theorie T (siehe auch Dilling, 2022). Eine schematische Darstellung dieses Beschreibungsmodells ist in Abb. 4 zu sehen.

5 Anwendung auf den Mathematikunterricht

Wissenssicherung und Wissenserklärung in der Schulmathematik

Wie zu Beginn dieses Beitrags beschrieben wurde, entwickeln Schüler*innen im Mathematikunterricht häufig eine empirische Auffassung von Mathematik und das von ihnen entwickelte Wissen lässt sich als empirische Theorien rekonstruieren. Die zu beschreibenden intendierten Anwendungen (betrachteter Phänomenbereich) dieser Theorien liegen in den im Unterricht diskutierten empirischen Objekten (z. B. Zeichenblattfiguren oder Funktionsgraphen). Damit ergeben sich in Bezug auf die Erkenntniswege im Mathematikunterricht vielfältige Parallelen zum Vorgehen in den Naturwissenschaften, die auch Struve (1990) betont:

„Die so beschriebene Auffassung kann man mit der Sichtweise eines Naturwissen-
schaftlers vergleichen. Die Ergebnisse eines Experiments „erklärt" er mit einer Theorie. Die Theorie gibt ihm aber nicht die Gewißheit, daß die Tatsache gilt, die er im
Experiment nachgewiesen hat." (S. 35)

Nimmt man die empirische Auffassung von Schüler*innen ernst und betrachtet sie
als eine sinnvolle Grundlage für schulische mathematische Wissensentwicklungsprozesse, so sollte ihnen im Unterricht auch die Möglichkeit für entdeckende und
begründende Aktivitäten im obigen Sinne geboten werden. Dies umfasst zunächst
das explorative Handeln mit den konkreten empirischen Objekten, um hypothetische Zusammenhänge aufzustellen. Diese Hypothesen können dann systematisch in einem Experiment an den Objekten überprüft werden (Wissenssicherung).
Schließlich sollte eine Wissenserklärung erfolgen, in der der Sachverhalt auf bereits bekanntes Wissen zurückgeführt wird (Beweis).

Mit der Unterscheidung von Wissenssicherung und -erklärung im Kontext empirischer Theorien lässt sich auch die in vielen Veröffentlichungen kritisch angemerkte
mangelnde Beweisbedürftigkeit bei Schüler*innen aus einem neuen Blickwinkel
betrachten. So sähen viele Lernende keine Notwendigkeit für einen allgemeinen Beweis und ihnen genüge die Betrachtung von Einzelbeispielen (u. a. Balacheff, 1993;
Mormann, 1981; Walsch, 1975). Betrachtet man die mathematische Wissensentwicklung von Schüler*innen als empirische Theorie, so wird deutlich, dass das Wissen bereits durch die systematische Untersuchung von Einzelbeispielen in einem
Experiment gesichert sein kann. Das Bedürfnis nach der Entwicklung eines allgemeinen Beweises stellt sich unter Umständen zunächst nicht ein:

„Dieses Verhalten vieler Schüler ist insofern verständlich, als es auch jedem Naturwissenschaftler zunächst um die Sicherung von Wissen geht und erst danach um seine
Erklärung." (Struve, 1990, S. 46)

Dem Beweis kommt in der empirischen mathematischen Schüler*innentheorie
„nur" noch die Aufgabe der Wissenserklärung zu. Das Problem kann somit als
mangelndes Erklärbedürfnis der Schüler*innen umschrieben werden. Die Notwendigkeit einer Erklärung durch Rückführung auf bekanntes Wissen im Rahmen
einer Theorie sollte daher im Unterricht explizit diskutiert werden, ohne aber dabei
die Bedeutung der Betrachtung von konkreten Beispielen und das induktive Schließen zur Wissenssicherung abzutun.

Die Begründung einer Hypothese im Rahmen einer empirischen mathematischen Schüler*innentheorie bedarf somit sowohl der Erklärung durch deduktives
Schließen innerhalb der Theorie als auch der Sicherung durch induktives Schließen
im Rahmen von Experimenten mit den zu beschreibenden empirischen Objekten.
Im Mathematikunterricht können neben diesen beiden Aspekten von Begründungen

auch andere Formen der Argumentation auftreten. Insbesondere lassen sich vielfach anschauliche heuristische Argumentationen finden, bei denen allgemeine Sachverhalte an konkreten empirischen Objekten als generische Beispiele für die Gesamtheit der betrachteten Fälle erklärt werden (Dilling, 2022). Hierbei handelt es sich nicht um (ausschließlich deduktive) Beweise im obigen Sinne, die der Wissenserklärung im Rahmen einer empirischen Theorie dienen. Stattdessen kann eine anschauliche heuristische Argumentation aber bei der Entwicklung einer Beweisidee hilfreich sein und Schüler*innen unter Umständen auch (vorerst) von der Korrektheit des noch zu beweisenden Satzes überzeugen.

Dilling (2022) hat im Rahmen von fünf Fallstudien die beschriebenen Aspekte von mathematischen Begründungen von Schüler*innen empirisch untersucht. Dabei konnte er zunächst feststellen, dass die Schüler*innen sowohl induktive als auch deduktive Schlüsse in ihren Argumentationen verwendeten. Diese treten allerdings häufig nicht klar getrennt voneinander auf. Eine eindeutige Zuordnung zur Wissenssicherung oder zur Wissenserklärung, wie sie entsprechend dem Strukturalismus für empirische Theorien erfolgen kann, lässt sich für die komplexen und dynamischen Strukturen von Schüler*innenbegründungen nicht immer vornehmen. Eine (mehr oder weniger präzise) Erklärung des Wissens nahmen alle untersuchten Schüler*innen vor oder versuchten zumindest eine solche Erklärung zu finden. Das häufig in der Literatur beschriebene mangelnde Beweisbedürfnis bzw. mangelndes Erklärbedürfnis von Schüler*innen bildete sich in den Fallstudien nicht ab. Die Phase der Wissenssicherung, die der Überprüfung der Theorie an der Empirie entspricht, fand allerdings nicht bei allen Schüler*innen statt. Nach ausgiebiger Analyse der Fallstudien kann ein möglicher Grund für das Ausbleiben einer Wissenssicherung in manchen Situationen darin gesehen werden, dass die empirischen (Vor-)Theorien der Schüler*innen bereits an verschiedener anderer Stelle ihres mathematischen Lernprozesses an der Empirie überprüft wurden, sodass sie bei neuen Phänomenen nicht zwangsläufig das Bedürfnis verspüren, die Theorie-Empirie-Passung „erneut" zu überprüfen. Das mangelnde Bedürfnis zur Wissenssicherung kann auch darauf zurückgeführt werden, dass im Unterricht durch die Lehrperson im Allgemeinen korrekte Aussagen untersucht werden. Die unterrichtlichen Interaktionsprozesse legen dann ein Erklären des Wissens auf der Grundlage einer mathematischen Theorie und durchaus auch mit Bezug auf die Empirie nahe – eine tatsächliche experimentelle Überprüfung wird dagegen häufig als fakultativ oder vielleicht zum Teil auch negativ konnotiert als unnötig oder unmathematisch dargestellt. Außerdem schien einzelnen Schüler*innen der Fallstudien der Unterschied zwischen induktiven und deduktiven Schlüssen nicht bewusst zu sein. Stattdessen verwendeten Sie die Schlussweisen je nach Zugänglichkeit des Arguments. Zusammenfassend lässt sich feststellen, dass sich die Begriffe Wissenssicherung und Wissenserklärung zur Beschreibung von Begründungsprozessen in einem anschauungs- und realitätsbezogenen Mathematikunterricht eignen und sich entsprechende Bestrebungen zur Sicherung und Erklärung von Wissen bei Schüler*innen auch empirisch feststellen lassen.

Ein exemplarischer Blick in Schulbücher

In diesem Abschnitt sollen Beispiele für explorative und begründende Aktivitäten im obigen Sinne gegeben werden. Betrachtet werden drei Einführungsseiten aus der Schulbuchreihe Sekundo Mathematik des Westermann Verlags zu den geometrischen Themen Kreiszahl Pi, Satz des Thales und Satz des Pythagoras. Die drei Seiten stehen prototypisch für eine anschauungs- und realitätsbezogene Einführung mathematischer Begriffe. Es sei an dieser Stelle aber angemerkt, dass die Intention der Schulbuchautorinnen und -autoren nicht bekannt ist und diese in den meisten Fällen vermutlich nicht bewusst eine empirische Theorie vermitteln wollten. Dennoch lassen sich im erwarteten Verständnis der Schüler*innen entsprechende Vorgehensweisen ausmachen.

In Abb. 5 ist die Einführungsseite zum Umfang eines Kreises im genannten Schulbuch zu sehen. Es handelt sich um einen Arbeitsauftrag für Schüler*innen. Dieser beginnt mit einem Comic, in dem der Umfang eines großen Holzrads bestimmt wird, indem dieser entlang eines Maßbands abgerollt wird. Die Schüler*innen sollen laut dem Arbeitsauftrag zunächst das Vorgehen aus dem Comic zur Messung des Umfangs beschreiben. Anschließend wird ein zweites Verfahren zur Messung des Umfangs mit einem weiteren Comic eingeführt. Hier wird ein Seil um das runde Objekt gewickelt und anschließend die Länge des Seils bestimmt. Auch dieses Verfahren soll von den Schüler*innen beschrieben werden.

Im dritten Teil des Arbeitsauftrags sollen die Schüler*innen dann selbst „kreisrunde Gegenstände" suchen und den Umfang sowie den Durchmesser von diesen messen. Die beiden Werte sollen in einer Tabelle gegenübergestellt werden. Als Beispiele für runde Gegenstände sind Bilder einer Schuhcremedose und eines Fußballs neben dem Arbeitsauftrag zu sehen. Abschließend folgt die Frage, was beim Betrachten der Tabelle auffällt. Dabei sollen die Schüler*innen vermutlich erkennen, dass es sich um einen proportionalen Zusammenhang handelt und eventuell auch schon näherungsweise die Proportionalitätskonstante, bekannt als das doppelte der Kreiszahl Pi, bestimmen.

Bei dem Vorgehen handelt es sich um eine vermeintlich explorative Aktivität, die durch den Arbeitsauftrag stark angeleitet wird. Das Ziel ist das Aufstellen einer Hypothese über die „kreisrunden" empirischen Untersuchungsobjekte. Der Begriff des Umfangs dient im Schulbuch der Beschreibung ebendieser Objekte und wird auch als solcher eingeführt. Es handelt sich nicht um einen „abstrakten" Begriff,

Umfang des Kreises

Löst alle Aufgaben in Partnerarbeit.

1. Notiert eine Kurzanleitung, wie man den Umfang eines Radreifens durch Abrollen bestimmen kann.

2. Beschreibt, wie Mona und Lisa den Kreisumfang mit Hilfe einer Schnur messen.

3. Besorgt euch kreisrunde Gegenstände, und messt jeweils den Umfang und den Durchmesser. Notiert die Maße in einer Tabelle. Was fällt euch auf?

Gegenstand	Durchmesser (cm)	Umfang (cm)
Dose		
Handball		

Abb. 5 Einführung der Kreiszahl Pi im Schulbuch Sekundo Mathematik für den Jahrgang 9. (Baumert et al., 2021, S. 127)

sondern einen Begriff mit direktem Bezug zur Empirie. Es werden sogar verschiedene Messverfahren für den Umfang explizit beschrieben. Durch die starke Anleitung der explorativen Phase durch das Schulbuch entsteht ein eher systematisches experimentelles Vorgehen, das auch der Wissenssicherung dienen kann. Es werden gezielt runde Gegenstände ausgewählt und im Experiment miteinander verglichen. Ein solch systematisches Vorgehen wäre bei einer freieren und weniger geleiteten Exploration gar nicht möglich gewesen.

Als zweites Beispiel soll die Einführung des Satzes des Thales betrachtet werden (siehe Abb. 6). Hier soll in Partnerarbeit entlang einer Konstruktions-

Satz des Thales

Bearbeitet alle Aufgaben in Partnerarbeit.

Thales von Milet

Thales von
Milet war ein
griechischer
Philosoph
und Mathe-
matiker, der
ungefähr
625–545 v.
Chr. in Milet
lebte.

1. Der nach Thales von Milet benannte mathematische Satz besagt, was für Dreiecke ABC
   entstehen, wenn der Punkt C auf einem Kreis mit dem Durchmesser $\overline{AB}$ liegt. Ihr könnt
   es selbst entdecken mit Geodreieck und Zirkel oder mit DGS.
   ① Zeichnet eine Strecke $\overline{AB}$ und ihren Mittelpunkt M.
   ② Zieht einen Kreis um M durch A und B.
   ③ Wählt einen beliebigen Punkt C auf dem Kreis.
   ④ Verbindet die Punkte zu einem Dreieck ABC.
   ⑤ Zeichnet den Winkel γ ein und messt seine Größe.
   ⑥ • Für die Konstruktion im Heft: Wiederholt die Schritte ③, ④ und ⑤ mit einem
       anderen Punkt C.
      • Für die Konstruktion mit DGS: Bewegt C auf dem Kreis hin und her und beobachtet
        dabei den Winkel γ.

2. Überlegt euch eine Begründung für den Satz des
   Thales mit Hilfe der Abbildung.
   Es gilt $\overline{AM} = \overline{MC} = \overline{MB}$.
   Denkt daran: Die Summe der Innenwinkel ist bei
   allen Dreiecken 180°.

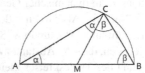

3. Kehrt den Satz um. Wo liegen alle Punkte C, die mit einer gegebenen Strecke $\overline{AB}$ ein
   rechtwinkliges Dreieck ABC mit γ = 90° bilden? Nutzt am besten eine DGS.

   ① Zeichnet die Strecke $\overline{AB}$.
   ② Zeichnet einen Strahl b durch A.
   ③ Konstruiert die Senkrechte zu b
      durch Punkt B.
   ④ Schneidet b mit seiner Senkrech-
      ten. Nennt den Schnittpunkt D.
   ⑤ Aktiviert unter Eigenschaften
      „Spur anzeigen" für D und
      bewegt b an C hin und her.

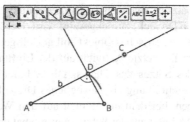

Der Satz des Thales

Wenn C auf einem Kreis mit Durchmesser $\overline{AB}$ liegt,
dann ist γ ein rechter Winkel.

Auch die Umkehrung des Satz des Thales gilt.

Wenn das Dreieck ABC rechtwinklig ist mit γ = 90°,
dann liegt C auf einem Kreis mit dem Durchmesser $\overline{AB}$.

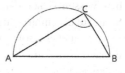

Abb. 6 Einführung des Satzes des Thales im Schulbuch Sekundo Mathematik für den Jahrgang 8. (Bassin et al., 2020, S. 27)

beschreibung mit dynamischer Geometriesoftware ein Dreieck auf einem Thaleskreis erstellt werden. Die einzelnen Konstruktionsschritte sind vorgegeben, anschließend sollen die Schüler*innen den Eckpunkt des Dreiecks auf dem
Thaleskreis bewegen und den Winkel betrachten.

Ähnlich wie bei der Einführung der Kreiszahl Pi ist auch bei der Aktivität zum
Thaleskreis ein deutlich geleitetes Vorgehen vorzufinden. Es handelt sich also nur
bedingt um eine explorative Aktivität, in der den Schüler*innen Raum für eigene
Hypothesen gegeben wird. Hinzu kommt, dass auf derselben Schulbuchseite farb-
lich deutlich hervorgehoben bereits der Satz des Thales angegeben ist, was die
Freiheit der Lernenden bei der Hypothesenbildung zusätzlich einschränkt. Daher
hat das Vorgehen eher experimentellen Charakter und kann die Lernenden im
Sinne der Wissenssicherung davon überzeugen, dass der Satz für Zeichenblattfiguren (in dynamischer Geometriesoftware) gilt.

Nach der Aktivität mit dem digitalen Werkzeug sollen die Schüler*innen „eine
Begründung" (Sekundo 8, S. 27) für den Satz des Thales finden. Dazu wird vorgegeben, dass der Abstand zwischen den Eckpunkten des Dreiecks und dem Mittelpunkt des Thaleskreises gleich ist. Außerdem wird der Hinweis gegeben, dass der
Innenwinkelsummensatz für das Dreieck bei der Begründung helfen könnte. Es
handelt sich bei dieser Aktivität somit um eine Wissenserklärung, in welcher der
Satz des Thales auf bekanntes mathematisches Wissen (z. B. die Innenwinkelsumme
im Dreieck) zurückgeführt wird. Der Bezug zur im Buch abgebildeten Thalesfigur
als empirisches Objekt soll gezielt gesucht werden („mit Hilfe der Abbildung").

Die letzte Aktivität auf der Einführungsseite befasst sich mit der Umkehrung
des Satzes des Thales. Die Schüler*innen sollen entlang einer Konstruktions-
beschreibung ein bewegliches Dreieck in dynamischer Geometriesoftware zeichnen, bei dem ein Winkel auf den Wert 90° festgelegt ist. Äquivalent zur ersten
Aktivität auf der Schulbuchseite hat diese geleitete Aktivität einen experimentellen
bzw. wissenssichernden Charakter und bezieht sich unmittelbar auf die Figur in der
Software als empirisches Objekt.

Abschließend soll an dieser Stelle noch ein drittes Beispiel betrachtet werden.
Es handelt sich um die Einführung des Satzes des Pythagoras (siehe Abb. 7). In der
ersten Aktivität sollen die Schüler*innen begründen, warum zwei in einer Abbildung zu sehende blaue Quadrate zusammen einen genau so großen Flächeninhalt haben wie ein ebenfalls zu sehendes größeres rotes Quadrat. Die Quadrate
gehören zu einer besonderen Pythagorasfigur, die ein gleichseitiges rechtwinkliges
Dreieck als Ausgangsfigur hat. Außerdem sind die Quadrate in einer zweiten Abbildung so ineinander gesetzt, dass jeweils die Hälfte der Quadrate übereinander
liegt. Gefordert wird von den Schüler*innen somit eine Wissenserklärung von

Satz des Pythagoras

Löst alle Aufgaben in Partnerarbeit.

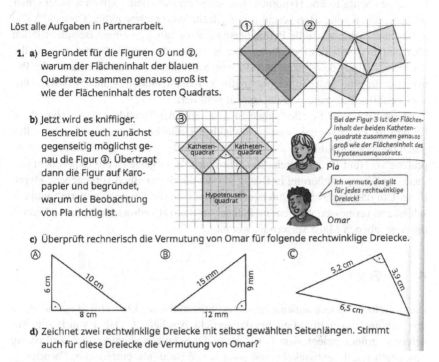

1. a) Begründet für die Figuren ① und ②, warum der Flächeninhalt der blauen Quadrate zusammen genauso groß ist wie der Flächeninhalt des roten Quadrats.

b) Jetzt wird es kniffliger. Beschreibt euch zunächst gegenseitig möglichst genau die Figur ③. Übertragt dann die Figur auf Karopapier und begründet, warum die Beobachtung von Pia richtig ist.

> Bei der Figur 3 ist der Flächeninhalt der beiden Kathetenquadrate zusammen genauso groß wie der Flächeninhalt des Hypotenusenquadrats.
>
> *Pia*

> Ich vermute, das gilt für jedes rechtwinklige Dreieck!
>
> *Omar*

c) Überprüft rechnerisch die Vermutung von Omar für folgende rechtwinklige Dreiecke.

d) Zeichnet zwei rechtwinklige Dreiecke mit selbst gewählten Seitenlängen. Stimmt auch für diese Dreiecke die Vermutung von Omar?

Abb. 7 Einführung des Satzes des Pythagoras im Schulbuch Sekundo Mathematik für den Jahrgang 9. (Baumert et al., 2021, S. 92)

einem speziellen Fall des Satzes des Pythagoras, die direkt Bezug auf die in der Abbildung gegebene Figur nimmt.

Die Figur wird auch in der zweiten Aktivität aufgegriffen. Die spezielle Pythagorasfigur ist hier auf Kästchenpapier gezeichnet zu sehen sowie mit den Fachbegriffen Kathetenquadrat und Hypotenusenquadrat beschriftet. Die Aufgabe der Schüler*innen ist es, die Figur zu beschreiben, in ihr Heft zu übertragen sowie eine in einer Sprechblase gegebene Aussage zu begründen: „Bei der Figur 3 ist der Flächeninhalt der beiden Kathetenquadrate zusammen genauso groß wie der Flächeninhalt des Hypothenusenquadrats". Diese Aussage stellt eine noch zu untersuchende Hypothese dar. Die von den Schüler*innen geforderte Begründung hat insbesondere wissenserklärenden Charakter.

Unter der ersten Sprechblase findet sich eine zweite Aussage in Bezug auf die Figur, die ebenfalls eine Hypothese formuliert und von dem fiktiven Schüler Omar wiedergegeben wird: „Ich vermute, das gilt für jedes rechtwinklige Dreieck!". Die zuvor untersuchte spezielle Pythagorasfigur wird damit zu einem Beispiel für den allgemeineren Satz des Pythagoras. Die zuvor von den Schüler*innen aufgestellte Wissenserklärung des speziellen Falls bzw. Satzes kann im Falle des Satzes des Pythagoras für eine anschauliche heuristische Argumentation genutzt werden. Dies wird vom Buch allerdings nicht explizit gefordert.

Die Aufgabe der Schüler*innen ist es anschließend stattdessen, die Hypothese für drei im Buch vorgegebene rechtwinklige Dreiecke sowie zwei weitere selbst gezeichnete rechtwinklige Dreiecke zu überprüfen. Diese systematische Überprüfung von fünf Beispieldreiecken als empirische Objekte ist ein Experiment und dient der Wissenssicherung in Bezug auf die durch das Buch vorgegebene Hypothese. Um das Experiment durchzuführen, müssen die Dreiecke generiert und anschließend vermessen werden (im Fall der im Buch abgedruckten Dreiecke können die angegebenen Maße verwendet werden).

6   Fazit

Dieser Beitrag hat sich auf einer grundlagentheoretischen Ebene mit Begründungen von Schüler*innen im Mathematikunterricht beschäftigt. Dabei wurde die Annahme zugrunde gelegt, dass Lernende in der Schule eine empirische Auffassung von Mathematik entwickeln und sich ihr Wissen als empirische Theorien – ähnlichen den Theorien der Naturwissenschaften – beschreiben lässt. Die Einordnung von wissenschaftstheoretischen Modellen zu Erkenntniswegen in den Naturwissenschaften (Experimentelle Methode, EJASE-Modell, Strukturalismus) konnte Hinweise auf wichtige Aspekte von Entdeckungen und Begründungen in empirischen Theorien im Mathematikunterricht geben. Das Ergebnis liegt insbesondere in der Trias aus Exploration, Wissenssicherung und Wissenserklärung zur Entdeckung und Begründung von Sätzen empirischer Theorien, aber auch der Bedeutung von theoretischen Begriffen zur Entwicklung neuer empirischer Theorien.

Die Begriffe wurden anschließend zur Analyse von drei Beispielen aus der Mathematik-Schulbuchreihe Sekundo angewendet. Dabei hat sich gezeigt, dass es sich durchaus um sinnvolle Analysedimensionen handelt, mit denen sich die Einführung von mathematischen Zusammenhängen im Unterricht, z. B. in Schulbüchern beschreiben lässt. Als Beschreibungsmodell ergeben sich aber auch gewisse Grenzen – so sind Schüler*innenentdeckungen und -begründungen dynamische und individuelle Prozesse, die sich nicht an jeder Stelle eindeutig den Aspekten von Entdeckung und Begründung zuordnen lassen. Dies zeigt sich selbst an den vergleichsweise klar formulierten Schulbuchseiten aus diesem Beitrag, ist aber nochmal verstärkt bei der Analyse von tatsächlichen Begründungsprozessen von Lernenden zu beobachten (siehe hierzu Dilling, 2022).

Literatur

Balacheff, N. (1993). Artificial intelligence and real teaching. In C. Keitel & K. Ruthven (Hrsg.), *Learning from Computers: Mathematics Education and Technology* (S. 131–158). Springer.

Bassin, L., et al. (2020). *Sekundo Mathematik 8. Differenzierende Ausgabe. Nordrhein-Westfalen.* Westermann.

Baumert, T., et al. (2021). *Sekundo Mathematik 9. Differenzierende Ausgabe. Nordrhein-Westfalen.* Westermann.

Bayer, K. (2007). *Argument und Argumentation. Logische Grundlagen der Argumentationsanalyse.* Vandenhoeck & Ruprecht.

Burscheid, H. J., & Struve, H. (2009). *Mathematikdidaktik in Rekonstruktionen. Ein Beitrag zu ihrer Grundlegung.* Franzbecker.

Burscheid, H. J., & Struve, H. (2018). *Empirische Theorien im Kontext der Mathematikdidaktik.* Springer.

Dilling, F. (2022). *Begründungsprozesse im Kontext von (digitalen) Medien im Mathematikunterricht. Wissensentwicklung auf der Grundlage empirischer Settings.* Springer Spektrum.

Dilling, F., & Witzke, I. (2020). The Use of 3D-printing technology in calculus education – Concept formation processes of the concept of derivative with printed graphs of functions. *Digital Experiences in Mathematics Education, 6*(3), 320–339.

Dilling, F., Pielsticker, F., & Witzke, I. (2021). Grundvorstellungen Funktionalen Denkens handlungsorientiert ausschärfen – Eine Interviewstudie zum Umgang von Schülerinnen und Schülern mit haptischen Modellen von Funktionsgraphen. *Mathematica Didactica, 44*(1).

Dilling, F., Pielsticker, F., & Witzke, I. (2020). Empirisch-gegenständlicher Mathematikunterricht im Kontext digitaler Medien und Werkzeuge. In F. Dilling & F. Pielsticker (Hrsg.), *Mathematische Lehr-Lernprozesse im Kontext digitaler Medien* (S. 1–27). Springer Spektrum.

Einstein, A. (1990). *Aus meinen späteren Jahren.* Ullstein.

Holton, G. (1981). *Thematische Analyse der Wissenschaft. Die Physik Einsteins und seiner Zeit.* Suhrkamp.

Koyré, A. (1988). *Galilei. Die Anfänge der neuzeitlichen Wissenschaft.* Wagenbach.

Krause, E. (2017). Einsteins EJASE-Modell als Ausgangspunkt physikdidaktischer Forschungsfragen. *Physik und Didaktik in Schule und Hochschule, 16*(1), 57–66.

Krummheuer, G. (1991). Argumentations-Formate im Mathematikunterricht. In H. Maier & J. Voigt (Hrsg.), *Interpretative Unterrichtsforschung* (S. 57–78). Aulis.

Kuhn, W. (1983). Das Wechselspiel von Theorie und Experiment im physikalischen Erkenntnisprozeß. *DPG-Didaktik-Tagungsband, 1983*, 416–438.

Kultusministerkonferenz. (2003). *Bildungsstandards im Fach Mathematik für den Mittleren Schulabschluss Beschluss vom 04.12.2003*. Luchterhand.

Meyer, M. (2007). *Entdecken und Begründen im Mathematikunterricht. Von der Abduktion zum Argument*. Franzbecker.

Mormann, T. (1981). *Argumentieren Begründen Verallgemeinern. Zum Beweisen im Mathematikunterricht*. Scriptor.

Peirce, C. S., & Walther, E. (1967). *Die Festigung der Überzeugung und andere Schriften*. Agis.

Pielsticker, F. (2020). *Mathematische Wissensentwicklungsprozesse von Schülerinnen und Schülern. Fallstudien zu empirisch-orientiertem Mathematikunterricht mit 3D-Druck*. Springer Spektrum.

Popper, K. R. (1994). *Logik der Forschung*. Mohr.

Prechtl, P., & Burkard, F.-P. (Hrsg.). (2008). *Metzler Lexikon Philosophie*. Springer.

Schiffer, K. (2019). *Probleme beim Übergang von Arithmetik zu Algebra*. Springer Spektrum.

Schlicht, S. (2016). *Zur Entwicklung des Mengen- und Zahlbegriffs*. Springer.

Schwarz, O. (2009). Die Theorie des Experiments – Aus Sicht der Physik, der Physikgeschichte und der Physikdidaktik. *Geographie und Schule, 180*, 15–20.

Sneed, J. D. (1971). *The logical structure of mathematical physics*. Reidel.

Stegmüller, W. (1986). *Theorie und Erfahrung. Dritter Teilband. Die Entwicklung des neuen Strukturalismus seit 1973*. Springer.

Stoffels, G. (2020). *(Re-)Konstruktion von Erfahrungsbereichen bei Übergängen von empirisch-gegenständlichen zu formal-abstrakten Auffassungen*. Universi.

Struve, H. (1990). *Grundlagen einer Geometriedidaktik*. Bibliographisches Institut.

Walsch, W. (1975). *Zum Beweisen im Mathematikunterricht*. Volk und Wissen.

Witzke, I. (2009). *Die Entwicklung des Leibnizschen Calculus. Eine Fallstudie zur Theorieentwicklung in der Mathematik*. Franzbecker.

Witzke, I. (2014). Zur Problematik der empirischgegenständlichen Analysis des Mathematikunterrichtes. *Der Mathematikunterricht, 60*(2), 19–32.

Yackel, E., & Cobb, P. (1996). Sociomathematical norms, argumentation, and autonomy in mathematics. *Journal for Research in Mathematics Education, 27*(4), 458–477.

Funktionen und Eigenschaften von Modellen und Modellieren im Mathematik- und Physikunterricht – eine Interviewstudie mit Lehrer*innen

Frederik Dilling und Simon Friedrich Kraus

1 Einleitung

Das Modell und das Modellieren sind zentrale Begriffe der Naturwissenschaften und der Mathematik sowie ihrer jeweiligen Didaktiken und damit auch in den aktuellen Bildungsstandards, Kernlehrplänen und didaktischen Diskursen fest verankert. Aufgrund des sehr unterschiedlichen Charakters der beiden Begriffe werden diese im Folgenden stets begrifflich getrennt behandelt.

In den Bildungsstandards im Fach Physik für die Allgemeine Hochschulreife heißt es beispielsweise:

> „Die Physik als theoriegeleitete Erfahrungswissenschaft macht Vorgänge über die menschliche Wahrnehmung hinaus durch Messtechnik erfahrbar und durch Modelle beschreibbar [...]. Die Lernenden erfahren im Unterricht die Bedeutung der abstrahierenden, idealisierenden und formalisierten Beschreibung von Prozessen und Syste-

F. Dilling (✉)
Didaktik der Mathematik, Universität Siegen, Siegen, Deutschland
E-Mail: dilling@mathematik.uni-siegen.de

S. F. Kraus
Didaktik der Physik, Universität Siegen, Siegen, Deutschland
E-Mail: kraus@physik.uni-siegen.de

© Der/die Autor(en), exklusiv lizenziert an Springer Fachmedien Wiesbaden GmbH, ein Teil von Springer Nature 2024
F. Dilling et al. (Hrsg.), *Interdisziplinäres Forschen und Lehren in den MINT-Didaktiken*, MINTUS – Beiträge zur mathematisch-naturwissenschaftlichen Bildung, https://doi.org/10.1007/978-3-658-43873-9_4

men, wenn sie regelmäßig mathematisch modellieren und Vorhersagen treffen. Gleichzeitig sind sich die Lernenden der begrenzten Gültigkeit der Modelle bewusst. Sie lernen, dass aus theoretischen Überlegungen Aussagen zu neuen Zusammenhängen und zur Vorhersagbarkeit von Ereignissen abgeleitet werden können." (KMK, 2020, S. 11)

Im Physikunterricht soll somit das Modell von den Lernenden zur Erkenntnisgewinnung genutzt werden. Dies bedeutet, die Möglichkeiten und Grenzen von bestimmten Modellen zu reflektieren, aber auch unter Nutzung von Mathematik selbst zu modellieren. In den Bildungsstandards im Fach Mathematik wird das mathematische Modellieren sogar als eigene Kompetenz gefasst. Hierzu heißt es:

„Die Kompetenz „Mathematisch modellieren": Hier geht es um den Wechsel zwischen Realsituationen und mathematischen Begriffen, Resultaten oder Methoden. Hierzu gehört sowohl das Konstruieren passender mathematischer Modelle als auch das Verstehen oder Bewerten vorgegebener Modelle. Typische Teilschritte des Modellierens sind das Strukturieren und Vereinfachen gegebener Realsituationen, das Übersetzen realer Gegebenheiten in mathematische Modelle, das Interpretieren mathematischer Ergebnisse in Bezug auf Realsituationen und das Überprüfen von Ergebnissen im Hinblick auf Stimmigkeit und Angemessenheit bezogen auf die Realsituation. Das Spektrum reicht von Standardmodellen (z. B. bei linearen Zusammenhängen) bis zu komplexen Modellierungen." (KMK, 2015, S. 15)

Im Mathematikunterricht bezieht sich der Umgang mit Modellen somit insbesondere auf das selbstständige Aufstellen von Modellen durch Schüler*innen.[1] Dabei steht ein Wechsel zwischen Mathematik und Realsituation im Vordergrund, der auch durch die Nennung typischer Teilschritte des Modellierens betont wird. Bereits an dieser Stelle treten gewisse Differenzen beim Blick beider Fächer auf den Begriff des Modells zutage. So wird für den Physikunterricht eine konstruktive Rolle, im Sinne des Treffens von Vorhersagen vorgesehen, während im Mathematikunterricht der Begriff eher in einem rekonstruktiven Sinne (zur Beschreibung von Sachsituationen) verwendet wird.

Die zwei kurzen Beispiele zeigen die Bedeutsamkeit des Themenkomplexes Modelle und Modellieren im Kontext des Mathematik- und Physikunterrichts. Neben gewissen Überschneidungen ist aber auch zu erkennen, dass die Begriffe Modelle und Modellieren durchaus verschieden konnotiert werden. Es liegt keine

---

[1] Die Bildungsstandards Mathematik umfassen auch das Verstehen und Bewerten bestehender Modelle. Diese Forderung steht sowohl im Widerspruch zu den zentralen Leitlinien in der Literatur als auch zu den wesentlichen Erkenntnissen dieser Studie, die beide fast ausschließlich auf die prozesshaften Aspekte des Modellierens abzielen und bestehende Modelle überwiegend unberücksichtigt lassen. Diese Diskrepanz kann in dem vorliegenden Beitrag nicht erschöpfend diskutiert werden und bleibt daher zukünftigen Publikationen vorbehalten.

einheitliche Definition für Modelle oder das Modellieren vor (siehe auch Krüger et al., 2018, S. 142), was auch auf den Facettenreichtum der Begriffe und der Sichtweisen zurückzuführen sein dürfte. Diese Sichtweisen auf die Begriffe des Modells und des Modellierens umfassen wissenschafts- und erkenntnistheoretische Perspektiven sowie auch die Perspektiven der Fachdidaktiken, die jeweils individuelle Ansätze zur Beschreibung und Abgrenzung der Begrifflichkeiten hervorbringen.

Dieser Beitrag beschäftigt sich damit, wie Mathematik- und Physiklehrer*innen in den beiden Fächern mit Modellen und dem Modellieren umgehen. Der Fokus liegt dabei auf den Funktionen von Modellen bzw. des Modellierens im Unterrichtskontext. Es werden Ergebnisse einer Interviewstudie vorgestellt, in welcher der folgenden Frage nachgegangen wird:

> „Welche Beliefs haben Lehrer*innen der Fächer Mathematik und Physik über Funktionen von Modellen und Modellieren im Unterricht?"

Um die Darstellung der empirischen Studie zu rahmen und theoretisch einzubetten, wird im folgenden Abschnitt ein kurzer Überblick über theoretische Ansätze zu Eigenschaften und Funktionen von Modellen und Modellieren in der Mathematik und der Physik gegeben. Dabei liegt der Fokus, im Hinblick auf die in den Interviews erhobenen Sichtweisen von aktiven Lehrkräften, nicht nur auf der grundlegenden wissenschafts- oder erkenntnistheoretischen, sondern auch auf der schulpraktischen fachdidaktischen Perspektive.

2   Einführung in die Theorie

Eigenschaften von Modellen

Die Beschreibung und Charakterisierung des Modellbegriffs erfolgen in der Literatur meist durch die Aufstellung von generalisierten Eigenschaften bzw. Merkmalen, die unabhängig von konkreten Modellen sind. Dabei werden meist erkenntnistheoretische Ansätze zur Identifikation von Eigenschaften von Modellen angeführt, die aber auch aus einer fachdidaktischen Perspektive als relevant angesehen werden können (Tran et al., 2020, S. 260). Wesentliche Beiträge gehen hierbei auf Stachowiak (1973) zurück, der drei fundamentale Merkmale von Modellen identifizierte:

1. *das Abbildungsmerkmal*
2. *das Verkürzungsmerkmal*
3. *das pragmatische Merkmal*

Gemäß dem Abbildungsmerkmal sind Modelle stets Modell von etwas, d. h. sie sind nicht identisch mit dem Original, sondern bilden dieses natürliche oder künstliche Original ab, welches auch wiederum selbst ein Modell (beispielsweise im Falle der Kartendarstellung eines Wettermodells) sein kann. Dabei werden nicht alle Attribute des Originals im Modell umgesetzt, sondern nur solche, die dem Subjekt, welches das Modell erschafft, zweckmäßig erscheinen (Verkürzungsmerkmal).

Die Verkürzung ist dabei essenziell, da es sich ansonsten um eine Kopie des Originals und nicht um ein Modell desselben handeln würde. Dieser Aspekt, der auch mit dem Begriff der Idealisierung umschrieben werden kann, wird sowohl für den Unterricht in den Naturwissenschaften (Kuhn, 1977; Tran et al., 2020; Winkelmann, 2021) als auch für der Mathematikunterricht (Niss et al., 2007; Tran et al., 2020) als besonders bedeutsam eingeschätzt. Das Verkürzungsmerkmal von Modellen wird aus Sicht der Physik als notwendig für die Typisierung und die Mathematisierung der Naturphänomene erachtet (Kuhn, 1977). Für die Mathematik wird ebenso argumentiert, wenn hervorgehoben wird, dass die vielfältigen Ausgangssituationen auf die wichtigsten Fakten reduziert werden müssen (Tran et al., 2020, S. 294). Dagegen halten Lernende Modelle häufig für Kopien oder Replikate physischer Objekte (Oh & Oh, 2011), erkennen also die erfolgte Idealisierung nicht als solche.

Mit dem pragmatischen Merkmal ist gemeint, dass zwischen dem Original und dem Modell keine eindeutige, zeitlich und zweckunabhängige Zuordnung besteht. Das Modell erfüllt seine Funktion als Ersatz des Originals daher nur für bestimmte Subjekte, innerhalb bestimmter Zeitintervalle und unter „Einschränkung auf bestimmte gedankliche oder tatsächliche Operationen" (Stachowiak, 1973, S. 133).

Für die Verwendung in schulischen Kontexten oder für didaktische Zwecke sind die Beziehungen zwischen dem Modell und seinem Nutzer bzw. Ersteller selbst relevanter als die oben genannten Merkmale des Modells (Tran et al., 2020, S. 261). Kircher (2015, S. 792–800) führt hierzu sechs Eigenschaften auf, die von Modellen erfüllt werden sollen, um sie in Lehr-Lern-Situationen einsetzen zu können:

1. *Anschaulichkeit*
2. *Einfachheit*
3. *Transparenz*
4. *Vertrautheit*
5. *Produktivität*
6. *Bedeutsamkeit*

Mit dem Begriff der Anschaulichkeit werden häufig gegenständliche Modelle verbunden, deren visuelle Wahrnehmbarkeit komplexe Begriffe leichter verständlich machen soll. Auch abstrakte Entitäten, wie physikalische oder mathematische Theorien, können anschaulich sein, wenn diese auf bereits gewohnte Begrifflichkeiten zurückgreifen. Hier wird deutlich, dass die Beziehung vom Subjekt zum Modell von entscheidender Bedeutung ist, da es sich bei der Einschätzung als „gewohnt" eine höchst individuelle Beurteilung handelt. Nach einer anderen Sichtweise ist eine Struktur immer dann anschaulich, wenn sie „in eine mesokosmische Struktur transformiert werden kann" (Vollmer, 1988 zitiert nach Kircher, 2015, S. 793), was sich auf die Vergrößerung bzw. Verkleinerung von Objekten und Strukturen aus Mikro- und Makrokosmos in für den Menschen erfassbare Größenbereiche bezieht, wie es z. B. häufig für astronomische Objekte und Strukturen geleistet wird.

Das Kriterium der Einfachheit kann als erfüllt angesehen werden, wenn ein Modell auf einer überschaubaren Anzahl an Begriffen und Relationen zwischen diesen basiert. Eine kleine Anzahl an Begriffen, in Verbindung mit einfachen mathematischen oder physikalischen Zusammenhängen, lässt als Ergebnis dann ein einfaches theoretisches Modell erwarten. Speziell aus physikalischer Sicht kann auch die Möglichkeit der empirischen Überprüfung durch eine möglichst direkte Messung einen Einfluss auf die empfundene Einfachheit haben. Für gegenständliche Modelle führt Kircher dazu auch explizit den Verzicht auf überflüssige Elemente und Eigenschaften sowie die Hervorhebung besonders relevanter Aspekte an (Kircher, 2015, S. 794–796).

Für das Kriterium der Transparenz eines Modells sind die Struktur der Begriffe, deren Relationen und der sich daraus ergebenden Repräsentation von Bedeutung. So erscheinen z. B. Blockdiagramme aufgrund ihrer reduzierten und klaren Darstellung als besonders geeignet, um zur Transparenz eines Modells beizutragen (Kircher, 2015, S. 796).

Während die Begriffe der Anschaulichkeit, Einfachheit und Transparenz miteinander verwoben sind und sich auch gegenseitig bedingen, so gilt dies für die Eigenschaft der Vertrautheit nicht. So muss ein Modell nicht zwingend als anschaulich angesehen werden, um als vertraut empfunden zu werden.[2] Voraussetzung für das Gefühl von Vertrautheit ist die Stabilität der kognitiven Struktur, sodass ein Modell bei wiederholter Nutzung wiedererkannt wird. Es ist zu vermuten, dass dabei auch affektive Aspekte eine Rolle spielen (Kircher, 2015, S. 797–798).

Die Eigenschaft der Produktivität lässt sich mit einem Blick in die Fachwissenschaft Physik erklären: Produktiv ist ein Modell dann, wenn auf seiner Basis möglichst viele Phänomene erklärbar sind. Besonders produktiv sind solche Modelle und Theorien, die für einen Paradigmenwechsel im Sinne T. Kuhns genutzt werden kön-

---

[2] Umgekehrt kann sich aus einer Vertrautheit mit dem Modell unter Umständen ein Empfinden von Anschaulichkeit entwickeln.

nen und eine Neuinterpretation weiter Teile der Physik bedingen. Für den Unterricht wird angestrebt, Modelle wiederholt in Form einer spiralcurricularen Herangehensweise zu behandeln und diese dabei immer differenzierter und mittels komplexerer Darstellungen zu behandeln. Um dafür geeignet zu sein, müssen die Modelle wesentliche, in der Fachcommunity konsensual bestimmte, Grundzüge der Physik abbilden, wie es beispielsweise beim Teilchenmodell der Fall ist. Damit wird der langfristige Aufbau von stabilen Wissensstrukturen angestrebt (Kircher, 2015, S. 798–799).

Die Empfindung von Bedeutsamkeit jeglicher Informationen wird als zentral für sämtliche Lernprozesse angesehen. Ein solches Gefühl, welches naturgemäß abhängig von den Interessen und Einstellungen des Subjekts ist, zu erzeugen, ist damit eine Forderung, die an ein jegliches Modell in einem Bildungskontext zu stellen ist (Kircher, 2015, S. 799–800).

Die beschriebenen Eigenschaften von Modellen bilden die Grundlage für unterschiedliche Funktionen, welche ein Modell bzw. das Modellieren in verschiedenen Kontexten (z. B. dem Unterricht) übernehmen kann. In den folgenden theoretischen Ausführungen zeigt sich, dass die Diskussionen zu Funktionen von Modellen insbesondere in den Naturwissenschaftsdidaktiken geführt werden, während die Literatur zu Funktionen des Modellierens mathematikdidaktisch geprägt ist.

Funktionen von Modellen

Kuhn (1977) sieht in Modellen ein „wesentliches methodisches Hilfsmittel bei der Erfindung, Weiterentwicklung und Anwendung physikalischer Theorie" (S. 39). Auf Basis dieser Vorstellung ergeben sich für Kuhn vier erkenntnistheoretische Funktionen von Modellen:

1. *Idealisierungen im Grundbereich*
2. *Veranschaulichungen einer Theorie*
3. *Näherungen und Idealisierungen des mathematischen Konzepts*
4. *Analogien zur Auffindung von Zuordnungsregeln bei der Verknüpfung von Grundbereich und mathematischer Theorie*

Die Idealisierungen im Grundbereich sind einerseits notwendig, um die Naturphänomene in ihrer Komplexität überhaupt für einen mathematischen Zugriff zu erschließen. Andererseits betont Kuhn, dass diese Idealisierungen einer Art Intuition entspringen, die auch kreative Aspekte umfasst.[3] Gleichzeitig soll durch die Idealisie-

---

[3] Zur Bedeutung der Intuition innerhalb des physikalischen Erkenntnisprozesses siehe auch Krause (2017) und Holton (1979).

rung die Voraussetzung dafür geschaffen werden, mit dem Modell einen möglichst großen Phänomenbereich abdecken zu können, wie es z. B. mit dem Strahlenmodell des Lichts gelingt. Es zeigen sich hier sehr deutliche Parallelen zum Begriff der Produktivität nach Kircher. Das wahrscheinlich bekannteste Beispiel für eine notwendige Idealisierung findet sich bei Galileo Galilei (1564–1642): seine mathematische Untersuchung der Fallgesetze war nur möglich, indem er eine Idealisierung in Form des freien Falls – d. h. ohne Berücksichtigung des Luftwiderstands – vornahm (Kuhn, 1977, S. 40; Militschenko & Kraus, 2017). Diese prototypische mathematisierende Idealisierung wird als Geburtsstunde der experimentellen Methode angesehen, die für die Physik, als eine moderne Naturwissenschaft, essenziell für ihren Prozess der Erkenntnisgewinnung ist. Weitere bekannte und auch in schulischen Kontexten verbreitete Idealisierungen sind das Modell des Massenpunktes, das der Punktladung, das Wellen-Modell des Lichts oder das Modell des harmonischen Oszillators.

Veranschaulichungen zentraler Aspekte physikalischer Theorien finden sich in der gesamten Geschichte der Physik und der noch älteren Astronomie und Kosmologie (Schwarz, 2022). Die ältesten gegenständlichen Modelle und grafischengraphischen Darstellungen veranschaulichen dabei die Planetenbewegung. Dazu zählt beispielsweise auch Keplers Modell des Aufbaus des Sonnensystems, welches dieser durch die ineinander geschachtelten platonischen Körper darstellte. Hier zeigt sich eindrücklich, dass eine zeitgenössische Veranschaulichung nicht notwendigerweise mit den modernen Vorstellungen des Gegenstands in Übereinstimmung zu bringen sein muss. Auch ein modernes Orrery oder Tellurium, zur Darstellung der Planetenbewegung bzw. der Bewegungsabläufe von Erde und Mond in Bezug zur Sonne, erfüllen eine solche Veranschaulichungsfunktion. Weitere verbreitete Modelle mit dieser Funktion sind Orbitalmodelle zur Darstellung der Aufenthaltswahrscheinlichkeit von Elektronen oder Kristallgittermodelle. Neben gegenständlichen Modellen lassen sich auch gedankliche Konstrukte als Veranschaulichungen auffassen, wie es etwa beim Bohrschen Atommodell der Fall ist. Hier werden die beobachteten Linienspektren mit der theoretischen Annahme einer Emission bestimmter Frequenzen beim spontanen Übergang zwischen atomaren Energieniveaus erklärt. Die Veranschaulichung erfolgt dann durch das mechanische Bild fester Kreisbahnen, zwischen denen die Elektronen wechseln (Kuhn, 1977).

Für den physikalischen Erkenntnisprozess (siehe z. B. Dilling, 2022; Dilling et al., 2020) spielen Modelle insbesondere auch als Analogien zum Auffinden von Zuordnungsregeln und von Hypothesen eine Rolle. Der Begriff der Analogie selbst kann unter Rückgriff auf Maxwell verstanden werden (Kuhn, 1977, S. 45):

„Maxwell hat bereits das Wesen der Analogie treffend als „teilweise Ähnlichkeit" zwischen zwei verschiedenen Erscheinungsgebieten gekennzeichnet, welche bewirke, dass diese sich gegenseitig illustrieren. Methodisch kann man sie daher als die Schlussweise vom Besonderen auf Besonderes bezeichnen."

Solche Analogien können dabei wiederum gegenständlicher Natur (oder allgemeiner: materieller Natur, da auch das materielle Phänomen selbst Ausgangspunkt der Analogiebildung sein kann) oder durch eine strukturelle Analogie miteinander verbunden sein. Eines der wahrscheinlich bekanntesten Beispiele für eine materielle Analogie geht wiederum auf Galilei zurück, bei dem das System des Jupiters mit seinen Monden ein weiterer Hinweis für die Richtigkeit des heliozentrischen Weltbilds war. Ein weiteres Beispiel für eine materielle Analogie ist die von Otto von Guericke zur Illustration der Gravitation verwendete Schwefelkugel. Mittels darauf aufgebrachter elektrischer Ladungen konnte er damit die anziehende Wirkung des Erdkörpers darstellen. Hier zeigt sich bereits der Übergang zu einer strukturellen Analogie, wie sie auch heute häufig zwischen dem Coulomb- und dem Gravitationsgesetz hergestellt wird:

$$F_C = \frac{1}{4\pi\epsilon_0} \frac{q_1 q_2}{r^2}$$

$$F_G = G \frac{m_1 m_2}{r^2}$$

Bei der sehr deutlichen Ähnlichkeit in der Struktur beider Gesetze darf jedoch nicht vergessen werden, dass hierbei der entscheidende Unterschied verborgen bleibt. So können die elektrischen Ladungen q_i sowohl anziehend als auch abstoßend wirken, während die Massen m_i auf eine rein anziehende Wirkung beschränkt sind. Analogien, bei denen rein formal ähnliche Strukturen auftauchen, die jedoch vom zugrundeliegenden Sachverhalt unabhängig sind, werden als leere Analogien bezeichnet (Kuhn, 1977).

Zusätzlich zu den erkenntnistheoretisch ausgerichteten Funktionen bei Kuhn, heben Oh und Oh die Rolle des Modells als Hilfsmittel in der wissenschaftlichen und außerwissenschaftlichen Kommunikation hervor (Oh & Oh, 2011, S. 1115). Hier zeigen sich wiederum enge Bezüge zur Veranschaulichungsfunktion, jedoch ggf. für eine andere Zielgruppe und mit einer entsprechend angepassten Ausgestaltung.

Kircher (2015) hat bei seinen Ausführungen zu Modellen den Physikunterricht und weniger die Physik als Wissenschaft im Blick. Vor diesem Hintergrund unterscheidet er drei weitere Funktionen von Modellen:

1. *Erklärung durch Modelle*
2. *Prognosen durch Modelle*
3. *Lernen durch Modelle*

Die Erklärung durch Modelle bezieht sich bei Kircher auf die Beantwortung von Wie-Fragen. Als Beispiel nennt er die Frage: „Wie fällt der Stein zur Erde?". Die Antwort: $s = \frac{1}{2} gt^2$ genüge nicht – man brauche eine Erklärung in Form eines physikalischen Modells, in diesem Fall ein Modell über Gravitation. Erklärungen seien keine lokalen Eigenschaften einzelner physikalischer Argumente, sondern müssen sich auf einen größeren Kontext beziehen. Auch spezielle Erklärungen sollen im Unterricht daher vor dem Hintergrund physikalischer Modellvorstellungen geschehen. Das Ziel einer Erklärung sei stets, dass die Adressat*innen – im Fall von Physikunterricht die Schüler*innen – die Erläuterungen auch verstehen (können).

Die Funktion von Prognosen durch Modelle bezieht sich auf die Anwendung naturwissenschaftlicher Gesetze zur Vorhersage eines Ereignisses in der Zukunft. Der Physikunterricht bezieht sich laut Kircher insbesondere auf die Beschreibung von Phänomenen, die Vorhersage stehe meist weniger im Vordergrund.[4]

Als letzte Funktion nennt Kircher das Lernen durch Modelle. Dies bezieht sich auf die „lernökonomische Funktion von Modellen […] als Medien" (S. 803). Es wird davon ausgegangen, dass Modelle durch ihre zusammenfassende Art und die häufig grafische oder gegenständliche Darstellung zu adäquaten Vorstellungsbildern führen können (die Parallelen zum eher in der Mathematikdidaktik verbreiteten E-I-S-Prinzip nach Bruner sind hier offensichtlich). Zudem betont Kircher, dass der Modellbegriff im Unterricht auch explizit thematisiert werden sollte, damit Schüler*innen ein angemessenes Verständnis erlangen und Modelle besser anwenden können.

Abschließend sei in diesem Abschnitt noch angemerkt, dass der Begriff des Modells in der Mathematik als Wissenschaft noch eine andere Bedeutung hat als zuvor dargestellt. In der mathematischen Logik bzw. in formalistischen mathematischen Theorien sind Modelle Tupel aus Mengen und Relationen, auf welche die Axiome eines Axiomensystems zutreffen. Ein Beispiel für ein solches Modell ist das Laplace-Modell für die Axiome von Kolmogorow in der Wahrscheinlichkeitstheorie. Dabei hat das Modell die Funktion, die sich zunächst einmal auf Systeme beziehende fachmathematische Theorie anwendbar zu machen. Diese insbesondere in der Fachwissenschaft Mathematik relevante Form von Modellen spielt in diesem Artikel eine untergeordnete Rolle, da sie in den Interviews von den Lehrkräften nicht genannt wird.

---

[4] Mit dieser übergreifenden Einschätzung der Unterrichtspraxis rückt der Physikunterricht damit nah an die rekonstruktive Sichtweise des Mathematikunterrichts auf Modelle heran, auf die bereits in Abschn. 1 hingewiesen wurde. Gleichzeitig ergibt sich hier ein Widerspruch zu den Intentionen der Bildungsstandards.

Funktionen des Modellierens

Im Hinblick auf den Umgang mit Modellen im Physikunterricht, unterscheidet Schlichting (1977) zwischen der reproduktiven Modellanwendung und der konstruktiven Modellfindung. Während die Modellanwendung die gegebenen Idealisierungen im Grundbereich und der mathematischen Theorie zur weiteren Verwendung aufgreift und Veranschaulichungen nutzt, stellt die konstruktive Modellfindung den Prozess der Erschaffung eines eigenen Modells in den Vordergrund.

Der Prozess der konstruktiven Modellfindung wird hier in einem didaktischen Sinne gebraucht, d. h. er bezieht sich nicht auf die Generierung völlig neuen wissenschaftlichen Wissens, sondern simuliert das wissenschaftliche Vorgehen. Der Ansatz zielt damit auf einen Einblick in die Wissensgenese, der sich sonst überwiegend nur über wissenschaftshistorische Ansätze verwirklichen lässt (Schlichting, 1977). Dazu erlaubt er, kreative Elemente in den Unterricht einzubeziehen, da diese für die erfolgreiche Modellierung unabdingbar sind. Umsetzen lassen sich solche konstruktiven Modellfindungen, bei denen der Prozess explizit als solcher benannt und reflektiert wird, beispielsweise durch Black-Box-Experimente. Bei diesen werden meist versteckte optische oder elektrische Bauteile so in einem geschlossenen Behältnis angeordnet, dass mit diesen zwar von außen interagiert werden kann, der innere Aufbau jedoch nur indirekt zu erschließen ist.

Nach Oh und Oh (2011) erfüllen wissenschaftliche Modelle den Zweck, bestimmte Aspekte der Natur zu beschreiben, erklären und dazu Vorhersagen zu treffen:

„Here, a description refers to a statement of how things exist or behave, while an explanation means an account of why things exist or behave in one way or another. In other words, descriptions are answers to the ontological question of what exists, whereas explanations are answers to the causal question of why things happen."

Für die spezielle Unterrichtssituation erfüllen die Modelle zu diesen Black-Box-Experimenten solche Beschreibungs-, Erklärungs- und Vorhersagefunktionen und stellen so selbst ein Modell des wissenschaftlichen Erkenntnisprozesses dar.

Generell ist das Modellieren in der Physik – gleichermaßen als Wissenschaft und als Schulfach – ausgerichtet auf die Identifikation relevanter Elemente und ihrer Kontexte und das Auffinden damit zusammenhängender physikalischer Größen und Gesetze zur Beschreibung und Erklärung des Phänomens. Eine solche Zielsetzung kann auch die mathematische Modellierung eines Phänomens umfassen, setzt diese jedoch nicht zwingend voraus (Tran et al., 2020, S. 270 f.; Neumann et al., 2011). Der Kern des Modellierens liegt damit eher auf einer konzeptionellen als auf einer quantitativen Beschreibung. Der Grund dafür ist wiederum durch die Funktion des Modellierens im Physikunterricht begründet, welche umschrieben werden kann durch: „Modeling models the scientific method" (Tran et al., 2020, S. 271). Dafür sind quantitative Vorhersagen ein optionaler und weit fortgeschrittener Aspekt des Prozesses.

Aus der Sicht der Mathematikdidaktik ist der Zweck des Modellierens als didaktische Kategorie die Anwendung der Mathematik auf die reale Welt (Tran et al., 2020, S. 275 ff.). Die Forderung nach einer solchen Einbeziehung außermathematischer Problemstellungen geht auf Heinrich Winter zurück, der dies in seinen Grunderfahrungen als eine Zielsetzung für einen allgemeinbildenden Mathematikunterricht forderte (Winter, 1995). Die Einbindung solcher Anwendungen in den Unterricht wird dabei zwar als bedeutsames Ziel angesehen, zugleich wird jedoch auf die Schwierigkeiten bei der Integration solcher Anwendungen in den Unterricht hingewiesen (Pollak, 1985).

Für Pollak war zunächst zu klären, was überhaupt unter angewandter Mathematik zu verstehen ist. Er schuf im Rahmen seiner Begriffsdefinition einen Vorläufer der heute verbreiteten Modellierungskreisläufe (siehe u. a. Blum & Leiß, 2005; Schupp, 1988), um die Wechselwirkungen zwischen der realen Welt und der angewandten Mathematik zu beschreiben. Während einfachere Kreisläufe mit wenigen Schritten noch als möglicher Ablaufplan für Lernende zur Verfügung gestellt werden können, haben komplexere Modellierungskreisläufe eine eher diagnostische Funktion (Tran et al., 2020, S. 279–283). Dabei zeigt sich schnell, dass der Prozess des Modellierens von Lernenden keineswegs in Form des idealisierten Kreislaufs stringent durchlaufen wird, sondern sich vielmehr sprunghafte Wechsel zwischen nicht benachbarten Schritten ereignen (Borromeo Ferri, 2015, S. 68–71). Ein solcher Kreislauf ist demnach als eine Visualisierung zu verstehen, die aufzeigt, welche Schritte ein Individuum sinnvollerweise bei der Modellierung gehen könnte. Es ist jedoch nicht möglich, auf dieser Basis eine Vorhersage über die tatsächliche Schrittfolge zu treffen (Tran et al., 2020, S. 283). Das Ergebnis einer mathematischen Modellierung kann ein mathematisches Modell sein, welches sich dann auf andere, vergleichbar gelagerte Anwendungen übertragen lässt. In den meisten Fällen besteht das Ergebnis jedoch lediglich aus einer Zahl, die wiederum mit einer Einheit versehen auf die Realsituation zurück bezogen und mit dieser abgeglichen wird (Tran et al., 2020, S. 292).

Hier zeigt sich ein Unterschied im Umgang mit Modellen und dem Modellieren zwischen den Naturwissenschaften und der Mathematik: Während in den Naturwissenschaften das Modell selbst von entscheidender Bedeutung ist, liegt der Schwerpunkt in der Mathematik auf dem Prozess des Modellierens. Das mathematische Modell, als das Resultat eines Modellierungsvorgangs, ist in der Regel nur von untergeordneter Bedeutung. Im Mathematikunterricht findet dazu, im Gegensatz zum naturwissenschaftlichen Unterricht, mit dem Modellieren in der Regel keine Simulation des Prozesses der Wissensgenese statt.

3   Empirische Studie zu Beliefs über Funktionen von Modellen und Modellieren

Methodik und Rahmenbedingungen

An den vorherigen theoretischen Ausführungen ist zu erkennen, dass es sich bei Modellen und beim Modellieren um zentrale Begriffe und Herangehensweisen der Fächer Mathematik und Physik handelt. Das Ziel dieses Beitrages ist die empirische Untersuchung der Beliefs von Lehrer*innen der Fächer Mathematik und Physik gegenüber diesem Themenkomplex. Im Fokus dieses Beitrags steht die folgende Forschungsfrage:

*Welche Beliefs haben Lehrer*innen der Fächer Mathematik und Physik über Funktionen von Modellen und Modellieren im Unterricht?*

Beliefs sollen in diesem Zusammenhang in Anlehnung an Pehkonen und Pietilä (2004) wie folgt verstanden werden:

„An individual's beliefs are understood as his subjective, experience-based, often implicit knowledge and emotions on some matter or state of art. [...] Beliefs represent some kind of tacit knowledge. Every individual has his own tacit knowledge which is connected with learning and teaching situations, but which rarely will be made public." (Pehkonen & Pietilä, 2004, S. 2)

Um die Beliefs über Funktionen von Modellen und Modellieren im Unterricht erheben zu können, wurden halbstandardisierte Leitfadeninterviews mit vier Lehrer*innen geführt, die sowohl das Fach Mathematik als auch das Fach Physik unterrichten (ein Gymnasiallehrer, ein Hauptschullehrer, ein Gesamtschullehrer und eine Gesamtschullehrerin). Interviewer waren die Autoren dieses Beitrags, welche jeweils die mathematik- bzw. physikdidaktische Perspektive repräsentieren konnten. Neben Funktionen von Modellen wurden in den Interviews auch andere Themen angesprochen, wie Eigenschaften von Modellen, Formen von Modellen oder Modell vs. Modellieren. In diesem Beitrag wird der Fokus allerdings auf die Funktionen von Modellen gelegt. Das Interview war in drei Teile strukturiert. Im ersten Teil wurden die Erfahrungen und Überzeugungen in Bezug auf den Physikunterricht erfragt. Die Leitfragen lauteten wie folgt:

1. *Nennen Sie ein Modell, welches Sie im Physikunterricht diskutieren und erklären Sie, was Sie damit machen.*
2. *Welche Funktionen haben Modelle im Physikunterricht? (evtl. Wissen vermitteln oder Grundlage für Theoriebildung)*

3. *Was genau ist das Modell? (z. B. Zeichnung, Gegenstand, Gleichung, abstrakte Idee)*
4. *Was sind Eigenschaften von Modellen?*
5. *Inwiefern wird den Schülern explizit erklärt, was ein Modell ist/wie ein Modell erstellt wird?*
6. *Erstellen die Schüler auch selbst Modelle? Wenn ja, wie läuft der Prozess ab?*
7. *Warum sollten Modell im Physikunterricht betrachtet werden?/Warum sollte man im Physikunterricht modellieren?*

Im zweiten Teil des Interviews wurden analoge Fragen bezogen auf den Mathematikunterricht gestellt. Der dritte Interviewteil bestand aus einer Zusammenführung der Einschätzungen der beiden Fächer und einer Zusammenfassung.

Die Interviews wurden videographiert und im Anschluss an die Erhebung transkribiert. Auf der Grundlage der Transkripte wurde dann eine strukturierende qualitative Inhaltsanalyse nach Mayring (2010) durchgeführt, um eine systematische Darstellung der Ergebnisse zu gewährleisten. Die strukturierende Inhaltsanalyse erfolgt im Wesentlichen in vier Schritten. Zunächst wird das zu analysierende Material, in diesem Fall die Interviewtranskripte, detailliert beschrieben und es wird eine Analyseeinheit festgelegt. Hierbei handelt es sich im vorliegenden Fall um jede sinnvolle Texteinheit. Im zweiten Schritt werden die relevanten Textteile in einer auf den Inhalt beschränkten Form zusammengefasst (Paraphrasierung). Die Paraphrasen werden dann auf einer definierten Abstraktionsebene auch mit Bezug zum Theoriehintergrund generalisiert. Die Anzahl der verallgemeinerten Aussagen wird dann mehrfach reduziert, indem der Abstraktionsgrad erhöht und gleichbedeutende Aussagen entfernt werden. Im dritten Schritt werden die Aussagen in einem Kategoriensystem zusammengefasst, das im vierten Schritt anhand des Materials überprüft wird.

Im folgenden Abschnitt werden sieben Kategorien vorgestellt, welche induktiv auf der Grundlage des Datenmaterials gebildet wurden und sich auf Funktionen von Modellen beziehen. Die Kategorien werden jeweils an verschiedenen Transkriptausschnitten (Ankerbeispiele) diskutiert.

Darstellung der Ergebnisse

Kategorie 1: Didaktische Funktion von Modellen
Die hier als didaktische Funktion von Modellen bezeichnete Kategorie lässt sich an vielen Stellen in allen geführten Interviews identifizieren. Die didaktische Funktion bezieht sich auf Modelle als Arbeits-, Anschauungs- und Hilfsmittel für Schü-

ler*innen, an dem wichtige Aspekte eines Sachverhaltes erklärt werden. Beispielsweise berichtet eine interviewte Lehrperson das Folgende (aus dem Interviewabschnitt zum Physikunterricht):

> „L1: Ja einfach, dass die Schüler das, ähm, vielleicht greifbarer haben, das was Schwieriges, was für sie vermeintlich schwierig ist, ähm, dann eben viel besser verstehen können. Wie zum Beispiel mit ähm, Licht und Schatten Erde Mond, Sonne. Da hatte ich nämlich damals immer das Gefühl, ähm, das sie das dann wirklich besser verstanden haben."

Der Lehrperson scheint es beim Einsatz von Modellen somit darum zu gehen, einen komplexen Sachverhalt verständlich darzustellen. Er verwendet in diesem Zusammenhang auch den Begriff „greifbarer" und bezieht sich vermutlich auf den anschaulichen Charakter von Modellen. Diesen Aspekt betont auch eine andere Lehrperson (Abschnitt zum Physikunterricht):

> „L3: Mhm, ähm, also ganz zwingend als aller erstes die Anschaulichkeit, ne, für mich wichtig. Wenn ich Modelle heranziehe, zum Beispiel das Bohrsche Atommodell, dann einfach nur so, das, ja, 'ne erste veranschaulichende Hilfsvorstellung sein, ja und dann später zu Grenzen und was da drinnen genau passiert, aber auch für den Stromkreis gilt das gleiche, ne, das aus diesem abstrakten Raum so ein bisschen rauszuziehen und, ähm, wie kann man sich das vorstellen."

Das Modell sei eine „erste veranschaulichende Hilfsvorstellung", um den Sachverhalt „aus diesem abstrakten Raum so ein bisschen rauszuziehen". Dies sei der wesentliche Grund, warum die Lehrperson Modelle im Unterricht nutzt. Es sei dann auch entscheidend, die Grenzen dieser „Hilfsvorstellung" zu reflektieren.

Während in den zwei Transkriptausschnitten physikalische Beispiele auftauchen (Licht und Schatten bei Erde, Mond und Sonne; Bohrsches Atommodell), werden an anderer Stelle auch Beispiele aus der Mathematik genannt, wie das Folgende (Abschnitt zum Mathematikunterricht):

> „L3: Ist, ähm, wir sind gerade bei Gleichungen zum Beispiel oder, oder Brüche. Sind das schon Modelle? Sind ja einfach Rechenregeln, ne. Also, bei Gleichungen die Einführung habe ich gerade, da arbeite ich viel mit der Waage, das ist ja auch ein Modell, das wir dann heranziehen, um das ganze Prinzip. Ja, doch. Ich würde behaupten, dass das ein Modell ist, mit dem wir arbeiten, ja. Ähm, ja, um ja, um das zu veranschaulichen, worum es eigentlich geht, auch bildlich dann, zu unterstützen, und diesen, diesen Grundgedanken irgendwie rüberzubringen, weil ich glaube das ist so elementar für die weitere Schullaufbahn und das ist so, das machen wir sehr ausführlich, ja, das man ähm, immer die Waage deswegen, also den Sinn der Gleichung quasi, also das Konzept Gleichung, das wollen wir dann grad' ein bisschen besser darstellen."

Das Beispiel für ein Modell aus dem Mathematikunterricht ist das Waagenmodell im Kontext von Gleichungen. Dieses veranschauliche „worum es eigentlich geht" – „das Konzept der Gleichung" – und stelle dieses besser dar.

Eine weitere Lehrkraft betont schließlich auch den Charakter eines Modells als Unterrichtsmedium (Abschnitt zum Physikunterricht):

> „L4: Ja okay, ja gut, das ist natürlich dann ein Mittel, um den Inhalt auch zu transportieren letzten Endes. Ähm, also ein Werkzeug, sagen wir mal, so gesehen, um das für die Schülerinnen und Schüler greifbar zu machen."

Das Modell transportiere den Inhalt und fungiert damit als Mittler zwischen den Schüler*innen und den im Unterricht betrachteten Phänomenen bzw. behandelten (mathematischen und physikalischen) Theorien.

Kategorie 2: Erkenntnistheoretische Funktion von Modellen

Eine zweite in den Interviews identifizierte Kategorie befasst sich mit der erkenntnistheoretischen Funktion von Modellen. Diese bezieht sich darauf, dass Modelle die Grundlage für die (Weiter-)Entwicklung von Theorien darstellen, welche sich auf die Empirie beziehen (z. B. physikalische Theorien). Eine Lehrperson macht diese Sichtweise auf Modelle besonders deutlich (Abschnitt zum Physikunterricht):

> „L2: [...] sondern da gehts jetzt eher darum tatsächlich diese Atommodelle die da irgendwie existieren oder mal aufgestellt wurden auch als Modelle zu begreifen, also zu sagen die helfen mir Sachen aus der Wirklichkeit zu beschreiben bis zu einem bestimmten Punkt, wo ich merke dieses Modell trifft an Grenzen, da muss ich dieses Modell weiterentwickeln, ich muss das verändern [...]"

Bekannte Modelle aus der Physik (z. B. Atommodelle) sollen von den Schüler*innen genutzt und als Modelle verstanden werden. Die Schüler*innen sollen verstehen, dass Modelle helfen „Sachen aus der Wirklichkeit zu beschreiben bis zu einem bestimmten Punkt". Die Lehrperson betont auch den prozesshaften Charakter physikalischer Erkenntnis, in der Modelle weiterentwickelt werden.

Der Wert von Modellen liege in der durch diese entstehende mathematische Beschreibungsdimension (Abschnitt zum Mathematikunterricht):

> „L2: [...] weil ich dann sozusagen in bestimmten Bereich verlagern kann, wo ich dann Hilfsmittel habe, die mir helfen das Problem zu lösen. [...] Das heißt hab ich ... reduziere das soweit, dass ich da Dinge anwenden kann, die ich in der Mathematik, sozusagen nutzen kann."

Es werden nach Ansicht der Lehrperson Eigenschaften des zu beschreibenden Phänomens herausgegriffen – es wird reduziert – damit eine Anwendung der Mathematik als „Hilfsmittel" möglich wird.

Kategorie 3: Zusammenhang von didaktischer und erkenntnistheoretischer Funktion

Eine Lehrperson befasst sich auch mit dem Zusammenhang der didaktischen und der erkenntnistheoretischen Funktion von Modellen, was die dritte Kategorie in der Analyse darstellt (Abschnitt zum Physikunterricht):

> „L2: Also, also ganz grob sagen *klatscht mit den Händen auf den Tisch*, bessere Lernvoraussetzung schaffen! So! Das wäre jetzt so, wenn ich das jetzt unter einen großen Deckel packen würde. Nuh, dann wäre das für mich, oder … generell liefert mir ein Modell erstmal eine Beschreibungsmöglichkeit, das kann ich, wenn ich das auf den Schulkontext beziehe, helfen 'ne bessere Lernmöglichkeit zu schaffen. Ja."

Modelle ermöglichen zunächst einmal die Beschreibung eines Phänomens (erkenntnistheoretische Funktion). Dies würde im Unterricht dann auch eine bessere Lernmöglichkeit eröffnen.

Kategorie 4: Problemlösende Funktion von Modellen

Eine weitere Funktion von Modellen, die sich aus verschiedenen Interviews rekonstruieren lässt, behandelt die Lösung von konkreten Problemen mit Hilfe von Modellen und bildet die vierte Kategorie. Die problemlösende Funktion tritt insbesondere beim Modellieren im Unterricht auf, wie an den folgenden Ausführungen zu einer bekannten Modellierungsaufgabe aus der Mathematik (Volumen eines Heißluftballons) zu erkennen ist:

> „L2: Beim Heißluftballon, wenn ich das Beispiel rausnehme, ist erstmal 'ne Hilfe zur Lösungsfindung, ist da auch genauso auch wieder, ähm, wie in der Physik 'ne Möglichkeit, eine Reduktion darzustellen, die mir hilft, das irgendwie in einen Bereich zu überführen, wo ich zum Beispiel dann meine mathematischen Kenntnisse einsetzen kann, (unv.) auf's wesentliche zu reduzieren. Ähm, kann aber dann vielleicht auch je nach dem was genau man da als Modell definiert, wenn ich bei der (unv.) Schachtel jetzt wieder bin, kann das auch eine Möglichkeit sein mir Zugänge zu eröffnen. Vielleicht so eine erste Hilfestellung zu sein, auch zur Problemlösung. Also nicht direkt ein Hilfsmittel dafür, sondern ist vielleicht auch, ähm, ja, Ideentreiber ist ein schlechtes Wort, aber es fällt mir gerade am besten ein, also."

Das Modell stellt ein heuristisches Hilfsmittel bei realitätsbezogenen offenen Anwendungsaufgaben dar (z. B. Volumen eines Heißluftballons, optimale Süßigkeitenschachtel):

> „L3: Mhm, ja, wahrscheinlich auch wegen des Aspekts, den ich gerade genannt habe, dass es einfach, ähm, ja, was, was Schüleraktivierendes ist, ne, also Schüler wirklich überlegen dann selbst ganz konkret mit, vielleicht Regeln, die man vorher erlernt hat und dann geht's dann mehr oder weniger an die Anwendung, okay, wie löse ich jetzt dieses Problem? Ne, Problemlösen ist da ja auch, ähm, der Ausgangspunkt eigentlich. Ich habe irgendeine Problemsituation und okay, wie gehe ich das an?"

Die Schüler*innen können aktiv ihr bekanntes Wissen nutzen, ein Modell aufstellen und auf diese Weise eine Lösung oder einen Lösungsansatz für eine Aufgabe Problemlöseaufgabe im Sachkontext entwickeln.

Kategorie 5: Zusammenhang von erkenntnistheoretischer und problemlösender Funktion

In Kategorie 5 wird der Zusammenhang zwischen der erkenntnistheoretischen und der problemlösenden Funktion beschrieben. Eine Lehrperson erklärt die Gemeinsamkeiten und Unterschiede folgendermaßen (Abschnitt zum Mathematikunterricht):

> „L2: ja, also, ich würde vielleicht in der Hinsicht sagen, ähm, vielleicht liegt der Schwerpunkt da ein bisschen wo anders, also ich würde aus dem Bauch raus sagen, dass ich, das vielleicht die Funktion Richtung Erkenntnisgewinn ... in der Physik vielleicht einen etwas größeren Stellenanteil hat, als das ich das in der Mathematik habe und in der Mathematik benutzte ich das Modell eher, zur, ich, ich bin jetzt gerade bei Problemlösung oder sowas, aber da müsste ich jetzt für mich nochmal klarmachen, wo setzt ich überhaupt den Unterschied zwischen Erkenntnisgewinn und Problemlösung? Weil ich kann ja natürlich auch, also wenn ich Probleme löse, habe ich auch eine Erkenntnis gewonnen und vielleicht für den konkreten Fall, der kann aber natürlich auch, diese Erkenntnis kann auch Aussagekräftiger sein, als nur für diesen Fall, den ich da gerade gelöst habe."

Die Lehrperson verortet die erkenntnistheoretische Funktion eher im Physikunterricht, während die problemlösende Funktion im Mathematikunterricht auftauche. Die Lehrperson drückt aus, dass sie Gemeinsamkeiten zwischen beiden Sichtweisen sieht, allerdings liege „der Schwerpunkt ein bisschen wo anders". Bei der erkenntnistheoretischen Funktion, wenngleich die Lehrperson dies nur indirekt ausdrückt, wird ein größerer Kontext betrachtet – es geht um den Aufbau und die Weiterentwicklung einer ganzen Theorie, die sich auf verschiedene Anwendungsfälle übertragen lässt. Die Problemlösende Funktion bezieht sich wiederum zunächst auf einen „konkreten Fall".

Kategorie 6: Zusammenhang von didaktischer und problemlösender Funktion
Eine der interviewten Lehrpersonen reflektiert auch den Zusammenhang zwischen der Nutzung von Modellen zur Erklärung von physikalischen Sachverhalten (didaktische Funktion) und dem Modellieren (problemlösende Funktion). Diese Aussage bildet die sechste Kategorie (Abschnitt zum Mathematikunterricht):

> „L3: Ja, das ist für mich irgendwie, ähm, noch nicht zusammenhängend. Wenn ich an Modelle denke, denke ich halt an die konkreten Modelle, die ich eben benannt habe, aus der Physik oder so, oder mit der Waage, ja, aber wenn ich an das Modellieren denke, dann ist das so völlig losgelöst von irgendwelchen bereits existierenden Modellen, wenn ich die Aufgabe stellen würde, was weiß ich, wie viel Wasser würde in diesen Raum hier reinpassen oder, dann ja, würde ich mal behaupten sind die Lösungswege sehr unterschiedlich, die die Schüler vielleicht wählen würden. Ob die jetzt Modelle heranziehen oder nicht, ja, dass, das würde sich dann zeigen, wenn wir die Lösungsstrategien besprechen würden und so, aber auch da gibt's bestimmt auch wieder verschiedene Modelle, die man sich hier jetzt von den Volumen, ähm, dieses Quaders hier vorstellen würde. Ja, aber das ist dann, für mich irgendwie was anderes, also ich habe eben, find ich, sehr viel von Modellen gesprochen, die einfach schon da sind, die wir uns heranziehen, um irgendwas besser erklären zu können, aber das Modellieren an sich, ist ja der Prozess in die andere Richtung so mehr oder weniger, ne."

Die Lehrperson erklärt, dass bei der didaktischen Funktion bereits etablierte Modelle zur Erklärung genutzt werden. Das Modellieren (problemlösende Funktion) sei dagegen der „Prozess in die andere Richtung", bei dem die Schüler*innen selbst aktiv sind und offene Anwendungsaufgaben durch Aufstellen von einfachen Modellen (z. B. Volumen eines Quaders zur Berechnung des Volumens des Wassers, welches in ein Zimmer passt) lösen. Dies sei für die Person „noch nicht zusammenhängend" – er spricht sogar davon, dass das Modellieren „völlig losgelöst von irgendwelchen bereits existierenden Modellen" sei.

Kategorie 7: Fachkulturelle Funktion von Modellen
Eine letzte Funktion von Modellen, die eher auf einer Metaebene Teil des Unterrichts ist, lässt sich als fachkulturelle Funktion von Modellen beschreiben. Für den Physikunterricht erklärt eine Lehrperson das Folgende:

> „L2: Ähm, wenn ich jetzt in dem Bereich denke und außerdem, wenn ich jetzt das Experiment als zentrale, als zentrales Experiment im Physikunterricht sehe oder in der Physik, dann komme ich gar nicht da drum rum, ähm, wenn ich jetzt über eine phänomenologische Beschreibung hinaus möchte, irgendwie, ähm, modellhaft zu arbeiten oder mir automatisch ein Modell zu erschaffen dazu. Oder ob es jetzt was

Gegenständliches ist, oder ist mal nur ein Modell, was ich erstmal nur im ersten Schritt oder vielleicht auch über den kompletten Prozess in meinem Kopf habe, ähm, ist das glaube ich, dem physikalischen Erkenntnisprozess, wenn ich den jetzt so nennen möchte, einfach immanent, also ... Ich, ich finde die Frage stellt sich nicht *lehnt sich entrüstet zurück und lächelt*, ob ich ein Modell in Physik benutze. Weil, für mich ist das eine Eigenschaft der Fachdisziplin ehrlicherweise."

„I1: Und die soll irgendwie ... der Unterricht auch abbilden, oder?"

„L2: Ja, und ja, und auch. Ok! *Lehnt sich nach vorne* Also der Fachdisziplin Physik ja, aber auch der, ähm, wenn ich jetzt die Fachdidaktik als eigene Disziplin nehme, würde ich sagen, auch. Von daher, ja, sollte das, dass auch irgendwie abbilden, ja."

Die Arbeit mit Modellen sei grundlegend für physikalische Erkenntnis und das Lernen im Physikunterricht. Die Lehrperson kann sich daher nicht vorstellen, wie im Physikunterricht ohne Modelle gearbeitet werden könnte. Auf Nachfrage des Interviewers bestärkt sie zudem, dass der Physikunterricht den Schüler*innen das typische Vorgehen der Physik – also auch den Umgang mit Modellen – nahebringen sollte. Man könnte den Umgang mit Modellen also als Teil der Fachkultur der Physik beschreiben.

Ähnliches gelte nach Ansicht der Lehrperson auch für die Mathematik und den Mathematikunterricht:

„L2: Also, da würde ich jetzt so ganz intuitiv mit Winter argumentieren, also, ähm, weil Modelle zumindest einmal ermöglichen, die Wirklichkeit zu betrachten, so. Und, wenn ich den kompletten Aspekt der Mathematik oder des Mathematikunterrichts rauslasse, ähm, finde ich fehlt da ein wichtiger Teil, also, ich sage mal diese Grunderfahrung, ist ja dann komplett weg, würde ich so sagen. Und die, finde ich, sollte Mathematikunterricht ermöglichen, nicht nur weil's irgendwie im Lehrplan steht, dass Winter da so wichtig für ist, sondern, weil ich finde, dass das eine wichtige Eigenschaft ist. Die, oder 'ne wichtige Auffassung von Mathematik, die man, ähm, ja, als Schüler oder auch als jemand der noch nie eine Schule von innen gesehen hat, aber auch andere Art und Weise mit Mathematik in Berührung kommt, dass das eine ist, die man mitnehmen sollte."

Mit Bezug zu den Winterschen Grunderfahrungen[5] begründet die Lehrperson, dass Modelle die Betrachtung der Realität aus mathematischer Perspektive ermöglichen. Dies sei ein wichtiger Aspekt der Mathematik und des Mathematikunterrichts, den man nicht „rauslasse[n]" solle, sondern den alle Schüler*innen „mitnehmen sollte[n]".

---

[5] Die erste Grunderfahrung nach Winter fordert: „Erscheinungen der Welt um uns, die uns alle angehen oder angehen sollten, aus Natur, Gesellschaft und Kultur, in einer spezifischen Art wahrzunehmen und zu verstehen." (Winter, 1995, S. 37).

4   Fazit und Ausblick

In der Interviewstudie mit Lehrpersonen für die Fächer Mathematik und Physik konnten vielseitige Perspektiven auf den Themenkomplex Modell und Modellieren erhoben werden. Mithilfe der qualitativen Inhaltsanalyse konnten vier Funktionen von Modellen und Modellieren im Mathematik- und Physikunterricht rekonstruiert werden.

Die *didaktische Funktion* bezieht sich das Modell als Unterrichtsmedium und Hilfsmittel für Schüler*innen, an dem wichtige Aspekte eines Sachverhaltes erklärt werden. Sie ist vergleichbar mit der Funktion des „Lernens durch Modelle" nach Kircher (2015) und baut auf der Kommunikationsfunktion nach Oh und Oh (2011), der Veranschaulichungsfunktion nach Kuhn (1977), aber auch der Erklärungsfunktion nach Kircher (2015) auf. Die *erkenntnistheoretische Funktion* bezieht sich darauf, dass Modelle bzw. Modellannahmen die Grundlage für die (Weiter-)Entwicklung von empirischen Theorien (Dilling, 2022) darstellen. Diese Funktion von Modellen spiegelt sich unter anderem in der Idealisierungsfunktion, der mathematischen Näherungsfunktion und der Analogiefunktion nach Kuhn (1977) sowie der Erklärungs- und Prognosefunktion nach Kircher (2015) wider. Sie tritt entsprechend den Angaben in den Interviews verstärkt im Physikunterricht auf. Die *problemlösende Funktion* tritt dann auf, wenn Modelle zur Lösung offener Anwendungsaufgaben herangezogen werden. Bei dieser Funktion bietet sich in besonderer Weise die Möglichkeit, dass Schüler*innen selbst Modelle entwickeln – also modellieren (siehe u. a. Blum & Leiß, 2005; Schupp, 1988). Diese Form von Aufgaben ist insbesondere im Mathematikunterricht etabliert. Die *fachkulturelle Funktion* bedeutet schließlich, dass Modelle ein wichtiger Aspekt der wissenschaftlichen Disziplinen Mathematik und Physik (aber auch ihrer Didaktiken) sind und daher auch Teil des Unterrichts sein sollten. Auch Kircher (2015) betont im Kontext der Funktion des „Lernens durch Modelle", dass der Modellbegriff explizit im Unterricht diskutiert werden sollte.

Die vier in dieser Studie entwickelten Funktionen von Modellen und Modellieren im Mathematik- und Physikunterricht lassen sich in einem Dreieck mit den Eckpunkten Wissenserwerb, Wissenschaft und Anwendung verorten (siehe Abb. 1). Der Fokus der didaktischen Funktion liegt auf dem Lernen. Die erkenntnistheoretische Funktion bezieht sich insbesondere auf die Wissenschaft und ihre Darstellung im Unterricht. Die problemlösende Funktion spielt bei der Anwendung von mathematischem und physikalischem Wissen eine besondere Rolle. Die fachkulturelle Funktion ist schließlich auf einer Meta-Ebene im Unterricht relevant und vereint gleichermaßen Wissenserwerb, Wissenschaft und Anwendung als wichtige Aspekte der Schulfächer Mathematik und Physik.

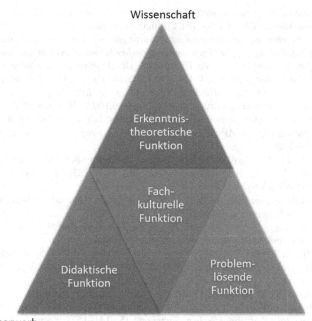

Abb. 1 Funktionen von Modellen und Modellieren im Mathematik- und Physikunterricht

Mit dem Fokus auf Funktionen im Unterricht konnten in diesem Beitrag erste Erkenntnisse zu Beliefs über Modelle und Modellieren generiert werden. Diese sollen in der zukünftigen Arbeit der Autoren in Hinblick auf weitere Aspekte ausgebaut werden (u. a. Eigenschaften von Modellen, Formen von Modellen, Modell vs. Modellieren, Original-Modell-Beziehung).

Anmerkung Die Autoren danken Frau Kathrin Holten und Herrn Ingo Witzke für Ihre konstruktiven und gewinnbringenden Rückmeldungen zu einer früheren Version des Manuskripts.

Literatur

Blum, W., & Leiß, D. (2005). Modellieren im Unterricht mit der „Tanken"-Aufgabe. *Mathematik Lehren, 128*, 18–21.
Borromeo Ferri, R. (2015). Zur Rolle kognitiver Aspekte in der Modellierungsdiskussion. In G. Kaiser & H.-W. Henn (Hrsg.), *Realitätsbezüge im Mathematikunterricht. Werner*

Blum und seine Beiträge zum Modellieren im Mathematikunterricht: Festschrift zum 70. Geburtstag von Werner Blum (S. 63–75). Springer Spektrum.

Dilling, F. (2022). Begründungsprozesse im Kontext von (digitalen) Medien im Mathematikunterricht. Wissensentwicklung auf der Grundlage empirischer Settings. Springer Spektrum.

Dilling, F., Stricker, I., Tran, N. C., & Vu, D. P. (2020). Development of knowledge in mathematics and physics education. In S. F. Kraus & E. Krause (Hrsg.), Comparison of Mathematics and Physics Education I: Theoretical Foundations for Interdisciplinary Collaboration (S. 299–344). Springer Spektrum. https://doi.org/10.1007/978-3-658-29880-7_13

Holton, G. J. (1979). Einsteins Methoden zur Theoriebildung. In P. C. Aichelburg, R. U. Sexl, & P. G. Bergmann (Hrsg.), Albert Einstein: Sein Einfluss auf Physik, Philosophie und Politik (S. 111–140). Vieweg.

Kircher, E. (2015). Modellbegriff und Modellbildung in der Physikdidaktik. In E. Kircher, R. Girwidz, & P. Häußler (Hrsg.), Physikdidaktik (Bd. 45, S. 783–807). Springer. https://doi.org/10.1007/978-3-642-41745-0_27

KMK. (2015). Bildungsstandards im Fach Mathematik für die Allgemeine Hochschulreife. Beschluss der Kultusministerkonferenz vom 18.10.2012. KMK.

KMK. (2020). Bildungsstandards im Fach Physik für die Allgemeine Hochschulreife. Beschluss der Kultusministerkonferenz vom 18.06.2020. KMK.

Krause, E. (2017). Einsteins EJASE-Modell als Ausgangspunkt physikdidaktischer Forschungsfragen: Anregungen aus einem Modell zur Natur der Naturwissenschaft. PhyDid, 16(1), 57–66.

Krüger, D., Kauertz, A., & Upmeier zu Belzen, A. (2018). Modelle und das Modellieren in den Naturwissenschaften. In D. Krüger, I. Parchmann, & H. Schecker (Hrsg.), Theorien in der naturwissenschaftsdidaktischen Forschung (S. 141–157). Springer. https://doi.org/10.1007/978-3-662-56320-5_9

Kuhn, W. (1977). Modelle in der Physik. In G. Schäfer, G. Trommer, & K. Wenk (Hrsg.), Denken in Modellen (S. 38–49). Westermann.

Mayring, P. (2010). Qualitative Inhaltsanalyse. Grundlagen und Techniken. Beltz.

Militschenko, I., & Kraus, S. (2017). Entwicklungslinien der Mathematisierung der Physik – die Rolle der Deduktion in der experimentellen Methode. Der Mathematikunterricht, 63(5), 21–29.

Neumann, I., Heinze, A., Ufer, S., & Neumann, K. (2011). Modellieren aus mathematischer und physikalischer Perspektive. In R. Haug, & L. Holzäpfel (Hrsg.), Beiträge zum Mathematikunterricht 2011 (S. 603–606). WTM.

Niss, M., Blum, W., & Galbraith, P. L. (2007). Introduction. In W. Blum, P. L. Galbraith, H.-W. Henn, & M. Niss (Hrsg.), New ICMI study series: Vol. 10. Modelling and applications in mathematics education: The 14th ICMI study (S. 3–32). Springer Science + Business Media LLC.

Oh, P. S., & Oh, S. J. (2011). What teachers of science need to know about models: An overview. International Journal of Science Education, 33(8), 1109–1130.

Pehkonen, E., & Pietilä, A. (2004). On relationships between beliefs and knowledge in mathematics education. In M. A. Mariotti (Hrsg.), European Research in Mathematics Education III: Proceedings of the Third Conference of the European Society for Research in Mathematics Education. University of Pisa and ERME.

Pollak, H. O. (1985). On the relationship between the applications of mathematics and the teaching of mathematics. In C. Verhille (Hrsg.), Canadian Mathematics Education Study Group: Proceedings of the 1985 Annual Meeting. June 7–11 (S. 29–43). Universite Laval.

Schlichting, H. J. (1977). Konstruktive Modellfindung im Unterricht. In G. Schäfer, G. Trommer, & K. Wenk (Hrsg.), *Denken in Modellen* (S. 158–173). Westermann.

Schupp, H. (1988). Anwendungsorientierter Mathematikunterricht in der Sekundarstufe I zwischen Tradition und neuen Impulsen. *Mathematikunterricht, 34*(6), 5–16.

Schwarz, O. (2022). Veranschaulichung in der Astronomie. *Astronomie + Raumfahrt im Unterricht, 59*(186), 5–9.

Stachowiak, H. (1973). *Allgemeine Modelltheorie*. Springer.

Tran, N. C., Chu, C. T., Holten, K., & Bernshausen, H. (2020). Models and modeling. In S. F. Kraus & E. Krause (Hrsg.), *Comparison of mathematics and physics education I: Theoretical foundations for interdisciplinary collaboration* (S. 257–298). Springer Spektrum. https://doi.org/10.1007/978-3-658-29880-7_12

Vollmer, G.. (1988). *Was können wir wissen?* (2., durchges. Aufl.). Hirzel.

Winkelmann, J. (2021). On idealizations and models in science education. *Science & Education*. https://doi.org/10.1007/s11191-021-00291-2

Winter, H. (1995). Mathematikunterricht und Allgemeinbildung. *Mitteilungen der Gesellschaft für Didaktik der Mathematik., 61*, 37–46.

Mathematik und Physik im Verbund – Studiengangsentwicklung neu gedacht

Heiko Etzold

1 Einleitung

Für die Leser*innen eines Sammelbandes über MINT-Didaktiken ist es sicher keine Überraschung, dass für Lehrkräfte in den Fächern Mathematik und Physik deutschlandweit ein hoher Bedarf besteht (Kultusministerkonferenz, 2020, S. 28) – so natürlich auch im Land Brandenburg. Dieser Lehrkräftemangel ist jedoch kein neues Phänomen, er trat bereits in den 1960er-Jahren in der DDR auf, wo mit gesonderten Ausbildungsprogrammen gegengesteuert wurde. Seit Beginn der 1970er-Jahre bestand für verschiedene Fächerkombinationen, so auch für Mathematik/Physik, die Möglichkeit, nach der 10. Klasse über einen *Vorkurs* eine auf die Fächerkombination angepasste (und nur dafür zulässige) Hochschulzugangsberechtigung in nur einem Jahr abzulegen und anschließend das Diplomlehrerstudium aufzunehmen (Döbert, 1994, S. 61 f.). Nach Aussagen von Zeitzeugen (R. Lohwaßer, U. Petzschler, persönliche Kommunikation, 24. Januar 2022) war insbesondere die stark mathematisch-naturwissenschaftlich geprägte Ausbildung an der Polytechnischen Oberschule[1] entscheidend für die Möglichkeit, innerhalb eines Jahres

---

[1] Zum Vergleich die Gesamtwochenstundenzahlen bis zum Abschluss der 10. Klassenstufe: An der Polytechnischen Oberschule (DDR) 56 in Mathematik und 40 im naturwissenschaftlichen Unterricht; an der Realschule (BRD) 39 in Mathematik und 32 bzw. 25 im naturwissenschaftlichen Unterricht (Anweiler, 1990, S. 46).

H. Etzold (✉)
Didaktik der Mathematik, Universität Potsdam, Potsdam, Deutschland
E-Mail: heiko.etzold@uni-potsdam.de

© Der/die Autor(en), exklusiv lizenziert an Springer Fachmedien Wiesbaden GmbH, ein Teil von Springer Nature 2024
F. Dilling et al. (Hrsg.), *Interdisziplinäres Forschen und Lehren in den MINT-Didaktiken*, MINTUS – Beiträge zur mathematisch-naturwissenschaftlichen Bildung, https://doi.org/10.1007/978-3-658-43873-9_5

eine Art Abitur in den Schwerpunkten Mathematik und Physik abzulegen. Gleichzeitig bot dies Schüler*innen, die (teils aus politisch motivierten Gründen) keinen Zugang zur Erweiterten Oberschule erhielten, dennoch die Möglichkeit, ein Diplomlehrerstudium aufzunehmen. Für den Zugang zu den sieben Pädagogischen Hochschulen der DDR, so auch der PH Potsdam, lief das Programm laut *Protokollen der Volkskammer der DDR* bis zur Wende (Deutscher Bundestag, 2000, S. 995).[2] So konnte, zusätzlich zu den Diplomlehrerstudierenden nach dem *normalen* Abitur, eine große Anzahl an weiteren Lehrkräften generiert werden, deren altersbedingtes Austreten innerhalb der nächsten zehn Jahre mit einem erneuten Mangel einhergeht – verstärkt durch weniger *Nachwuchs* in der bestehenden Lehrerschaft und geringe Studienanfängerzahlen in den MINT-Fächern. Entsprechend der Lehrermodellrechnung des Landes Brandenburg (Ausschuss für Bildung, Jugend und Sport Land Brandenburg, 2018, S. 55 f.) müssen in den nächsten zehn Jahren jährlich durchschnittlich über 100 Mathematik- und über 50 Physiklehrkräfte für die Sekundarstufen I und II in Brandenburg neu eingestellt werden. Dabei ist der Bedarf an Schulen außerhalb des Berliner Speckgürtels besonders hoch.

Da Potsdam die einzige lehrerbildende Universität für die Sekundarstufen I und II in Brandenburg ist, verbringen die Lehramtsstudierenden einen Großteil ihres Studiums innerhalb der Agglomeration Berlin (siehe Abb. 1) und haben, wenn nicht gerade außerhalb wohnhaft, kaum Kontakt zu den ländlichen Regionen. Ebenfalls befinden sich die meisten Schulen, mit denen die Universität Potsdam gemeinsame Projekte durchführt, in Berlin-Nähe (siehe *Aktive Campusschulen-Netzwerke*, 2021). So ist es, wie auch für die umliegenden Bundesländer, eine große Herausforderung für das Land Brandenburg, Lehrkräfte für die Schulen außerhalb der Hauptstadtregion zu finden – insbesondere in den Mangelfächern Mathematik und Physik.

Aus all diesen Bedingungen ergibt sich für die Fächerkombination Mathematik/Physik eine besondere Notwendigkeit, Lehrkräfte für das Land Brandenburg zu akquirieren, wofür ein gesondertes Studienprogramm dienlich sein soll, festgelegt auch im alle fünf Jahre erarbeiteten Hochschulvertrag zwischen dem Brandenburger Wissenschaftsministerium und der Universität Potsdam (*Hochschulvertrag MWFK – Universität Potsdam*, 2019, S. 19).

Aus Sicht der Universität Potsdam und des Landes Brandenburg bestehen zwei wesentliche Ziele des Studiengangs:

- *Erhöhung der Absolventenzahlen für die Fächerkombination Mathematik/Physik*
- *Bindung der zukünftigen Lehrkräfte an Schulstandorte außerhalb der Hauptstadtregion*

---

[2] Zeitzeugen der Universität Leipzig zufolge (I. Petzschler, U. Petzschler, persönliche Kommunikation, 24. Januar 2022) wurde das Programm dort nach etwa 15 Jahren beendet.

Abb. 1 Berlin/Brandenburg mit Agglomeration Berlin. (Metropolregion-Berlin Branden-burg-Infrastruktur.svg: Broadway & derivative work: NordNordWest, 2012, CC-BY-SA 3.0)

Um diese Ziele zu erreichen, wurden und werden verschiedene Maßnahmen aus *inhaltlicher*, *organisatorischer* und *struktureller* Sicht angegangen, die in diesem Beitrag vorgestellt werden. Damit soll der Beitrag einerseits eine Dokumentation der Studiengangsentwicklung und Anregung für ähnliche Programme an anderen Hochschulstandorten bieten, auch unter dem Blick der *Empfehlungen der Kultus-ministerkonferenz zur Stärkung des Lehramtsstudiums in Mangelfächern* (Kultus-ministerkonferenz, 2021, S. 6 f.). Andererseits sollen Diskussionen zur Aus-richtung des Studiengangs angeregt werden, auch um innerhalb der MINT-Didaktiken Möglichkeiten der Forschung in und über derartige Verbundprogramme zu generieren.

2 Inhaltliche Maßnahmen

Inhaltlich geprägt ist der Studiengang von einem *fortschreitenden Verwachsen* der Fächer Mathematik und Physik im Laufe des Studiums. Abb. 2 stellt den Verlaufsplan des Bachelorstudiums dar, wobei es sowohl fachspezifische als auch einige fächerverbindende Module gibt. Im Bachelorstudium besteht noch eine stärkere Trennung der beiden Fächer, während im Masterstudium immer mehr verbindende Module in den Studienverlaufsplan integriert werden.

Betonung der jeweiligen Fachkultur

Die Fächer – oder besser Fachdisziplinen – Mathematik und Physik sind zwar eng miteinander verwachsen, aber weisen dennoch eine jeweils spezifische Kultur auf. Diese Fachkulturen gilt es im Studium zu erfahren, weshalb es auch in einem Verbundstudiengang unerlässlich ist, sowohl Mathematik als auch Physik *einzeln* kennenzulernen. Diese Erkenntnis ist dabei keineswegs neu, wie bereits in den 1940er-Jahren formuliert: „Beide Wissenschaften haben ihre eigenständige

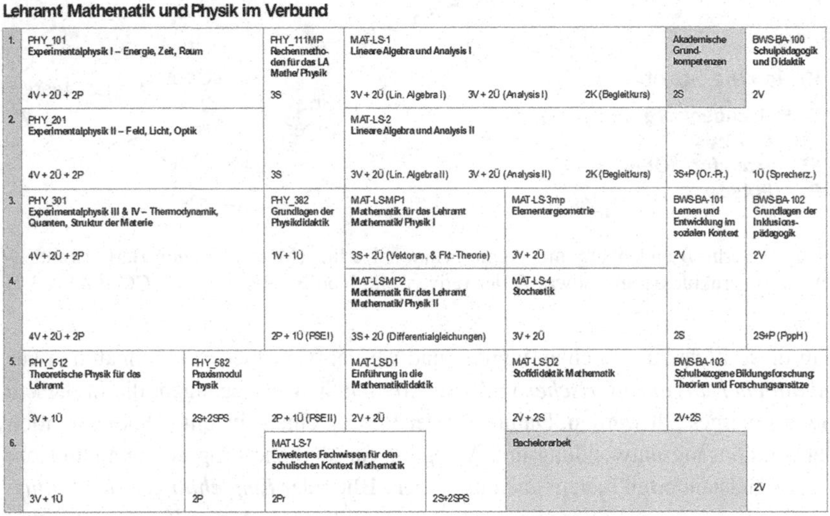

Lehramt Mathematik und Physik im Verbund

1. PHY_101 Experimentalphysik I – Energie, Zeit, Raum	PHY_111MP Rechenmethoden für das LA Mathe/ Physik	MAT-LS-1 Lineare Algebra und Analysis I			Akademische Grundkompetenzen	BWS-BA-100 Schulpädagogik und Didaktik
4V+2Ü+2P	3S	3V+2Ü (Lin. Algebra I) 3V+2Ü (Analysis I) 2K (Begleitkurs)			2S	2V
2. PHY_201 Experimentalphysik II – Feld, Licht, Optik		MAT-LS-2 Lineare Algebra und Analysis II				
4V+2Ü+2P	3S	3V+2Ü (Lin. Algebra II) 3V+2Ü (Analysis II) 2K (Begleitkurs)			3S+P (Or.-Pr.)	1Ü (Sprecherz.)
3. PHY_301 Experimentalphysik III & IV – Thermodynamik, Quanten, Struktur der Materie	PHY_382 Grundlagen der Physikdidaktik	MAT-LS-MP1 Mathematik für das Lehramt Mathematik/ Physik I	MAT-LS-3mp Elementargeometrie		BWS-BA-101 Lernen und Entwicklung im sozialen Kontext	BWS-BA-102 Grundlagen der Inklusionspädagogik
4V+2Ü+2P	1V+1Ü	3S+2Ü (Vektoran. & Pkt.-Theorie)	3V+2Ü		2V	2V
4.		MAT-LS-MP2 Mathematik für das Lehramt Mathematik/ Physik II	MAT-LS-4 Stochastik			
4V+2Ü+2P	2P+1Ü (PSE I)	3S+2Ü (Differentialgleichungen)	3V+2Ü		2S	2S+P (PppH)
5. PHY_512 Theoretische Physik für das Lehramt	PHY_582 Praxismodul Physik	MAT-LSD1 Einführung in die Mathematikdidaktik	MAT-LSD2 Stoffdidaktik Mathematik		BWS-BA-103 Schulbezogene Bildungsforschung: Theorien und Forschungsansätze	
3V+1Ü	2S+2SPS	2P+1Ü (PSE II)	2V+2Ü	2V+2S	2V+2S	
6.	MAT-LS-7 Erweitertes Fachwissen für den schulischen Kontext Mathematik			Bachelorarbeit		
3V+1Ü	2P	2Pr		2S+2SPS		2V

Abb. 2 *Bachelor of Education – Mathematik und Physik im Verbund. Empfohlener Studienverlaufsplan* (2021)

Existenzberechtigung. Diese Voraussetzung muß hervorgehoben werden, wenn von den Wechselbeziehungen beider die Rede sein soll" (Klose, 1948, S. 384).

Als zentrale Arbeitsweise der Mathematik gilt das (formale) *Beweisen*, Bezug nehmend auf ein Axiomensystem und einer vereinbarten logischen Sprache. Daraus entstehen *abgesicherte* Sätze, die – nachdem sie einmal bewiesen wurden – keiner weiteren Theorieüberprüfung bedürfen (sofern der Weg zum Beweis fehlerfrei erfolgte). Neben dem Beweisen, das auch die Funktion der Dokumentation mathematischen Wissens einnimmt, ist das *Problemlösen* eine wesentliche Arbeitsweise, um neues mathematisches Wissen zu generieren (vgl. Vollrath & Roth, 2012, S. 46 ff.).

Die Physik dagegen ist von einer naturwissenschaftlichen Arbeitsweise der theoretischen und experimentellen Erkenntnisgewinnung geprägt – als Zusammenspiel aus Hypothesen, Modellen und Theorien (Kircher et al., 2020, S. 187 ff.). Wesentlich ist dabei das *Experimentieren* zur Überprüfung existierender Theorien und die *Hypothesenbildung* sowie das *Modellieren* zur Generierung neuer Theorien. Entscheidend ist dabei, dass sich – im Gegensatz zur Mathematik – „Theorien weder endgültig beweisen noch widerlegen" lassen (Kircher et al., 2020, S. 175).

Gerade in einer universitären Auseinandersetzung darf Mathematik nicht nur als Werkzeug der Physik und Physik nicht nur als Anwendung der Mathematik gesehen werden. Grigutsch et al. (1998) sprechen etwa von den vier Einstellungsdimensionen „Formalismus", „Schema", „Prozeß" und „Anwendung", die Mathematiklehrkräfte gegenüber der Mathematik entwickeln (sollen). Auch der Mathematik in der Physik werden mehrere Funktionen zugesprochen wie der „kognitiven Entlastung", „Exaktheit", „Kommunikation" und „Objektivität" (Krey, 2012, S. 55 ff.). Beide Fächer sollen daher auch in einem Verbundstudiengang jeweils für sich kennengelernt werden, sodass in den ersten Semestern der Kanon aus Experimentalphysik, Linearer Algebra und Analysis die Fachveranstaltungen prägt. Der Studieneinstieg ist – in beiden Fächern – schon anspruchsvoll genug, sodass im ersten Studienjahr auf für den Verbundstudiengang exklusive Fachveranstaltungen verzichtet wird. Nahezu jedenfalls: Eine Ausnahme bildet das Modul *Rechenmethoden für das Lehramt Mathematik/Physik*. Wie für die mathematischen Methoden in einem Physikstudium üblich, werden hier Begriffe und Verfahren eingeführt, die für den Umgang innerhalb der Physik unerlässlich sind, in einem Mathematikstudium jedoch nicht in der Geschwindigkeit zur Verfügung gestellt werden können, wie es die Physik benötigt (Deutsche Physikalische Gesellschaft e.V., 2014, S. 28). Gleichzeitig entsteht hier der (scheinbare?) Konflikt, dass Inhalte in der Methodenveranstaltung unkritisch verwendet werden, deren Existenz (aus Sicht der Fachmathematik) noch gar nicht gesichert ist. Um diesen Konflikt aufzulösen, wurde die für den Studiengang exklusive Veranstaltung geschaffen, in der zwar inhaltlich immer noch (von Dozierenden der Physik) die für die Physik benötigten *Rechen*methoden zur Verfügung gestellt werden – in der aber an entsprechenden Stellen auf die fachmathematischen Lücken aufmerksam gemacht und auf die (teils späteren) Mathematikveranstaltungen verwiesen wird. Ebenso wird dann in den Fachveranstaltungen der Mathematik rückblickend Bezug auf die Rechenmethoden genommen, um die dortigen Verfahren zu verifizieren und gleichzeitig als Erfahrungsgrundlage für den Verständniszuwachs zu nutzen.

Verbindungen zwischen den Fächern

Naheliegende, und auch in der Entwicklung des Studiengangs diskutierte Verbindungen der Fachwissenschaften Mathematik und Physik finden sich insbesondere in der Theoretischen Physik und der Angewandten Mathematik.

Theoretische Physik verbindet sich mit Mathematik

In der Theoretischen Physik wird oftmals auf mathematische Konzepte zurückgegriffen, die selbst in der Fachausbildung des Mathematiklehramts teils zu kurz kommen – beispielsweise bedarf der Lagrange-Formalismus in der Theoretischen Mechanik ein Grundverständnis von Partiellen Differenzialgleichungen. So fordern auch die *Ländergemeinsamen inhaltlichen Anforderungen für die Fachwissenschaften und Fachdidaktiken in der Lehrerbildung* im Fach Physik eine Beschäftigung mit Vektoranalysis und Partiellen Differenzialgleichungen (Kultusministerkonferenz, 2019, S. 51), während im Fach Mathematik *nur* Differenzialgleichungen (Kultusministerkonferenz, 2019, S. 39) verlangt werden, i. d. R. realisiert über die Behandlung Gewöhnlicher Differenzialgleichungen im Rahmen der Analysis-Ausbildung. Der Verbundstudiengang bietet nun eine tiefere mathematische Beschäftigung, die sowohl der Theoretischen Physik als auch dem Fach Mathematik selbst dienlich ist. Im zweiten Studienjahr werden daher von den Studierenden Module zur *Vektoranalysis und Funktionentheorie* sowie zu *Gewöhnlichen und Partiellen Differenzialgleichungen* inkl. einem Einblick in die Distributionentheorie, durchgeführt von Dozierenden des Fachs Mathematik, belegt. Beide Module werden exklusiv für den Verbundstudiengang angeboten, was auch seminaristische Veranstaltungsformate ermöglicht, die für Fachmathematikveranstaltungen in den ersten Studienjahren eher ungewöhnlich sind. Insbesondere der selbstständige Umgang mit fachmathematischer Literatur kann hier über den Zeitraum eines Jahres als Kompetenz behutsam aufgebaut werden, was in Vorlesungen mit Übungen oftmals zu kurz kommt.

Angewandte Mathematik verbindet sich mit Physik

Gemäß dem *fortschreitenden Verwachsen* der beiden Fächer wird im Masterstudium eine gemeinsame Veranstaltung angeboten, die die Fachwissenschaften Mathematik und Physik in Verbindung bringt. Inhaltlich fiel die Wahl auf die *Numerik dynamischer Systeme*, insbesondere in Verbindung mit Wetter- und Klimaereignissen. Hier wird auch auf die am Potsdamer Standort bestehende Expertise außeruniversitärer Einrichtungen (Potsdam-Institut für Klimafolgenforschung, Alfred-Wegener-Institut, Deutscher Wetterdienst) sowie den an der Mathematisch-Naturwissenschaftlichen Fakultät neu eingerichteten interdisziplinären Master of Science-Studiengang *Climate, Earth, Water, Sustainability* zurückgegriffen. Die Studierenden erhalten damit die Möglichkeit, Einblicke in ein modernes und gesellschaftlich relevantes Forschungsfeld zu gewinnen, das dennoch anschaulich genug ist, um es auch für den späteren Schulunterricht geeignet darzustellen und auf Exkursionsmöglichkeiten in der Region zurückzugreifen. An einem konkreten Beispiel erlangen sie damit die fachlichen Kompetenzen, auch nichtlineare Dynamik im Unterricht zu behandeln (siehe z. B. Kircher et al., 2020, S. 318 ff.).

Verbindungen zwischen den Fachdidaktiken

Wie in den Fachwissenschaften wird auch in den Fachdidaktiken im Masterstudium eine gemeinsame Lehrveranstaltung durchgeführt. Derartige Veranstaltungskonzepte werden auch schon an anderen Standorten durchgeführt (siehe z. B. Holten & Krause, 2019), jedoch bisher nicht im Rahmen eines verbindenden Studiengangs. Mögliche Verbindungspotenziale stellen Dilling et al. (2019) dar:

- *Auffassungen von Mathematik und Physik*
- *Fachdidaktische und lerntheoretische Prinzipien*
- *Vortheorien*
- *Stoffdidaktik*
- *Modelle und Modellieren*
- *Begriffs- und Konzeptbildung*
- *Problemlösen*
- *Argumentieren und Beweisen*
- *Experimentieren*
- *Kommunizieren und Sprache*
- *Aufgaben im Unterricht*

Die konkrete Ausgestaltung des Masterstudiums erfolgt derzeit, wesentlichen Einfluss auf die thematische Auswahl haben dabei v. a. die Forschungsschwerpunkte der beiden Fachdidaktiken am Standort Potsdam. Insbesondere zu Modellierungs- und Begriffsbildungsprozessen bestehen hierzu sowohl für den Mathematik- als auch den Physikunterricht zahlreiche Erfahrungen (siehe z. B. Etzold, 2021; Massolt et al., 2015). Dabei kann auf ein Modell Bezug genommen werden, in dem das in der Mathematikdidaktik etablierte Grundvorstellungskonzept nach vom Hofe (1995) für physikalische Modellbildungsprozesse adaptiert und spezifiziert wurde (Trump & Borowski, 2012). Es ist geplant, die entsprechende Veranstaltung im Vorfeld des Praxissemesters[3] anzubieten, sodass Forschungsfragen generiert werden, die dann im Rahmen der Schulpraxis erprobt und in der anschließenden Masterarbeit weiterbearbeitet werden können. Dies ähnelt der bei Holten und Krause (2019) dargestellten Struktur, wobei in Potsdam aufgrund der Verbundstruktur die Studierenden bereits als Seminargruppe miteinander vertraut sind und auch im anschließenden Schulpraktikum von Mathematik- und Physikdidaktik gemeinsam durchgeführte Vor-, Nachbereitungs- und Begleitveranstaltungen stattfinden.

3   Organisatorische Maßnahmen

Aufbauend auf und ergänzend zu den inhaltlichen Besonderheiten des Verbundstudiengangs sollen auch verschiedene organisatorische Maßnahmen den Zielen des Studiengangs dienlich sein.

Gruppenbindung

Die ersten Semester im Mathematik- und Physikstudium sind aus Studierendensicht v. a. durch das Lösen von Übungsaufgaben geprägt. Neben einer nicht selten spürbaren Überforderung führt dies jedoch aufgrund der gemeinsamen Arbeit auch zu einer besonderen Art der sozialen Eingebundenheit innerhalb der Studierendenschaft (Liebendörfer, 2018). Der Verbundstudiengang bietet die Möglichkeit, diese Bindung zu stärken, was insbesondere durch die Organisation in einer *festen Seminargruppe* realisiert wird. Dies knüpft auch an die Tradition der Pädagogi-

---

[3]Alle Lehramtsstudierenden in Potsdam führen im Masterstudium ein 14-wöchiges Schulpraktikum durch, das durch Seminare an der Universität sowie Unterrichtsbesuche durch Dozierende begleitet wird.

schen Hochschule Potsdam an, in der entsprechende Studienprogramme in Form von Seminargruppen gestaltet wurden (siehe z. B. Uhlmann, 2016, S. 4), im Verbundstudiengang jedoch in Form eines Angebotes an die Studierenden statt einer von der Universität vorgegebenen Zuordnung.

In Absprache zwischen Mathematik, Physik und den Bildungswissenschaften wird jedes Semester ein *empfohlener Stundenplan* erstellt, der ohne Überschneidungen und in festen Übungsgruppen das Verbundstudium entsprechend dem empfohlenen Studienverlaufsplan ermöglicht. Da die Vorlesungen im ersten Studienjahr gemeinsam mit den *normalen* Mathematik- bzw. Physiklehramtsstudierenden gehört werden, kann dennoch in der Wahl der Übungsgruppen von diesem Stundenplan abgewichen werden, falls Studierende aus individuellen Gründen nicht an den festen Seminargruppen teilnehmen können oder möchten. Ebenso werden die *Prüfungstermine abgestimmt*, sodass es weder zu Überschneidungen noch zu einer übermäßigen Belastung (wie z. B. zwei Klausuren an einem Tag) kommen kann. Durch diese organisatorischen Maßnahmen kann Herausforderungen, die „getrennte" Fächer stets mit sich bringen und teils auch zu Verzögerungen im Studienverlauf führen, im Verbundstudiengang begegnet werden.

Während der Entwicklung des Studienprogramms wurde diskutiert, inwiefern diese festen Gruppen auch in bildungswissenschaftlichen Veranstaltungen beibehalten werden können. Einerseits bieten gemeinsame Erfahrungen sicher spannende Anlässe, fachunabhängige Fragen anzugehen – gleichzeitig sollen die Verbundstudierenden aber auch keine vom restlichen Lehramt an der Universität Potsdam abgesonderte Gruppe darstellen. Gerade Erfahrungen aus anderen Fächern, insbesondere außerhalb des mathematisch-naturwissenschaftlichen Bereichs, können fruchtbar sein. Es wurde daher entschieden, den Studierenden nur ein gemeinsames bildungswissenschaftliches Seminar vorzuschlagen, das am Ende des ersten Studienjahres liegt und der *Begleitung des Orientierungspraktikums* dient. Im Rahmen des dreiwöchigen Orientierungspraktikums reflektieren die Studierenden ihre Rolle der Lehrkraft vor dem Hintergrund der Anforderungen an den Lehrerberuf. Gerade für derartige Reflexionsprozesse beim Rollenwechsel vom Lernenden zum Lehrenden soll die bekannte Seminargruppe Vertrauen schaffen.

Abstimmung der Praxisphasen und Schulkooperationen

Die Lehramtsstudierenden haben, aufbauend auf das *Potsdamer Modell der Lehrerbildung* (1992), fünf Praxisphasen während ihres Studiums: (1) nach dem ersten Studienjahr das bereits erwähnte Orientierungspraktikum, (2) nach dem zweiten

Studienjahr ein Praktikum in pädagogisch-psychologischen Handlungsfeldern im außerschulischen Bereich (begleitet über eine Veranstaltung im Modul *Grundlagen der Inklusionspädagogik*, siehe Abb. 2; durchgeführt z. B. in einem Kindergarten, Sportverein, o. ä.), im dritten Studienjahr (3) sowohl in Mathematik als auch (4) in Physik ihre Fachdidaktischen Tagespraktika (erste selbstständige Unterrichtsversuche in Kleingruppen von fünf Studierenden, begleitet durch die Universität) und (5) im Masterstudium das 14-wöchige Praxissemester.

Neben der möglichen Durchführung des Orientierungspraktikums in der festen Seminargruppe werden auch die Fachdidaktischen Tagespraktika der beiden Fächer eng aufeinander abgestimmt. Wenn es in den jeweiligen Schuljahren organisatorisch mit den Schulen realisiert werden kann, können die Praktika in Mathematik und Physik auch in derselben Schulklasse durchgeführt werden. Dies ermöglicht ein intensiveres Kennenlernen der Schüler*innen, was wiederum gewinnbringende Anlässe für die Unterrichtsgestaltung und -reflexion bietet.

Für einige der Praktika wählen die Studierenden selbst aus, an welcher Schule sie dieses durchführen wollen. Hierzu wurden Kooperationen mit Schulen eingegangen, an denen die Verbundstudierenden bevorzugt für Praktika aufgenommen werden. So ist es möglich, über einen längeren Zeitraum eine bestimmte Schule, deren Umfeld und auch deren Ausstattung kennenzulernen und ggf. sogar mitzugestalten. Gerade in Hinblick auf die Sammlung an Physikexperimenten und Mathematikmaterialien kann dies für Studierende von Bedeutung sein, weil sie dann bspw. im Praxissemester bereits die Ausstattung kennen und sich stärker auf die didaktisch-methodische Planung und Gestaltung des Unterrichts konzentrieren können. Weiterhin soll dadurch das Interesse an ländlichen Regionen gestärkt werden: Die Studierenden lernen Schulen außerhalb des Berliner Umlands kennen und möchten dort ggf. später ihr Referendariat und weitere Jahre als Lehrkraft verbringen. Unterstützt wird dies durch ein Landesstipendium (*Brandenburg-Stipendium Landlehrerinnen und Landlehrer*, o. J.), das Lehramtsstudierende durch eine Verpflichtung von Praxissemester, Vorbereitungsdienst und Lehrtätigkeit an einer Schule in ländlicher Region an diese binden soll.

Innen- und Außendarstellung

Um Studieninteressierte auf den Verbundstudiengang aufmerksam zu machen, wird dieser in der Außendarstellung der Universität Potsdam als besondere Fächerkombination dargestellt und hebt sich damit im Sekundarstufenbereich von allen anderen Fächerkombinationen ab. Dies fördert auch die Sichtbarkeit der „Mangelfächer" Mathematik und Physik und den Studiengang als besondere Maßnahme der Universität Potsdam. Durch die Kooperationen mit den Schulen, an denen Studierende ihre Praktika absolvieren, können auch die Schüler*innen auf die Besonderheiten des Studienganges aufmerksam gemacht werden und so Interesse entwickeln, ggf. ihr Lehramtsstudium in diesen beiden Fächern an der Universität Potsdam zu absolvieren. Der von Mathematik und Physik gemeinsam getragene Fachschaftsrat unterstützt dies durch Informationsveranstaltungen für Schüler*innen. Um weitere Interessierte zu erreichen, bestehen auch Absprachen mit der Potsdamer Agentur für Arbeit, die den Studiengang in Berufsberatungsveranstaltungen integriert. Dass dies auch überregionale Wirkung erzielt, zeigt z. B. ein Verbundstudent des zweiten Studiendurchgangs, der bei einer solchen Veranstaltung in Thüringen auf den Studiengang und damit die Universität Potsdam aufmerksam gemacht worden ist.[4]

Universitätsintern ist der Studiengang insbesondere durch die vielfältigen organisatorischen Absprachen zwischen den Instituten und Fakultäten präsent und kann aufgrund der Verbundstruktur als Pilotierung für innovative Formate genutzt werden (siehe Abschn. „Studieneingangsphase"). Über das vom Zentrum für Lehrerbildung und Bildungsforschung an der Universität Potsdam herausgegebene *Kentron – Journal zur Lehrerbildung* werden weiterhin die inhaltlichen und organisatorischen Maßnahmen dargestellt (Enders, 2020; Etzold, 2020).

4   Strukturelle Maßnahmen

Der Bachelor-Studiengang existiert seit dem Wintersemester 2020/2021 und ist auf 20 Studienplätze ausgelegt, jedoch ohne Zulassungsbeschränkung. Auch das Programm für den Master ist bereits final ausgearbeitet, sodass dieser seit dem Wintersemester 2023/2024 angeboten werden kann. Es ist weiterhin möglich, die Fächer Mathematik und Physik auch *unverbunden* zu studieren, was insbesondere für individuelle Studienverlaufspläne, z. B. wenn der Hochschulstandort oder ein Fach gewechselt wird, aufrechterhalten werden soll.

Neben den zuvor beschriebenen inhaltlichen und organisatorischen Maßnahmen müssen für einen solchen Studiengang auch auf struktureller Ebene Maßnahmen ergriffen werden, die den Erfolg des Verbundstudiengangs langfristig absichern können.

---

[4] Selbstverständlich, erfüllt der Studiengang alle von der KMK vorgegebenen Bedingungen an ein Zwei-Fach-Lehramt und wird damit in allen anderen Bundesländern anerkannt.

Personelle Ausstattung

All die zuvor dargestellten Überlegungen funktionieren nur, wenn entsprechende Ressourcen zur Verfügung gestellt werden. Für den Studiengang wurde eine Koordinationsstelle geschaffen sowie weiteres akademisches und technisches Personal zur Verfügung gestellt: Für Mathematik und Physik je eine Stelle für die Fachausbildung, je eine für die Betreuung der Schulpraktika, eine Stelle mit Schwerpunkt in der Forschung für die Mathematikdidaktik mit Bezügen zur Physikdidaktik und eine Stelle für die technische Leitung der Sammlung für die physikalischen Schulexperimente. Auch eine neu eingerichtete Professur für Didaktik der Mathematik soll in besonderer Weise den Verbundstudiengang verantworten. So stehen für den Studiengang insgesamt bis zu 83 Lehrveranstaltungsstunden pro Semester zur Verfügung, was neben der Betreuung der zusätzlichen Studierenden auch exklusive Lehrveranstaltungen ermöglicht. Über die Koordinationsstelle ist es möglich, die organisatorischen Maßnahmen, insbesondere instituts- und fakultätsübergreifende Absprachen, zu realisieren und die Studierenden in ihrem Studienfortschritt eng zu beraten und zu begleiten.

Verbindende Ordnungen und Gremien

In der Entwicklung des Studiengangs stellte sich auch die Frage, wie dieser innerhalb der universitären Strukturen abgebildet wird. Üblicherweise setzt sich ein Lehramtsstudium für die Sekundarstufen an der Universität Potsdam aus Vorgaben mehrerer fachspezifischer Studien- und Prüfungsordnungen zusammen: Für die Bildungswissenschaften, Schulpraktika und die beiden Fächer. Im Verbundstudiengang wurde bewusst entschieden, nicht nur die Fächer Mathematik und Physik zusammenführen, sondern eine mit allen Modulen des Studiums vereinigte fachspezifische Studien- und Prüfungsordnung zu erstellen (Universität Potsdam, 2020b), in der also auch die Bildungswissenschaften integriert sind. Dies dient einerseits der Außenwirkung als *Verbund*, bringt aber auch für die Studierenden strukturelle Vorteile mit sich. So wird der Immatrikulationsprozess verkürzt, indem direkt der Verbundstudiengang gewählt wird. Außerdem steht für prüfungsrelevante Fragen ein gemeinsamer Prüfungsausschuss zur Verfügung, dessen Mitglieder auch gemeinsam und fächerübergreifend miteinander beraten. Die Studienkommission, die für die Ausarbeitung des Studiengangs zuständig ist, besteht aus Vertreterinnen und Vertretern von Mathematik, Physik und Bildungswissenschaften und muss gemeinsame Entscheidungen zur Ausrichtung des Studiengangs treffen – dies vereinfacht den Prozess keineswegs, aber erhöht durchaus das Ansehen des Studiengangs innerhalb der Universität. Über die Studiengangskoordination, die allen genannten Gremien und den Studierenden unterstützend zur Verfügung steht, werden Absprachen transparent weitergegeben und zentral gesammelt. Um diese strukturelle Abbildung zu ermöglichen, musste auch die übergeordnete Studien- und Prüfungsordnung für das Lehramt angepasst werden (Universität Potsdam, 2020a), wobei eine potenzielle Übertragbarkeit derartiger Verbundstudiengänge auf andere Fächerkombinationen mittels allgemeiner Formulierungen realisiert wurde, z. B. „Für Fächer und Studienbereiche, die aufgrund einer Studien- und Prüfungsordnung im Verbund zu studieren sind, wird ein fach- und studienbereichsübergreifender Prüfungsausschuss bestellt" (Universität Potsdam, 2020a, § 2 Abs. 1).

Studieneingangsphase

Die Stärkung der Studieneingangsphase erfolgt über eine spezifische Veranstaltung für den Verbundstudiengang im ersten Semester sowie weitere unterstützende Angebote der Fakultät.

So ist an der Universität Potsdam für alle Lehramtsstudierenden der Sekundarstufen im ersten Fachsemester eine Veranstaltung zu *Akademischen Grundkompetenzen* vorgesehen, die von den einzelnen Fächern verantwortet wird. Dies gibt im Verbundstudiengang die Möglichkeit, die Veranstaltung spezifisch für die Studierendengruppe zu gestalten. Einerseits werden fachunabhängig Grundlagen zur Literaturrecherche und Quellenarbeit, zum Zeitmanagement und zur Selbstorganisation und in Zusammenarbeit mit den Sprechwissenschaften zu Feedbackverhalten und zur Körpersprache vermittelt. Andererseits werden auch die im ersten Semester sichtbaren Arbeitsweisen der Mathematik und Physik angesprochen, mit fachspezifischer Software gearbeitet und auf einfache Art und Weise Fachbezüge zwischen Mathematik und Physik hergestellt, indem etwa die im Physikpraktikum benötigte lineare Regression aus mathematischer Sicht mithilfe der Analysis und linearen Algebra beschrieben wird. Die Veranstaltung wird von der Studiengangskoordination durchgeführt, um einen regelmäßigen Kontakt zu den Studierenden aufbauen zu können und gerade im ersten Semester Rückmeldungen der Studierenden aufgreifen und an die anderen Dozierenden weitergeben zu können.

Vor Studienbeginn finden die von der Mathematisch-Naturwissenschaftlichen Fakultät organisierten Brückenkurse in Mathematik für alle MINT-Fächer statt, wie sie in ähnlicher Form an vielen anderen Hochschulen im Einsatz sind (Neumann et al., 2017). Diese Unterstützung wird in der Vorlesungszeit durch den *offenen MINT-Raum* fortgeführt – ein am Campus verfügbarer Raum, zu den die Studierenden ohne vorherige Anmeldung vorbeikommen können. Dies umfasst insbesondere eine methodische und inhaltliche Lernberatung als Ergänzung zum Übungsbetrieb der Lehrveranstaltungen. Dabei wird auf Erfahrungen anderer Hochschulen zur Erhöhung des Lernerfolgs durch Lernberatungen und begleiteten offenen Selbsthilfeformaten als Teil eines Maßnahmenpakets zurückgegriffen (Dehling et al., 2014). Die studentischen Tutorinnen und Tutoren werden hierzu in eigenen Veranstaltungen der Universität fortgebildet. Das Angebot des MINT-Raums beschränkt sich allerdings nicht nur auf die Vorlesungszeit, sondern wird auch durch Leuchtturmangebote wie die *Lange Nacht der Klausurvorbereitung* in der vorlesungsfreien Zeit ergänzt. Auf diese Weise haben Studierende die Möglichkeit, ihre Prüfungslast am Ende des Semesters zeitlich zu entzerren und gleichzeitig geschulte Unterstützung bei der Prüfungsvorbereitung zu bekommen. Dies ermöglich bspw. auch das Nachschreiben einer nicht bestandenen Klausur, ohne dass zwangsläufig eine Verzögerung im Studienverlauf entsteht.

5   Zusammenfassung

Absolventenzahlen erhöhen und Lehrkräfte für ländliche Regionen gewinnen – zur Realisierung dieser beiden Hauptziele hat das Land Brandenburg mit der Universität Potsdam den hier vorgestellten Studiengang eingerichtet. Die Anzahl der Neuimmatrikulationen für die Fächerkombination Mathematik/Physik hat sich mit der Einführung des Studiengangs bereits deutlich erhöht (siehe Tab. 1), allerdings auch verbunden mit der Aufhebung des *Numerus Clausus*, der zuvor noch für das Fach Mathematik bestand.

Auch die Bekanntheit des Studiengangs in der Region ist vorhanden, wie Rückmeldungen einzelner Schulen zeigen (So wurde ich beispielsweise im Rahmen einer schulpraktischen Lehrveranstaltung mit folgenden Worten begrüßt: „Ihr habt da doch jetzt diesen besonderen Studiengang in Potsdam. So habe ich früher auch studiert.").

Die nächsten Jahre werden zeigen, ob tatsächlich die Quote bzw. absolute Zahl der Absolventinnen und Absolventen erhöht werden kann. Tendenzen sind diesbezüglich noch nicht erkennbar – erschwerend kommt auch hinzu, dass der Studienstart im Wintersemester 2020/21 in die Corona-Phase fiel und alle Lehr-, Lern- und Gruppebildungsprozesse in den virtuellen Raum verschoben werden mussten.

Tab. 1 Immatrikulationszahlen im 1. Fachsemester für die Fächerkombination Mathematik/Physik im Bachelor-Lehramt an der Universität Potsdam (ab 2020/2021 klassische Kombination + Verbundstudiengang)

2015/2016	2016/2017	2017/2018	2018/2019	2019/2020	2020/2021	2021/2022
13	11	12	12	9	39 (17 + 22)	41 (13 + 28)

Neben derart bildungspolitischen Interessen bietet die konkrete Ausgestaltung des Verbundstudiengangs jedoch auch auf inhaltlicher und organisatorischer Ebene vielfältige Anlässe zur Evaluation und Begleitforschung, zum Beispiel:

- *Welche Wirkung erzielt das Fach Mathematik auf die Rechenkompetenzen innerhalb der Physik – auch im Vergleich zu Physikstudierenden ohne Mathematik – und welche Wirkung erzielt die Veranstaltung zu den Rechenmethoden auf die in den Fachmathematikveranstaltungen erworbenen Kompetenzen?*
- *Inwiefern beeinflussen die einzelnen inhaltlichen Maßnahmen die Sicht der Verbundstudierenden zur Rolle der Mathematik in der Physik und umgekehrt?*
- *Inwieweit eignen sich die Inhalte zur Numerik dynamischer Systeme, um Fachbezüge zwischen Mathematik und Physik auf wissenschaftlicher Ebene in einem Lehramtsstudium zu vermitteln?*
- *Welchen Einfluss hat die Gruppenbindung auf die Motivation und den Studienerfolg der Verbundstudierenden?*
- *Welche weiteren Maßnahmen können aus der Erfahrung des Verbundstudiengangs generiert werden, auch in Zusammenhang mit den von der Kultusministerkonferenz (2021) formulierten Empfehlungen zur Stärkung des Lehramtsstudiums in Mangelfächern?*

Mit diesem Beitrag sollen Interessierte eingeladen werden, ähnliche Programme oder einzelne Aspekte davon an ihren Standorten auszuprobieren, für einen Austausch mit uns in Kontakt zu treten und mit uns gemeinsam oder über unseren Studiengang zu forschen.

Literatur

Aktive Campusschulen-Netzwerke. (2021). https://www.uni-potsdam.de/de/campusschulen/campusschulen-netzwerke/aktive-campusschulen-netzwerke. Zugegriffen am 23.01.2022.

Anweiler, O. (1990). *Wissenschaftliches Interesse und politische Verantwortung: Dimensionen vergleichender Bildungsforschung.* In J. Henze, W. Hörner, & G. Schreier, (Hrsg.). VS Verlag für Sozialwissenschaften. https://doi.org/10.1007/978-3-322-95936-2

Ausschuss für Bildung, Jugend und Sport Land Brandenburg. (2018). *Vorstellung der Schüler- und Lehrermodellrechnung 2018 durch das Ministerium für Bildung, Jugend und Sport. 42. Sitzung (ABJS) am 18.10.2018, Ausschussprotokoll 6/42.* https://www.parlamentsdokumentation.brandenburg.de/starweb/LBB/ELVIS/parladoku/w6/apr/ABJS/42-005.pdf. Zugegriffen am 23.01.2022.

Bachelor of Education – Mathematik und Physik im Verbund. Empfohlener Studienverlaufsplan. (2021). https://www.uni-potsdam.de/fileadmin/projects/mnfakul/Dokumente_und_Übersichten/Studium_und_Lehre/MaPhy-Dokumente/MaPhy-BEd-Verlauf_und_Module.pdf. Zugegriffen am 23.01.2022.

Brandenburg-Stipendium Landlehrerinnen und Landlehrer. (o.J.). https://mbjs.brandenburg. de/bildung/lehrerin-lehrer-in-brandenburg/lehrkraefte-grundstaendige-ausbildung/lehramtsstudium/brandenburg-stipendium-landlehrerinnen-und-landlehrer.html. Zugegriffen am 23.01.2022.

Dehling, H., Glasmachers, E., Griese, B., Härterich, J., & Kallweit, M. (2014). MP² – Mathe/ Plus/Praxis: Strategien zur Vorbeugung gegen Studienabbruch. *Zeitschrift für Hochschulentwicklung, 9*(4), 39–56. https://doi.org/10.3217/ZFHE-9-04/03

Deutsche Physikalische Gesellschaft e.V. (2014). *Zur fachlichen und fachdidaktischen Ausbildung für das Lehramt Physik.* https://www.dpg-physik.de/veroeffentlichungen/publikationen/studien-der-dpg/pix-studien/studien/lehramtstudie-2014.pdf. Zugegriffen am 23.01.2022.

Deutscher Bundestag (Hrsg.). (2000). *Protokolle der Volkskammer der Deutschen Demokratischen Republik.* VS Verlag für Sozialwissenschaften. https://doi.org/10.1007/978-3-322-97483-9

Dilling, F., Holten, K., & Krause, E. (2019). Explikation möglicher inhaltlicher Forschungsgegenstände für eine Wissenschaftskollaboration der Mathematik- und Physikdidaktik – Eine vergleichende Inhaltsanalyse aktueller deutschsprachiger Handbücher und Tagungsbände. *mathematica didactica, 41.* http://www.mathematica-didactica.com/Pub/md_2019/ md_2019_Dilling_Holten_Krause.pdf. Zugegriffen am 23.01.2022.

Döbert, H. (1994). *Wege zur Hochschule in der DDR: Eine bildungsgeschichtliche Dokumentation.* Deutsches Institut für Internationale Pädagogische Forschung.

Enders, J. (2020). Fachmathematik in Zeiten des Lehramtsausbaus. *Kentron – Journal zur Lehrerbildung, 34*, 22–23.

Etzold, H. (2020). Nachwuchs muss her. Innovativer Lehramtsstudiengang Mathematik/Physik. *Kentron – Journal zur Lehrerbildung, 34*, 17–21.

Etzold, H. (2021). *Neue Zugänge zum Winkelbegriff. Fachdidaktische Entwicklungsforschung zur Ausbildung des Winkelfeldbegriffs bei Schülerinnen und Schülern der vierten Klassenstufe* [Dissertation, Universität Potsdam]. https://doi.org/10.25932/publishup-50418

Grigutsch, S., Raatz, U., & Törner, G. (1998). Einstellungen gegenüber Mathematik bei Mathematiklehrern. *JMD, 19*, 3–45. https://doi.org/10.1007/BF03338859

Hochschulvertrag MWFK – Universität Potsdam. (2019). https://mwfk.brandenburg.de/ sixcms/media.php/9/HSV_UNIP_2019.pdf. Zugegriffen am 23.01.2022.

vom Hofe, R. (1995). *Grundvorstellungen mathematischer Inhalte.* Spektrum Akademischer.

Holten, K., & Krause, E. (2019). InForM PLUS vor der Praxisphase – Zwischenbericht eines interdisziplinären Elements in der Lehramtsausbildung an der Universität Siegen. In M. Degeling, N. Franken, S. Freund, S. Greiten, D. Neuhaus, & J. Schellenbach-Zell (Hrsg.), *Herausforderung Kohärenz: Praxisphasen in der universitären Lehrerbildung. Bildungswissenschaftliche und fachdidaktische Perspektiven* (S. 259–273). Julius Klinkhardt. https://doi.org/10.25656/01:17264

Kircher, E., Girwidz, R., & Fischer, H. E. (Hrsg.). (2020). *Physikdidaktik | Methoden und Inhalte.* Springer. https://doi.org/10.1007/978-3-662-59496-4

Klose, K.-H. (1948). Wechselbeziehung zwischen Mathematik und Physik. *Physik Journal, 4*(9), 384–386. https://doi.org/10.1002/phbl.19480040905

Krey, O. (2012). *Zur Rolle der Mathematik in der Physik: Wissenschaftstheoretische Aspekte und Vorstellungen Physiklernender.* [Dissertation], Universität Potsdam. https://publishup.uni-potsdam.de/frontdoor/index/index/docId/5748. Zugegriffen am 23.01.2022.

Kultusministerkonferenz. (2019). *Ländergemeinsame inhaltliche Anforderungen für die Fachwissenschaften und Fachdidaktiken in der Lehrerbildung.* https://www.kmk.org/fileadmin/Dateien/veroeffentlichungen_beschluesse/2008/2008_10_16-Fachprofile-Lehrerbildung.pdf. Zugegriffen am 23.01.2022.

Kultusministerkonferenz. (2020). *Lehrereinstellungsbedarf und -angebot in der Bundesrepublik Deutschland 2020–2030 – Zusammengefasste Modellrechnungen der Länder.* https://www.kmk.org/fileadmin/Dateien/pdf/Statistik/Dokumentationen/Dok_226_Bericht_LEB_LEA_2020.pdf. Zugegriffen am 23.01.2022.

Kultusministerkonferenz. (2021). *Empfehlungen der Kultusministerkonferenz zur Stärkung des Lehramtsstudiums in Mangelfächern.* https://www.kmk.org/fileadmin/veroeffentlichungen_beschluesse/2021/2021_12_09-Lehrkraefte-Mangelfaecher.pdf. Zugegriffen am 23.01.2022.

Liebendörfer, M. (2018). Psychologische Grundbedürfnisse im frühen Mathematikstudium. In Fachgruppe Didaktik der Mathematik der Universität Paderborn (Hrsg.), *Beiträge zum Mathematikunterricht 2018* (S. 1171–1174). WTM. https://doi.org/10.17877/DE290R-19511

Massolt, J., Nowack, A., Trump, S., & Borowski, A. (2015). *Mathematisches Modellieren im Physikunterricht. Erfolgreiche SuS vs. Nicht-erfolgreiche SuS.* In Christian Maurer (Hrsg.), Authentizität und Lernen – das Fach in der Fachdidaktik. Gesellschaft für Didaktik der Chemie und Physik. Jahrestagung in Berlin 2015. Universität Regensburg (S. 464–466). https://doi.org/10.25656/01:12125

Metropolregion-BerlinBrandenburg-Infrastruktur.svg: Broadway, & derivative work: Nord-NordWest. (2012). *Karte Metropolregion Berlin-Brandenburg.svg.* https://commons.wikimedia.org/wiki/File:Karte_Metropolregion_Berlin-Brandenburg.svg?uselang=de. Zugegriffen am 23.01.2022.

Neumann, I., Pigge, C., & Heinze, A. (2017). Mathematische Lernvoraussetzungen für MINT-Studiengänge aus Sicht der Hochschulen. Eine empirische Studie mit Hochschullehrenden. *Mitteilungen der Deutschen Mathematiker-Vereinigung, 25*(4), 240–244. https://doi.org/10.1515/dmvm-2017-0070

Potsdamer Modell der Lehrerbildung. (1992). https://www.uni-potsdam.de/fileadmin/projects/zelb/Dokumente/Publikationen/Potsdamer_Modell_der_Lehrerbildung.pdf. Zugegriffen am 23.01.2022.

Trump, S., & Borowski, A. (2012). Mathematikkompetenz beim Lösen von Physikaufgaben. *Beiträge der DPG-Frühjahrstagung – Didaktik der Physik.* DPG-Frühjahrstagung – Didaktik der Physik, Mainz. http://phydid.physik.fu-berlin.de/index.php/phydid-b/article/download/360/505. Zugegriffen am 23.01.2022.

Uhlmann, S. (2016). Studieren im Umbruch. *Portal alumni Das Ehemaligen-Magazin der Universität Potsdam, 13,* 4–6.

Universität Potsdam. (2020a). *Neufassung der allgemeinen Studien- und Prüfungsordnung für die lehramtsbezogenen Bachelor- und Masterstudiengänge an der Universität Potsdam (BAMALA O) vom 30. Januar 2013 i. d. F. der Fünften Satzung zur Änderung der Neufassung der allgemeinen Studien- und Prüfungsordnung für die lehramtsbezogenen Bachelor- und Masterstudiengänge an der Universität Potsdam (BAMALA-O) – Lesefassung.* https://www.uni-potsdam.de/fileadmin/projects/ambek/Amtliche_Bekanntmachungen/2021/ambek-2021-02-042-072.pdf. Zugegriffen am 23.01.2022.

Universität Potsdam. (2020b). *Fachspezifische Studien- und Prüfungsordnung für das Bachelorstudium in den Fächern Mathematik und Physik im Verbund für das Lehramt für die Sekundarstufen I und II (allgemeinbildende Fächer) an der Universität Potsdam.* https://www.uni-potsdam.de/fileadmin/projects/ambek/Amtliche_Bekanntmachungen/2020/ambek-2020-14-785-789.pdf. Zugegriffen am 23.01.2022.

Vollrath, H.-J., & Roth, J. (2012). In F. Padberg (Hrsg.), *Grundlagen des Mathematikunterrichts in der Sekundarstufe* (2. Aufl.). Spektrum Akademischer. https://doi.org/10.1007/978-3-8274-2855-4

Schattenbilder – Ein Lernsetting zum fächerverbindenden Lehren und Lernen in der Primarstufe

Kathrin Holten und Amelie Vogler

1 Einleitung

Der Mathematikunterricht der Grundschule scheint mit Blick auf einschlägige Lehrwerke durch Phänomene und den Umgang mit Material geprägt zu sein. Begriffsbildung geschieht hier i. d. R. an und mit realen Gegenständen, was lerntheoretisch beschreibbar (Glasersfeld, 2000; Piaget, 1969) und mathematikdidaktisch gestützt ist (Dilling, 2022; Hefendehl-Hebeker, 2016; Schlicht, 2016; Schneider, 2023). Auch die Bildungsstandards fordern für die Vermittlung allgemeiner mathematischer Kompetenzen eine gebotene „Offenheit für die individuellen kindlichen Prozesse der Aneignung von Mathematik" (KMK, 2022, S. 7), was einen empirischen Mathematikunterricht bildungspolitisch legitimiert. Hefendehl-Hebeker (2016, S. 16) betont die psychologisch legitime und aus

K. Holten (✉)
Pädagogische Hochschule Kärnten, Klagenfurt, Österreich
E-Mail: kathrin.holten@ph-kaernten.ac.at

A. Vogler
Institut für Didaktik der Mathematik, Universität Bielefeld, Bielefeld, Deutschland
E-Mail: amelie.vogler@uni-bielefeld.de

einer mathematikhistorischen Perspektive gerechtfertigte, ontologische Bindung der Gegenstände des Mathematikunterrichts an die Realität und in ihrer Aufzählung verschiedener Inhaltsbereiche ist die Geometrie „auf das Erkennen und Beschreiben von Strukturen in unserer Umwelt und somit auf den dreidimensionalen Anschauungsraum bezogen". Der von Hefendehl-Hebeker angeführte Anschauungsraum, unsere Erfahrungswelt, ist physikalischen Gesetzen unterworfen. Daher lohnt sich zur didaktischen Aufbereitung entsprechender mathematikhaltiger Phänomene für den Mathematikunterricht unseres Erachtens zumindest ein sog. Fächerübergriff (Beckmann, 2003, S. 8) in die Physik.[1] In diesem Beitrag werden daher an einem Lernsetting zum Phänomen Schatten für die Primarstufe exemplarisch Chancen und Herausforderungen dieser fächerverbindenden Zugangsweise als Beispiel für einen „empirisch-orientierten Mathematikunterricht" (Pielsticker, 2020) herausgearbeitet, der in Kooperation mit dem Fach Sachunterricht[2] Lehrkräften und Lernenden eine fächerverbindende Perspektive auf Phänomene ihrer Erfahrungswelt eröffnen soll. Hiermit kommt man auch alltäglichem Problemlösen sehr nahe, da dieses häufig transdisziplinär erfolgt.

Eine Charakterisierung der oben angedeuteten Zugangsweise zur Mathematik und eine Verortung dieser im Ansatz der empirischen Theorien zur Beschreibung von Schüler*innenwissen motiviert in den folgenden Abschnitten unser Erkenntnisinteresse am Beispiel des Lernsettings Schattenbilder. Wir skizzieren dann die allgemeinen curricularen Vorgaben der Fächer Mathematik und Sachunterricht hinsichtlich deren Ansprüche an eine Fächerverbindung. Unsere Forschungsfrage,

---

[1] Unser Lernsetting würde sowohl nach Beckmann (2003) als auch nach Peterßen (2000) als fächerverbindend charakterisiert, was eine intensive Kooperation der beteiligten Fächer bedeutet. Aber auch eine weniger enge Zusammenarbeit im Sinne eines Fächerübergriffs von der Mathematik beispielsweise in die Physik ist aus unserer Sicht aus den angeführten Gründen lohnend.

[2] Wir sehen die Disziplinen Physik und Physikdidaktik als Bezugsdisziplinen der Sachunterrichtsdidaktik, die insbesondere Erkenntnisse für das Lehren und Lernen physikalischer Phänomene in der Primarstufe bereithält.

inwiefern das Phänomen der Entstehung eines Schattens[3] einen tragfähigen[4] Zugang zu zweidimensionalen Darstellungen von Körpern bietet, untersuchen wir in einer interpretativen Analyse ausgewählter Daten einer qualitativ-explorativen Erprobung des Lernsettings mit zwei Viertklässlerinnen. Dabei identifizieren wir Chancen und Herausforderungen beim ehrlichen Umgang mit physikalischen Phänomenen oder Materialien im Mathematikunterricht der Primarstufe. Dies wollen wir durch eine fachdidaktischverbindende (Holten, 2022) Reflexion des Lernsettings Schattenbilder in diesem Beitrag erreichen.

2   Theoretische Einbettung

Die Bindung der Lerngegenstände an die Erfahrungswelt der Schüler*innen

In einem Mathematikunterricht, der insbesondere zu Handlungen mit und an realen Gegenständen – wir nennen sie empirische Objekte[5] – anregt, erwerben die Lernenden eine empirische Auffassung von Mathematik (bspw. Pielsticker, 2020; Schiffer, 2019; Struve, 1990; Witzke, 2009). Der Begriff empirisch charakterisiert in diesem Sinne den in den zitierten Arbeiten beschriebenen Mathematikunterricht, weil er auf den sinnlichen Erfahrungen der Lernenden mit und an empirischen Objekten gründet. Eine Folgerung aus der Arbeit Witzkes lautet, dass Lernende in einem empirischen Mathematikunterricht eine sog. tragfähige empirische Auffassung von Mathematik erwerben können, wenn sie angeregt werden, neue Erkenntnisse auf Grundlage bereits erworbenen Wissens zu erklären (Witzke, 2009,

---

[3] Wir nennen das Phänomen in diesem Beitrag bewusst „Entstehung des Schattens" und versuchen weitestgehend auf den etablierten Begriff des „Schattenwurfs" zu verzichten, um die im Begriff angelegte Fehlvorstellung nach Haagen-Schützenhöfer und Hopf (2018) zu vermeiden, der Gegenstand werfe einen Schatten wie etwas Dingliches von sich weg auf die Projektionsfläche (siehe hierzu auch Diskussion der Lernvoraussetzungen für das Lernsetting Schattenbilder aus physikdidaktischer Perspektive in Abschn. „Notwendige Lernvoraussetzungen seitens der Lernenden").

[4] Tragfähig ist der Zugang, wenn die Phase der Wissenserklärung (vgl. Abschn. „Die Bindung der Lerngegenstände an die Erfahrungswelt der Schüler*innen") stattfindet.

[5] Genau genommen sind die realen Gegenstände nur eine Teilmenge der empirischen Objekte. So ist das blaue Würfelgebäude in der in Abb. 2 dargestellten Situation ein realer Gegenstand und empirisches Objekt des Settings. Die Darstellung eines Würfelgebäudes in dynamischer Geometriesoftware wie der L-Körper in Abb. 4 ist auch ein empirisches Objekt. Als realen Gegenstand würden wir dieses, auf dem Bildschirm eines digitalen Endgeräts sichtbare Objekt jedoch nicht bezeichnen.

S. 359). Ein von Struve (1990) und Witzke (2009) methodisch antizipierter Drei-
schritt zur Initiierung von Erkenntnisprozessen im empirischen Mathematikunterricht beinhaltet unter Berücksichtigung der Vorgehensweise historischer Mathematiker*innen und als Reaktion auf den Archetypus des sog. pure Empiricist nach
Schoenfeld (1985) die folgenden drei Phasen:

1. *Wissensentdeckung: Entwicklung einer Hypothese in Auseinandersetzung mit*
   empirischen Objekten
2. *Wissenssicherung: (Experimentelle) Überprüfung der Hypothese*
3. *Wissenserklärung: Begründung der Gültigkeit der Hypothese*

Eine tragfähige mathematische Wissensentwicklung ist dabei maßgeblich durch
die Fähigkeit der Lernenden geprägt, die Gültigkeit einer Hypothese bzw. Aussage
anhand logischer Ableitungen[6] auf Grundlage ihres Vorwissens beurteilen zu können. Es versteht sich, dass dieses Wissen angelehnt an konsensuales schul-
mathematisches Wissen normativ gesetzt ist, nicht zuletzt durch Lehrpläne und
Schulbücher. Des Weiteren folgen wir der These, dass Schüler*innen empirische
Theorien[7] über die im Mathematikunterricht eingesetzten Objekte erwerben. Dabei
ist es irrelevant, ob die Lehrkraft die Objekte bewusst oder unbewusst zur Theoriebildung in den Unterricht einbringt. Zur Unterscheidung definiert Pielsticker:

> „Empirisch-orientierter Mathematikunterricht ist ein Mathematikunterricht, in dem
> die Lehrkraft die bewusste didaktische Entscheidung (im präskriptiven Sinne) trifft in
> Konzeption und Durchführung mit empirischen Objekten […] als den mathematischen
> Objekten des Mathematikunterrichts zu arbeiten. Die empirischen Objekte (z. B. ma-
> nipulierte Spielwürfel oder Zeichenblattfiguren) dienen im Unterricht nicht zur Ver-
> anschaulichung eigentlich abstrakter mathematischer Begriffe, sondern die Objekte
> sind die Gegenstände des Unterrichts – werden bewusst im Sinne einer definitorischen
> Referenzbeziehung verwendet. Diese Unterrichtskonzeption ist abzugrenzen vom (im
> deskriptiven Sinne) empirischen Mathematikunterricht, (hier ist allein entscheidend,
> ob Schülerinnen und Schüler Mathematik über empirische Theorien erwerben, nicht
> ob er auch dementsprechend konzipiert wurde)" (Pielsticker, 2020, S. 44–45).

Die angenommenen empirischen Theorien der Schüler*innen über empirische
Gegenstände des Mathematikunterrichts können aus deren Handlungen und Inter-

---

[6] In der Primarstufe sind altersangemessene Ansprüche an die Art der Argumentation zu stellen. Ein formaler Beweis ist hier nicht zu erwarten.

[7] Der Begriff der empirischen Theorie stammt aus dem sog. strukturalistischen Theorienkonzept, das Suppes initiierte und Sneed weiterführte, um erfahrungswissenschaftliche
Theorien, wie beispielsweise aus der Physik, darzustellen (Stegmüller, 1987).

aktionen rekonstruiert werden (Burscheid & Struve, 2009). Wir sagen dann, ein Kind verhält sich so, als würde es über eine bestimmte empirische Theorie verfügen. Dilling (2022) hat in diesem Zusammenhang das CSC-Modell entwickelt, das zwischen der Intention der Entwickler*innen eines Lernsettings (Lehrende) und der Perspektive der Rezipienten (Lernende) unterscheidet.

„Der Begriff *Concept* steht somit im Verhältnis zu dem von den ein Setting entwickelnden oder auswählenden Personen (z. B. eine konkrete Lehrperson im Unterricht sowie die Autorinnen und Autoren des verwendeten Schulbuches) akzeptierten mathematischen Wissen, während *Conception* die individuelle Theorie einer Person, z. B. einer Schülerin oder eines Schülers, beschreibt" (Dilling, 2022, S. 108).

Bei der Beschreibung der Chancen und Herausforderungen in Auseinandersetzung mit dem unten beschriebenen Lernsetting Schattenbilder unterscheiden wir zwischen dem Concept und der Conception. Denn der Fokus dieses Beitrags richtet sich auf die Diskussion eines fächerverbindenden Zugangs zum Themenbereich geometrische Körper und ihre (zweidimensionalen) Darstellungen in der Primarstufe, welcher das Verhältnis von Mathematik- und Physik bzw. Sachunterricht in authentischer Weise anspricht und offen ist für mathematische Fragestellungen aber auch für solche Fragestellungen der Kinder, die das Material bzw. der Kontext auf natürliche Weise anregt. Unsere Vermutung ist, dass die Fragen, die sich aus dem Umgang mit dem Material ergeben, im derzeitigen Mathematikunterricht der Primarstufe auf der Ebene des Concepts keine Berücksichtigung finden, auf der Ebene der Conception hingegen relevant sein können.

Curriculare Vorgaben und weitere Ansprüche an Fachunterricht und Fächerverbindung in der Primarstufe

Die Bildungsstandards für das Fach Mathematik sehen Phänomene aus dem Alltag Lernender als Ausgangspunkt für mathematische Kompetenzentwicklung. „Der Mathematikunterricht der Grundschule greift die frühen mathematischen Alltagserfahrungen der Kinder auf, vertieft und erweitert sie und entwickelt aus ihnen grundlegende mathematische Kompetenzen" (KMK, 2004, S. 6). Sie knüpfen damit an bis heute tradierte Forderungen einer noch jungen mathematikdidaktischen Community an. Mit der ersten der drei „Grunderfahrungen", die ein allgemeinbildender Mathematikunterricht allen Schüler*innen ermöglichen soll (Winter, 1995), ist Mathematik in Anwendungssituationen für Schüler*innen erfahrbar zu machen. Authentische Anwendungen dieser Art sind jedoch in Schulbüchern oder auch in weiteren Lehr-Lern-Materialen rar. Hier werden stattdessen viele Lernumgebungen angeboten, die diese Forderung nur oberflächlich bedienen (Jahnke, 2005). Die alternative Wertvorstellung, die Kontexte ernst zu nehmen, kann durch die Entwicklung, Implementation und Evaluation solcher fächerverbindender Lernsettings bedient werden, die eine Fragestellung bzw. ein Problem von zwei Fächern aus, z. B. der Mathematik und dem Sachunterricht, betrachten.[8] In der Primarstufe wird das Erschließen von Naturphänomenen bzw. das Untersuchen physikalischer Regelhaftigkeiten der naturwissenschaftlichen Perspektive des Sachunterrichts (GDSU, 2013) zugeordnet. Um der oben geschilderten Forderung nach Alltagsphänomenen im Mathematikunterricht gerecht zu werden, böte sich daher u. E. zumindest ein Fachübergriff, z. B. auf Phänomene aus dem Sachunterricht, an. Beckmann unterscheidet in ihrem Modell vier progressive Stufen der Kooperation:

> „Die Stufen 1 und 2 sind zum Beispiel dadurch gekennzeichnet, dass lediglich über das Fach hinaus *gegriffen* wird, während bei den Stufen 3 und 4 die Kooperation auf einer *Verbindung* der Fächer beruht. Dies führt zu der Unterscheidung *fächerübergreifend* und *fächerverbindend*" (Beckmann, 2003, S. 8).

Unser Lernsetting adressiert nach dieser Definition Stufe vier. Denn das Thema Schattenbilder kann „umfassend nur in Zusammenarbeit vieler Fächer erarbeitet werden" (Beckmann, 2003, S. 10). Sowohl nach Beckmann aber auch nach Peterßen (2000) würde das Lernsetting Schattenbilder als fächerverbindend charakterisiert unter Beteiligung der Disziplinen Mathematik, Physik und Sachunterricht. Winter und Walther (2011) definieren Fächerübergriff als mehrperspektivische Bearbeitung eines Themas:

> „Man spricht von einem fachübergreifenden (gelegentlich auch: fächerübergreifenden) Unterricht, wenn die mehrperspektivische Bearbeitung eines Themas in einem Fach erfolgt, indem die Grenzen des Faches, z. B. des Mathematikunterrichts, in der genannten Weise überschritten werden und die erweiterten Perspektiven aus anderen Fächern in den Mathematikunterricht eingebracht werden. Die durch das betreffende Fach bestimmte und damit auch eingegrenzte Perspektive bei der Bearbeitung des Themas wird dabei in dem Fach mit Erkenntnissen und Methoden aus anderen Fächern verbunden" (Winter & Walther, 2011, S. 111–112).

---

[8] Gerade auch mit Blick auf die Sekundarstufe scheint sich der Effekt, dass Lernumgebungen den Anspruch, Mathematik in authentischen Anwendungssituation erfahrbar zu machen, nur oberflächlich bedienen, zu verfestigen, da die mathematischen Inhalte und somit auch die Anwendungskontexte komplexer werden. Hier möchten wir auf konstruktive Analysen von Schulbuchaufgaben, wie z. B. die Tomatenparabel in Stoffels (2017), oder auf die Entwicklung eigener Lernsettings zu Realitätsbezügen im Mathematikunterricht, wie z. B. mit Spielzeugeisenbahnen in Holten et al. (2022), für die Sekundarstufen verweisen.

Nach Jonen et al. (2007) kann der Sachunterricht als Beispiel für die Integration einer Fülle von disziplinären Themen in einem Schulfach gesehen werden. Die Autor*innen schreiben, dass in die aktuelle Konzeption des Sachunterrichts die exemplarisch-genetisch-sokratische Methode nach Wagenschein eingegangen ist. Die Schüler*innen sollen demnach von ganzheitlichen Alltagswahrnehmungen und Alltagswissen ausgehend immer wieder neu konstruierte Erklärungsmodelle für (natur- und sozialwissenschaftliche) Phänomene ihrer Lebenswelt entwickeln. Im Perspektivrahmen Sachunterricht (GDSU, 2013) wird der Bildungsanspruch des Sachunterrichts wie folgt beschrieben: Er solle die Schüler*innen dabei unterstützen, sich in ihrer Umwelt zurechtzufinden, diese angemessen zu verstehen und mitzugestalten, systematisch und reflektiert zu lernen und Voraussetzungen für späteres Lernen zu erwerben (S. 2). Johnen et al. (2007) halten weiterhin fest, dass dieser Anspruch, zur bildungswirksamen Erschließung der (natürlichen, sozialen und technischen) Umwelt beizutragen, den Sachunterricht vor eine besondere curriculare Herausforderung stelle. Die Inhalte des Sachunterrichts berühren Gebiete, für die verschiedene natur- und sozialwissenschaftliche Disziplinen fachliches fundiertes Wissen und methodisch bewährte Verfahren zur Verfügung stellen (ebd.). Der Perspektivrahmen bietet außerdem eine Orientierung für die Ausgestaltung dieses Faches. Es werden folgende fünf (Fach-)Perspektiven vorgeschlagen: Die sozial- und kulturwissenschaftliche, die raumbezogene, die naturbezogene, die technische und die historische Perspektive. Wobei hervorgehoben wird, dass diese nicht getrennt und unabhängig voneinander zu interpretieren seien. Denn Aufgabe des Sachunterrichts sei es, die den Perspektiven zugeordneten Inhalte und Methoden sinnvoll miteinander zu vernetzen, um übergreifende Zusammenhänge erfassbar zu machen (GDSU, S. 3). Damit ist die vom Perspektivrahmen Sachunterricht vorgeschlagene Organisationsstruktur des Sachunterrichts in ihrer praktischen Umsetzung nah an der Dimension des fächerübergreifenden Unterrichts bei Peterßen.

„Typisch für fächerübergreifenden Unterricht ist, dass auch er letzten Endes die in der Realität nötige Zusammenschau von Informationen den Lernenden überlässt. Fächerübergreifender Unterricht folgt ausschließlich einem additiven Organisations- und Lernprinzip. Alle beteiligten Fächer liefern ihre je besonderen Informationen zu einem ausgewählten Thema in einem begrenzten, überschaubaren Zeitraum" (Peterßen, 2000, S. 80).

Als Kern eines fächerübergreifenden Unterrichts, wie ihn die aktuelle Konzeption des Sachunterrichts für die Primarstufe vorsieht, muss das ganzheitliche, individuelle Lernen im Sinne der Erschließung eines Kontextes seitens der Lernenden als ein Ideal angesehen werden, dass nur durch die mehrperspektivische Sicht auf den

Lerngegenstand und/oder die Methode in Auseinandersetzung mit dem Unterrichtsthema seitens der Lehrenden erreicht werden kann. Wobei unter einer mehrperspektivischen Sicht auf den Lerngegenstand und/oder die Methode in Auseinandersetzung mit dem Unterrichtsthema ein Einbezug verschiedener Fachdisziplinen bzw. Fachdidaktiken verstanden werden muss.

Unser Erkenntnisinteresse

Wir motivieren unser Erkenntnisinteresse mit einer kleinen Schreibtischinspektion, zu der wir die Leser*innen einladen und die zeigt, inwiefern fächerverbindende Lerngelegenheiten zum Inhaltsbereich Raum und Form in exemplarisch ausgewählten Schulbüchern und Begleitmaterialien Begriffsbildung an Material bzw. Phänomenen anregen. Ein fächerverbindend konzipierter Sach- und Mathematikunterricht kann als realitäts-orientierter Unterricht bezeichnet werden, der „insbesondere empirische Objekte aus Theorien anderer wissenschaftlicher Disziplinen, wie beispielsweise der Physik, didaktisch aufbereitet und als Gegenstände des Mathematikunterrichts einsetzt" (Holten, 2022, S. 368). Der Begriff des realitätsorientierten Mathematikunterrichts ist an den von Pielsticker (2020) eingeführten Begriff des empirisch-orientierten Mathematikunterrichts angelehnt. Holtens These, dass die Ermöglichung einer tragfähigen Wissensentwicklung in einem realitäts-orientierten Mathematikunterricht, der insbesondere physikalische Phänomene nutzt, den Einbezug zusätzlichen kontextspezifischen inhaltlichen und didaktischen Wissens seitens der Lehrkraft voraussetzt (Holten 2022, S. 369), ist übertragbar auf den in diesem Beitrag skizzierten Zugang zu zweidimensionalen Darstellungen eines geometrischen Körpers über das Phänomen der Entstehung eines Schattens. Die Aufarbeitung der zugrunde liegenden sachunterrichtsdidaktischen, hier der fachinhaltlichen physikalischen, Grundlagen dieses Phänomens gehört demnach ebenso zur Vorbereitung dazu, wie eine mathematikdidaktische Aufbereitung des Themas Projektionen vom dreidimensionalen Raum in eine zweidimensionale Bildebene. Dies geschieht in Abschn. „Ansicht versus Schattenbild – Parallelprojektion und Zentralprojektion als Abbildungsverfahren in der darstellenden Geometrie" dieses Beitrags. Denn vor dem Hintergrund der empirischen Theorien und dem realitäts-orientierten Mathematikunterricht ist der Einsatz empirischer Objekte im Unterricht immer in Verbindung mit definitorischen Referenzbeziehungen zu sehen (wie eine gerade Linie auf dem Zeichenblatt als Referenzobjekt für „Strecke" oder die Faltkante einer achsensymmetrischen Faltfigur als Referenzobjekt für „Symmetrieachse") und explizit nicht zur Einkleidung oder bloßen Anwendung mathematischer Zusammenhänge. In manchen Schulbüchern und Unterrichtsmaterialien Ihrer Schreibtischinspektion können Sie solche Einkleidungen vielleicht identifizieren. Die im Unterricht thematisierten Phänomene – wie hier die Entstehung eines Schattens – sollten also von der Lehrkraft insbesondere physikalisch durchdrungen sein, um bedeutungshaltige Fragestellungen, die sich den Lernenden aus dem Kontext heraus in natürlicher Weise stellen, begegnen zu können. Diese Anforderung kann auch im vorliegenden Beitrag als Ausgangspunkt gesehen werden, um die Herausforderungen in der Umsetzung vieler angebotener Lernumgebungen zu überwinden.

Eine Autorin des vorliegenden Beitrags (A.V.) beschäftigt sich mit dem in Abschn. „Das fächerverbindende Lernsetting „Schattenbilder" in der Primarstufe" dargelegten Lernsetting im Rahmen ihres Dissertationsprojektes, welches u. a. Fragestellungen hinsichtlich der mathematischen Begriffsentwicklung von Lernenden der Primarstufe in Auseinandersetzung mit empirischen Settings nachgeht. U. a. die unten dargestellte qualitativ-explorative Erprobung des Lernsettings Schattenbilder (siehe Abschn. 4) bildet in der Arbeit Voglers den Ausgangspunkt für die Beschreibung und Untersuchung der Handlungen und Interaktionen von Schüler*innen in solch einem fächerverbindenden Setting, welches den bereits genannten Anspruch verfolgt, das Phänomen der Schattenentstehung für die Schüler*innen in einem physikalischen Anwendungskontext erfahrbar zu machen. Inwiefern das Phänomen der Entstehung eines Schattens mathematisch tragfähige Wissensentwicklung zu zweidimensionalen Darstellungen von Körpern ermöglicht, soll in diesem Beitrag zur Beschreibung von Chancen und Herausforderungen beim ehrlichen Umgang mit physikalischen Phänomenen oder Material im Mathematikunterricht der Primarstufe führen.

3 Körper und ihre zweidimensionalen Darstellungen – typische Zugänge in Unterrichtsmaterialien und das Lernsetting „Schattenbilder"

In diesem Abschnitt wenden wir uns dem geometrischen Inhaltsbereich Raum und Form der Primarstufe zu. Das curriculare Ziel, dass Schüler*innen, Körpern und Bauwerken ihre zweidimensionalen oder dreidimensionalen Darstellungen zuordnen können (Ministerium für Schule und Bildung des Landes Nordrhein-Westfalen, 2021), wird dort häufig durch Spielsituationen bzw. physikalische Anwendungssituationen realisiert. Die Szene „Schattenbox" (siehe Abb. 1), als ein gelungener Repräsentant für Lerngelegenheiten aus Schulbüchern und Begleit-

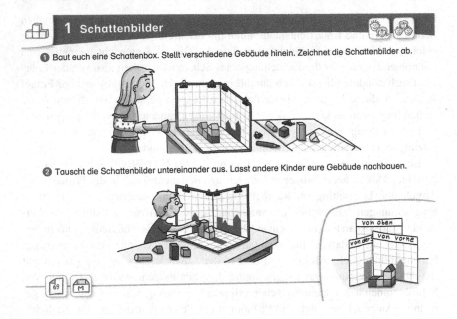

Abb. 1 Szene „Schattenbox" (Lengnink & Helmerich 2013)

materialien für den Mathematikunterricht der Primarstufe,[9] motiviert die Beschäftigung mit dem Phänomen Schatten als Zugang zu Körpern und ihren zweidimensionalen Darstellungen. Aus Perspektive des naturwissenschaftlichen Lehrens und Lernens in der Primarstufe (GDSU, 2013) sowie der ersten Grunderfahrung
nach Winter (1995) bietet die dargestellte Situation weitere Lerngelegenheiten, wie
das (zielgerichtete) Untersuchen durch Beobachten und Beschreiben des Schattens
eines Würfelgebäudes oder die Entdeckung der Ursachen für die Veränderung
eines Schattenwurfes. Diese, in Unterrichtsmaterialien angebotenen, Anwendungssituationen greifen wir auf als Ausgangspunkt unserer Betrachtung eines fächerverbindenden Lehrens und Lernens in der Primarstufe am Beispiel der Verbindung
von Mathematik- und Sachunterricht.

Auf die in den Unterrichtsmaterialien illustrierten Anwendungssituationen zum
Schatten als eine mögliche zweidimensionale Abbildung eines dreidimensionalen

---

[9] Siehe zum Beispiel auch die vom Klett-Verlag vorgeschlagenen Materialien bzw. Kopiervorlagen zum inklusiven Fördern: https://grundschul-blog.de/schattenbilder-geometrie-zum-
anfassen/(letzter Zugriff: 22.06.23) oder der Artikel „Bauen in der Schattenbox" von Pöhls
(2015) in der Zeitschrift „Grundschule Mathematik".

Körpers kann seitens der Lehrenden eine mehrperspektivische Sicht durch den Einbezug der Mathematik- und Physikdidaktik eingenommen werden. Anknüpfend an die in Abschn. „Curriculare Vorgaben und weitere Ansprüche an Fachunterricht und Fächerverbindung in der Primarstufe" dargelegten Ansprüche an einen zumindest fächerübergreifenden Sach- und Mathematikunterricht in den Standards, reflektieren wir zunächst, inwiefern den Lernenden durch Anwendungssituationen und damit verbundenen Aufgabenstellungen eine ganzheitliche, entdeckungsoffene Erschließung des physikalischen Phänomens der Entstehung eines Schattens und somit die Initiierung mathematischer und physikalischer Wissensentwicklungsprozesse ermöglicht werden. Hierzu analysieren wir, zu welchem Zweck bzw. mit welcher Zielsetzung die Anwendungssituation „Schattenbox" in den Unterrichtsmaterialien für die Primarstufe aufgegriffen werden können (vgl. Abschn. „Mögliche Ziele beim Einsatz der Schattenbox in der Primarstufe"). Daran anknüpfend arbeiten wir die fachinhaltliche Perspektive auf, indem wir die Parallel- und Zentralprojektion als Abbildungsverfahren in der darstellenden Geometrie thematisieren und zwischen dem Phänomen der Ansicht eines Körpers und dem Schatten bzw. Schattenbild eines Körpers aus fachdidaktischverbindender Perspektive unterscheiden (vgl. Abschn. „Ansicht versus Schattenbild – Parallelprojektion und Zentralprojektion als Abbildungsverfahren in der darstellenden Geometrie").

Mögliche Ziele beim Einsatz der Schattenbox in der Primarstufe

Die Schattenbox sowie die Spielidee zum Bauen von Gebäuden aus geometrischen Körpern, wie Würfelgebäuden, unter Vorgabe der Vorder- und Seitenansicht werden in verschiedenen Unterrichtsmaterialien für den Mathematikunterricht der Primarstufe aufgegriffen. Die Ziele sind in allen die gleichen: Zum einen ist es die Förderung des räumlichen Vorstellungsvermögens und zum anderen das Kennenlernen von Ansichten einzelner Körper und von Ansichten einzelner, aus diesen Körpern zusammengesetzter Gebäude. In den Handreichungen bzw. Kommentaren zum Einsatz der Spielidee „Bauen nach Schatten" Spürnasen Mathekartei (Lengnink & Helmerich, 2015) heißt es, dass bei diesem Spiel besonders die verschiedenen Seitenansichten von geometrischen Körpern bzw. aus Körpern zusammengesetzten Gebäuden erfahren und geübt werden. Beim Nachbauen sind die Schüler*innen aufgefordert, Würfel bzw. geometrische Körper genauso auf dem mit einem Gitternetz markierten Boden der Schattenbox zu platzieren, dass sie zu den zwei, an den

Wänden der Schattenbox abgebildeten Schattenbildern passen. Als Abwandlungen der Projektarbeit zur Schattenbox finden sich in den verschiedenen Unterrichtsmaterialien auch Kopiervorlagen vorgegebener Paare aus Vorder- und Seitenansicht von Gebäuden aus geometrischen Körpern (dargestellt als Schattenbild), zu welchen die Schüler*innen ein passendes Gebäude bauen sollen.

Helmerich & Lengnink (2016) beschreiben, dass für die Vorstellung der Dreitafelprojektion eines Körpers, das heißt Aufriss (Vorderansicht), Seitenriss (Seitenansicht) und Grundriss (Draufsicht), die Idee helfe, sich diese als Schatten eines Körpers auf hinter dem Körper liegende Projektionsflächen vorzustellen. Als Lichtquelle müsse man sich jedoch eine Apparatur vorstellen, die gleichmäßige, zueinander parallele Lichtstrahlen erzeugt (Helmerich & Lengnink, 2016). Diese Idee liegt der Projektarbeit zur Schattenbox des Lehrwerks Spürnasen (Lengnink & Helmerich, 2013) zugrunde. In ihrer Handreichung schreiben Lengnink und Helmerich (2015), dass die Schüler*innen eine Schattenbox aus Kartonpapier basteln und mittels einer Taschenlampe eigene Gebäude aus geometrischen Holzfiguren von vorne und von der Seite anleuchten, sodass auf den Wänden der Schattenbox Schatten entstehen. Diese Schatten sollen die Lernenden auf Karoraster abzeichnen und dokumentieren, um welche Ansicht es sich jeweils handelt. Andere Kinder können diese Zeichnungen dann nutzen, um dazu passende Gebäude aus den Holzkörpern nachzubauen. Dazu können sie die Zeichnungen an der Innenwand ihrer Schattenbox festklammern. Mithilfe der Taschenlampen können die Kinder anschließend experimentell überprüfen, inwieweit sie richtig gebaut haben. Lengnink und Helmerich (2015) halten fest, dass die Lernenden bei der Bearbeitung dieser Aufträge „die Erfahrung [machen], welche Schatten die geometrischen Körper erzeugen und dass unterschiedliche geometrische Körper den gleichen Schatten haben können (z. B. Zylinder und Quader)" (S. 94). Was die Idee von Lengnink und Helmerich besonders spannend macht, ist das Alleinstellungsmerkmal der Ergebnisoffenheit der Projektarbeit mit der Schattenbox. Denn sie betonen den „experimentellen Charakter" (S. 94) der Projekte und schlagen vor, den Lernenden weitere Erfahrungen dieser Art zu ermöglichen. Dazu sollen die Schüler*innen einen Würfel so mit der Taschenlampe anleuchten, dass er unterschiedliche Schatten erzeugt. Dabei können die Lernenden entdecken, dass Größe und Form des Schattens immer vom Einfallswinkel der Taschenlampe abhängig sind. Lengnink und Helmerich (2015) weisen explizit darauf hin, dass sich hierzu zahlreiche Versuche im Sachunterricht beim Thema Licht und Schatten durchführen ließen. Eine erste Exploration ihrer Idee, den Schatten eines Würfelgebäudes als Schattenbild auf die dahinterliegende Projektionsfläche zu übertragen, zeigt, dass sich der Schatten aufgrund der kegelförmigen Ausbreitung des Lichtes und der Position der Taschenlampe von der intendierten Ansicht des Körpers unterscheidet (vgl. Abb. 2). Zur Unterscheidung der Begriffe Ansicht, Schatten und Schattenbild siehe Tab. 1.

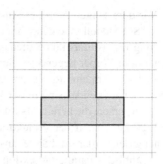

Abb. 2 Fotodokumentation der Exploration des Schattenwurfs eines Würfelgebäudes auf eine hinter dem Gebäude stehende Projektionsfläche (links) und Konstruktion der Vorderansicht desselben Würfelgebäudes auf Karoraster ohne Hervorhebung sichtbarer od. verdeckter Kanten (rechts)

Tab. 1 Erklärung der mit dem Lernsetting in Verbindung stehenden spezifischen Begriffe

Begriff	Bedeutung
Körper	Die im Setting angebotenen empirischen Objekte, wie Würfel, Quader, Pyramide, Kegel, Prisma, usw. (vgl. Abb. 7)
Gebäude	Ein aus den angebotenen Körpern zusammengesetzter Körper
Ansicht	Die Bilder eines geometrischen Körpers, die durch eine senkrechte Parallelprojektion in eine Ebene konstruiert werden (z. B. Aufriss, Seitenriss und Grundriss der Dreitafelprojektion; vgl. Abb. 3)
Schatten	Das von einer Lichtquelle auf einer Projektionsfläche erzeugte Phänomen, wenn einzelne Körper oder Gebäude zwischen Lichtquelle und Projektionsfläche positioniert werden; also die auf dem Schirm sichtbaren Schatten. Zu Ansichten ähnliche Schatten können erzeugt werden, wenn der Versuchsaufbau laut Abb. 6 eine Positionierung der Körper oder Gebäude mit ihrem Zentrum (Körpermittelpunkt) im Strahlengang, der orthogonal zur Projektionsfläche ausgerichtet ist, erlaubt
Schattenbild	Die ikonische Darstellung eines Schattens (vgl. Abb. 8)
Vermutung bzw. Aufstellen einer Vermutung	Steht für das Bilden einer Hypothese darüber, welche(n) Schatten ein bestimmter Körper oder ein bestimmtes Gebäude erzeugt oder erzeugen könnte bzw. welche Körper oder welche Gebäude zu vorgegebenen Schattenbildern ähnliche Schatten erzeugen oder erzeugen könnten
Überprüfung bzw. Überprüfen einer Vermutung	Die empirische Überprüfung der Vermutung, ob ein Körper oder Gebäude im vorbereiteten Versuchsaufbau einen erwarteten Schatten tatsächlich erzeugt

Vor dem Hintergrund des Ansatzes der empirischen Theorien und mit Bezug zum CSC-Modell möchten wir an dieser Stelle anmerken, dass es sich bei der Vorstellung der Vorder- und Seitenansicht eines Körpers als Schattenbilder auf eine hinter dem Körper liegende Projektionsfläche aus der Perspektive der (wissenden) Lehrperson, um eine Idealisierung der Situation durch Parallelprojektion handelt. Diese Schattenbilder sind in der Praxis als Schatten nicht zu erzeugen. Aus Sicht der Lehrperson, die bereits über das mathematische Wissen einer Parallelprojektion verfügt, ist der auf der Projektionsfläche entstehende Schatten eine Veranschaulichung der Vorder- und Seitenansicht des Körpers (siehe Abschn. „Ansicht versus Schattenbild – Parallelprojektion und Zentralprojektion als Abbildungsverfahren in der darstellenden Geometrie"). Sie stellt sich dabei vor, dass die Lichtstrahlen als paralleles Strahlenbündel auf den Körper auftreffen, sodass ein Schatten nach den Gesetzen der Parallelprojektion auf der hinter dem Körper liegenden Fläche entsteht (Concept im CSC-Modell). Mit Blick auf die Lernenden der Primarstufe, welche den Begriff der Vorder- und Seitenansicht erst erlernen und womöglich noch nicht über explizite Modellvorstellungen zum Phänomen der Lichtausbreitung (wie z. B. das Strahlenmodell) verfügen, stellen sich folgende Fragen:

- *Welche Bedeutung nimmt das Schattenbild eines Körpers in der mathematischen Begriffsentwicklung der Lernenden ein?*
- *Welche Bedeutung des Begriffs Ansicht entwickeln die Lernenden in Auseinandersetzung mit der Schattenbox?*
- *Wie erklären die Lernenden die Entstehung des Schattens eines Körpers auf eine hinter dem Körper liegende Projektionsfläche?*
- *Inwiefern übertragen die Lernenden dies auf die Konstruktion der Ansicht eines Körpers?*

Wir fragen hier also nach dem Wissen, das die Lernenden in diesen spezifischen Anwendungssituationen aktivieren und (weiter)entwickeln (Conception im CSC-Modell). Um sich diesen Fragen nähern zu können, thematisieren wir im nachfolgenden Abschnitt die inhaltlichen Grundlagen dieser Anwendungssituationen (Setting im CSC-Modell) aus mathematik- sowie physikdidaktischer Sicht.

Ansicht versus Schattenbild – Parallelprojektion und Zentralprojektion als Abbildungsverfahren in der darstellenden Geometrie

Aus inhaltlicher bzw. fachdidaktischer Sicht möchten wir an dieser Stelle erläutern, inwiefern das Schattenbild als zweidimensionale Abbildung eines dreidimensionalen

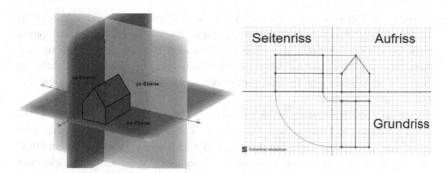

Abb. 3 Räumliche Anordnung der Projektionsebenen (links, erstellt mit GeoGebra) und Dreitafel-Projektion des Hauses (rechts). (Abbildungen entnommen aus dem interaktiven GeoGebra-Buch „Elemente der Geometrie" von Gero Stoffels (verfügbar unter: https://www.geogebra.org/m/h7dveghj#material/rwuetha3; letzter Zugriff: 14.09.2023))

Körpers gesehen werden kann in Abgrenzung zur Ansicht eines Körpers. Die darstellende Geometrie beschäftigt sich mit der Frage, wie man räumliche geometrische Figuren in der zweidimensionalen (Zeichen-)Ebene so darstellen kann, dass die Anschauung als räumliches Objekt teils erhalten bleibt und dabei geometrische Maße ablesbar oder rekonstruierbar sind (Helmerich & Lengnink, 2016). Dafür werden Abbildungsverfahren verwendet, die Körper in eine Bildebene überführen. Diese Verfahren nennt man Projektionen. Eine Klasse von Projektionen sind die Parallelprojektionen, bei welchen die Projektionsstrahlen parallel zueinander verlaufen und senkrecht oder in einem festgelegten (schrägen) Winkel auf die Projektionsebene treffen. Als Projektionsebenen werden üblicherweise die xy-, yz-, und/oder xz-Ebene verwendet (vgl. Abb. 3).

Durch die Projektion wird der Raum R^3 in die xy-, yz- oder xz-Ebene abgebildet. Ein Körper im Raum ist eine Teilmenge von R^3 und dieser wird durch die Projektion auf eine Teilmenge der Ebene R^2 abgebildet (Bild eines Körpers). Die Bilder, die durch eine senkrechte Parallelprojektion in diese drei Ebenen entstehen, werden auch als Aufriss (bzw. Vorderansicht), Seitenriss (bzw. Seitenansicht) und Grundriss (bzw. Draufsicht) eines Körpers bezeichnet. Formal lassen sich der Aufriss P_A, der Seitenriss P_S und der Grundriss P_G als Abbildungen wie folgt darstellen (Helmerich & Lengnink, 2016):

$$P_G : \mathbb{R}^3 \to \mathbb{R}^2 \; mit \; P_G\left(x\middle|y\middle|z\right) \mapsto \left(x\middle|y\middle|0\right)$$

$$P_A : \mathbb{R}^3 \to \mathbb{R}^2 \; mit \; P_A\left(x\middle|y\middle|z\right) \mapsto \left(0\middle|y\middle|z\right)$$

$$P_S : \mathbb{R}^3 \to \mathbb{R}^2 \; mit \; P_S\left(x\middle|y\middle|z\right) \mapsto \left(x\middle|0\middle|z\right) .$$

Diese Abbildungen sind surjektiv, da jedem Bildpunkt in R^2 mindestens ein Urbildpunkt in R^3 zugeordnet ist. Sie sind jedoch nicht injektiv, da einem Bildpunkt mehr als ein Urbildpunkt zugeordnet ist. Dies ist z. B. dann der Fall, wenn eine Kante eines geometrischen Körpers orthogonal zur Projektionsebene steht. In diesem Fall besitzen jene Punkte, die auf der Kante des Körpers liegen, einen gemeinsamen Bildpunkt.

Bei der Zentralprojektion handelt es sich, im Unterschied zur Parallelprojektion, um eine Klasse von Projektionen, bei welchen die Projektionsstrahlen alle durch ein gemeinsames Zentrum verlaufen. Räumliche Objekte werden also von einem Punkt aus auf eine Ebene projiziert (Helmerich & Lengnink, 2016). Zentralprojektionen sind zwar besonders anschaulich, jedoch wenig maßgerecht, nicht teilverhältnistreu und auch nicht parallelentreu. Helmerich & Lengnink (2016) halten diesbezüglich fest, dass diese Darstellung unserer Erfahrungswelt „einen sehr realistischen Eindruck [erzeugt], da wir sowohl durch die Geometrie unseres Sehens als auch durch die alltägliche Betrachtung von Fotos […], die auch Zentralprojektionen sind, an diese Form der Darstellung gewöhnt und im „Lesen" solcher Abbildungen so geübt sind, dass sich der räumliche Eindruck sofort einstellt" (S. 216).

Auch der Schatten eines Körpers, welcher durch eine herkömmliche Taschenlampe erzeugt wird (vgl. Abb. 2), ist den Gesetzmäßigkeiten einer Zentralprojektion unterworfen. Den Schatten, den ein Körper auf eine hinter dem Körper liegende ebene Fläche wirft, wenn er von einer Lichtquelle angeleuchtet wird, kann in der Strahlenoptik (auch geometrische Optik genannt) wie folgt erklärt werden. Die Ausbreitung des Lichtes wird hier durch einzelne Lichtstrahlen beschrieben, wobei die Wellennatur des Lichts und damit zusammenhängende Phänomene vernachlässigt werden (Roth & Stahl, 2019). Unter der idealisierenden Annahme, dass eine Taschenlampe eine punktförmige Lichtquelle ist, wird der Lichtkegel einer Taschenlampe in der Strahlenoptik als scharf begrenztes Bündel an in einem Punkt zusammenlaufenden Lichtstrahlen beschrieben. Somit wirft ein im Lichtkegel einer Taschenlampe stehender Körper auf eine hinter dem Körper liegende Fläche einen Schatten, dessen Größe und Form sich nach den Gesetzmäßigkeiten der Zentralprojektion beschreiben lässt. Dies gilt auch für den in Abb. 2 abgebildeten Schatten eines Würfelgebäudes. Die parallel zur Projektionsfläche liegenden Kanten und Seitenflächen des Würfelgebäudes werden, bei entsprechender Position der Lichtquelle, im Schatten vergrößert abgebildet. In Abb. 4 wird der Unterschied des Schattens eines L-förmigen Würfelgebäudes zur der entsprechenden auf Karoraster abgebildeten Vorderansicht besonders deutlich. Durch die Modellierung der Schattenentstehung mittels der Konstruktion von „Randstrahlen des Schattens", ergibt sich auf der parallel zu den „vorderen" und „hinteren" Seitenflächen des

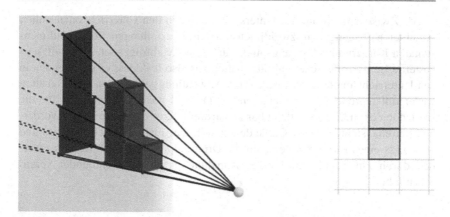

Abb. 4 Modellierung der Schattenentstehung eines L-förmigen Würfelgebäudes in GeoGebra (links) und Konstruktion der Vorderansicht dieses Gebäudes in GeoGebra (rechts)

L-Körpers liegenden Projektionsfläche (hellgrau in Abb. 4) eine ebene Figur (siehe schwarz ausgefüllte Flächen in Abb. 4 links), welche sich sowohl in der Form als auch in den Maßen von der entsprechenden Vorderansicht des Würfelgebäudes unterscheidet (siehe Konstruktion der Vorderansicht in Abb. 4 rechts). Je kleiner der Abstand zwischen Lichtquelle und Körper, desto größer wird der Schatten. Daher werden die in der Konstruktion des Würfelgebäudes blau markierten, gleichlangen Kanten des Würfelgebäudes, im Schatten in unterschiedlicher Länge abgebildet. Die Länge der abgebildeten Kanten lässt sich durch Anwendung der Strahlensätze bestimmen. In der Vorderansicht des Würfelgebäudes, einer Parallelprojektion, werden diese Kanten (ebenfalls blau markiert) wegen der zugrunde liegenden parallelen Projektionsstrahlen in gleicher Größe wie am Objekt selbst (Urbild) abgebildet.

Der Vergleich des Schattenbildes, als Darstellung des durch den Schatten eines Körpers auf eine hinter dem Körper liegende Projektionsfläche entstehenden Bildes nach den Gesetzen der Zentralprojektion, mit der Vorder- bzw. Seitenansicht eines Körpers, als ein Abbild des Körpers nach den Gesetzen der Parallelprojektion, zeigt deutliche Unterschiede auf. Als Resultat halten wir fest, dass es sich bei den Darstellungen der Schattenbilder in den oben abgebildeten Unterrichtsmaterialien um Idealisierungen der geometrischen Körper bzw. Gebäude nach den Gesetzmäßigkeiten der Parallelprojektion handelt, welche sich von den realen Schatten auf einer Projektionsfläche durch Anwendung einer Taschenlampe als Lichtquelle unterscheiden.

Als Zwischenfazit unserer Untersuchung des in den Unterrichtsmaterialien gesichteten Zugangs zu zweidimensionalen Darstellungen von dreidimensionalen Körpern und Ausgangspunkt für das im nachfolgenden Abschnitt dargestellte Lernsetting Schattenbilder halten wir also fest, dass es sich bei den in den Unterrichtsmaterialien illustrierten Anwendungssituationen zum Schatten weder um reproduzierbare Schatten der (Würfel-)Gebäude noch um für die Lernenden explizit nachvollziehbar konstruierte bzw. rekonstruierbare Vorder- und Seitenansichten dieser Gebäude handelt. Der mathematische Aufriss und Seitenriss eines Körpers (Elemente der Dreitafelprojektion des Körpers) werden durch ein Schattenbild unter Annahme paralleler Lichtbündel veranschaulicht.

Das fächerverbindende Lernsetting „Schattenbilder" in der Primarstufe

Aus erkenntnistheoretischer Perspektive möchten wir zur Diskussion stellen, wie eine tragfähige Wissensentwicklung (vgl. Abschn. „Die Bindung der Lerngegenstände an die Erfahrungswelt der Schüler*innen") im Themenbereich Körper und ihre zweidimensionalen Darstellungen in der Primarstufe angeregt werden kann, welche spezifischen Chancen und Herausforderungen beim Einsatz des nachfolgend dargelegten fächerverbindenden Lernsettings Schattenbilder auftreten und wie diese sinnstiftend für die weitere Wissensentwicklung genutzt werden können. Das in diesem Abschnitt dargelegte Lernsetting adressiert einen fächerverbindenden Mathematik- und Sachunterricht ab der dritten Jahrgangsstufe.

Eigenheiten des Lernsettings aus verschiedenen fachdidaktischen Perspektiven

Wir stellen zunächst die aus den verschiedenen Perspektiven der beteiligten Disziplinen relevanten Aspekte des Lernsettings dar. Beginnend bei den Lernzielen und den notwendigen Voraussetzungen betrachten wir auch Begrifflichkeiten und mögliche Hürden im Lernprozess im Zusammenhang mit den geplanten Inhalten und Methoden. Abschließend formulieren, wir basierend auf unseren Erfahrungen in den Erprobungen des Lernsettings, Empfehlungen zur Umsetzung im Unterricht.

Definition der Lernziele

Die Lernziele werden hier exemplarisch nach den curricularen Vorgaben des Landes Nordrhein-Westfalen formuliert, da das Lernsetting in einer Grundschule in NRW erprobt wurde. Eine Übertragung auf die Standards anderer Länder ist möglich.

Ziele aus mathematikdidaktischer Perspektive

Mit Bezug zum Lehrplan NRW für die Grundschule für das Fach Mathematik (Ministerium für Schule und Bildung des Landes Nordrhein-Westfalen, 2021) lässt sich für das Lernsetting Schattenbilder folgendes Lernziel definieren:

1. Die Schüler*innen ordnen Körpern und Gebäuden ihre zweidimensionalen oder dreidimensionalen Darstellungen zu.

Ziele aus physikdidaktischer Perspektive

Mit Bezug zur naturwissenschaftlichen Perspektive im Perspektivrahmen Sachunterricht (GDSU, 2013) lassen sich diese zwei Lernziele für das Lernsetting Schattenbilder definieren:

1. *Die Schüler*innen nehmen das Phänomen der Entstehung eines Schattens differenziert wahr und untersuchen es hinsichtlich seiner Eigenschaften und physikalischen Regelhaftigkeiten.*

Unter diesem Lernziel verstehen wir das Beobachten und Beschreiben des Phänomens sowie das Formulieren von Vermutungen und Deutungen basierend auf dem Vorwissen der Schüler*innen.

2. *Die Schüler*innen erarbeiten den „Versuch" als ein naturwissenschaftliches Verfahren, indem sie Vermutungen aufstellen, beobachten, messen und dokumentieren. Sie entwickeln Erklärungsmodelle für die Ursachen der Veränderung eines Schattens.*

Unter diesem Lernziel verstehen wir die eigenständige Durchführung und Auswertung eines zuvor durch die Lehrkraft eingeführten Versuchs zum Phänomen Schatten sowie das Formulieren von Erklärungen, für die im Versuch bestätigten oder widerlegten Vermutungen.

Notwendige Lernvoraussetzungen seitens der Lernenden

Lernvoraussetzungen aus mathematikdidaktischer Perspektive
Die Lernenden, an welche sich das in diesem Beitrag dargestellte Lernsetting richtet, sollen bereits über Vorwissen zu Eigenschaften (u. a. Anzahl der Ecken, Kanten, Flächen und Form der Seitenflächen) der nachfolgend aufgelisteten geometrischen Körper verfügen: Würfel, Quader, Kugel, Pyramide, Zylinder, Kegel und (Dreiecks-)Prisma. Außerdem sollen sie ebene Figuren wie Kreis, Rechteck, Quadrat, Dreieck benennen und deren Eigenschaften (u. a. Anzahl und Längen der Seiten und Beziehung der Seiten zueinander) kennen. Denn im Lernsetting Schattenbilder können die Schüler*innen ihr Wissen über die genannten geometrischen Körper bzw. aus diesen Körpern zusammengesetzten Gebäude und die Eigenschaften solcher Gebäude (u. a. Anzahl der Ecken, Kanten und Flächen, Form der Seitenflächen) weiterentwickeln. Außerdem können sie bei der Beschreibung der auftretenden Schatten die ihnen bekannten Formen nutzen und durch die Rückführung auf ihre Eigenschaften erklären, ob ein Körper ein vorgegebenes Schattenbild als Schatten auf einer Projektionsfläche erzeugt bzw. erzeugen könnte.

Lernvoraussetzungen aus physikdidaktischer Perspektive
Die Lernenden verfügen über die genannten mathematischen Kenntnisse und Fähigkeiten hinaus bereits über Alltagserfahrungen und Vorstellungen zum Themenbereich Optik bzw. dem physikalischen Zusammenhang von Licht und Schatten. Sie können Lichtquellen wie die Sonne, eine eingeschaltete Deckenleuchte oder Taschenlampe als notwendige Voraussetzung für das Sehen der durch sie beleuchteten Gegenstände benennen. Sie identifizieren Gegenstände im Lichtkegel als Ursache für Schatten. Hierzu gehört es insbesondere, dass sie die geradlinige Ausbreitung des Lichts ausgehend von seiner Quelle annehmen. Eine Kenntnis des Begriffs der Lichtstrahlen ist in diesem Zusammenhang von Vorteil. Entsprechende Präkonzepte entwickeln sich bei der Beobachtung oder Erzeugung von Licht und Schatten in alltäglichen Situationen, wie dem Anzünden und Löschen einer Kerze oder Lampe in einem abgedunkelten Raum, dem Beobachten von Schatten unter einer Lichtquelle, wie der Schreibtischlampe, dem Spaziergang im Abendlicht oder dem Umgehen mit einer Taschenlampe.

Zum Thema Licht und Schatten wurden bereits verschiedene Schülervorstellungen und Präkonzepte erfasst, die das physikalische Phänomen nicht angemessen beschreiben. Bei jüngeren Grundschüler*innen konnte beispielsweise die Überall-Licht-Vorstellung (bzw. „Lichtbadvorstellung" Schecker et al., 2018, S. 98) formuliert werden. Bis zum Übergang in die Sekundarstufe I auftretend konnte die Vorstellung von Sehstrahlen formuliert werden (Schecker et al., 2018, S. 97–98). Derartige Schülervorstellungen oder Präkonzepte stehen den oben formulierten Lernvoraussetzungen entgegen.

Wiesner (2004) leitet aus einer schriftlichen und mündlichen Befragung von Zweit-, Dritt- und Viertklässler*innen fünf verschiedene Kategorien von Schülervorstellungen zum Schattenphänomen ab:

1. *Schatten als Abbild des Gegenstandes/Gestaltähnlichkeit*
2. *Räumlich geometrische Korrelation von Gegenstand und Schatten*
3. *Korrelation von Gegenstand, Schatten und Lichtquelle*
4. *Schatten dort, wo intensives Licht vorhanden*
5. *Korrelation von Gegenstand und Lichtquelle*

In einem Lehrbuch zu Schülervorstellungen und Physikunterricht unterscheiden Wodzinski und Wilhelm (2018) folgende (Fehl-)Vorstellungen zur Schattenbildung:

- Schatten gehört zum Gegenstand: *Alle Gegenstände haben einen Schatten, er ist fest mit Gegenstand verbunden. Licht ist nur eine Voraussetzung, um den Schatten besser sehen zu können. Der Schatten wird von Schüler*innen direkt hinter dem Gegenstand erwartet, ohne eine explizite Angabe, von welchem Standpunkt aus der Schatten beobachtet wird.*
- Schatten sind Abbilder: *Schüler*innen erwarten, dass der Schatten ein genaues Abbild des Gegenstands darstellt, wobei mögliche Verzerrungen nicht berücksichtigt werden.*
- Schatten sind schwarz: *Schatten entsteht beim Auftreffen des Lichtes, das Licht in Wechselwirkung mit dem Gegenstand bewirkt eine Schwarzfärbung des Schattens. Der Kernschatten bei Verwendung mehrerer Lampen wird als Überlagerung zweier Schatten interpretiert.*

Haagen-Schützenhöfer und Hopf (2018) fassen in ihrer Ausführung zu Schülervorstellungen zur geometrischen Optik zusammen, dass sich die Vorstellungen über Schatten in verschiedenen Altersgruppen unterscheiden und dass dieser Sachverhalt grundsätzlich wenig Schwierigkeiten bereite, vor allem da die geradlinige Ausbreitung von Licht gut akzeptiert sei. Sie werfen jedoch die Problematik auf, was als Schatten konzeptualisiert werde. Dies lässt sich nach Haagen-Schützenhöfer und Hopf (2018) auf ontologischer und sprachlicher Ebene diskutieren. Die ontologische Dimension beziehe sich auf die Unterscheidung von dem wahrnehmungsbezogenen und dem physikalischen Phänomen. Eine (Fehl-)Vorstellung, die nicht nur Schüler*innen der Primarstufe zeigen, ist, dass Schatten als materielle Substanz beschrieben wird, anstatt Schatten als Fehlen von Licht zu interpretieren. Diese Bedeutung von Schatten als einer Substanz werde durch Begriffe und Redewendungen wie „einen Schatten werfen" oder „der Schattenspender" unterstützt. Redewendungen wie „das ist mein Schatten" oder „Gegenstände haben einen Schatten" tragen zu der (Fehl-)Vorstellung bei, der Schatten sei ein fester Bestandteil eines Körpers. Licht ist demnach für die Schattenbildung nur eine weitere oder keine Voraussetzung. Haagen-Schützenhöfer und Hopf (2018) schlagen für den Unterricht eine „sprachliche Differenzierung zwischen Schattenraum und Schlagschatten (bzw. Schattenbild, Schattenprojektion)" (S. 100) vor, um Verständnisproblemen entgegenzuwirken. Verwirrung stifte auch die nicht getroffene Unterscheidung zwischen dem „Schatten als lichtfreiem bzw. weniger intensiv beleuchtetem Raumabschnitt einerseits, der durch das Abblocken der Lichtströmung durch ein undurchsichtiges Objekt entsteht" und andererseits der „Tatsache, dass Teile von Körpern nicht beleuchtet werden" (ebd.). Im Zusammenhang mit zweidimensionalen Schattenbildern ergebe sich die Schwierigkeit, dass Lernende diese mit klassischen Abbildungen der Objekte verbinden und so unabhängig von der Anordnung von Lichtquelle, Objekt und Projektionsfläche ein Schattenbild erwarten würden, welches die typische Form des Objektes wiedergibt (Haagen-Schützenhöfer & Hopf, 2018).

Identifizierung von fachdidaktischen Gemeinsamkeiten und Unterschieden

Im Lernsetting Schattenbilder explorieren die Schüler*innen den Schatten, welcher durch die Positionierung eines Körpers in den Lichtkegel einer Taschenlampe auf einer hinter dem Körper befindlichen Projektionsfläche entsteht (vgl. Abb. 5).

Wie in Abschn. „Ansicht versus Schattenbild – Parallelprojektion und Zentralprojektion als Abbildungsverfahren in der darstellenden Geometrie" erörtert, gehorcht das Lernsetting Schattenbilder den Gesetzmäßigkeiten der Strahlenoptik. Beim Aufriss und Seitenriss (bzw. bei der Vorder- und Seitenansicht) eines geometrischen Körpers (als mathematisches Objekt) hingegen wird von einer „idealen" senkrechten Parallelprojektion ausgegangen (vgl. grüne parallele Strahlen in Abb. 6). Diese Versuchsanordnung ist im Unterricht nicht nachstellbar. Denn eine im Klassenzimmer verfügbare Lichtquelle erzeugt keine parallelen Lichtstrahlen. Der auf dem Schirm erzeugte Schatten ist daher auch nicht näherungsweise das Ergebnis einer senkrechten Parallelprojektion, sondern das Ergebnis einer Zentralprojektion (vgl. Abschn. „Ansicht versus Schattenbild – Parallelprojektion und Zentralprojektion als Abbildungsverfahren in der darstellenden Geometrie"). Denn aufgrund des tatsächlich von der

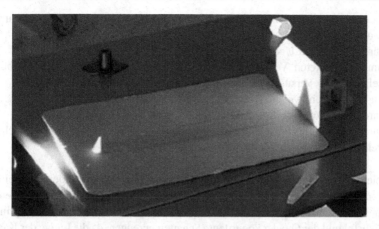

Abb. 5 Versuchsaufbau im Lernsetting Schattenbilder mit Lichtquelle links, Kegel als Objekt im Strahlengang und Schatten auf dem Schirm rechts im Bild

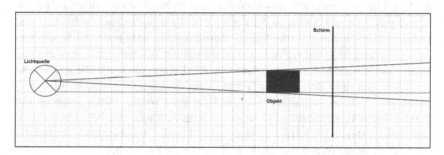

Abb. 6 Skizze des Versuchsaufbaus mit punktförmiger Lichtquelle und schwarzen Randstrahlen der kegelförmigen Ausbreitung (realisierbar) sowie grünen Randstrahlen eines parallelen Lichtbündels (nicht realisierbar)

Lichtquelle erzeugten Lichtkegels (statt eines parallelen Lichtbündels) ist der erzeugbare Schatten eine vergrößerte Abbildung (vgl. Skizze des Versuchsaufbaus in Abb. 6). Das (Ab-)Bild eines im Setting verwendeten empirischen Körpers in Form eines Schattens auf der Projektionsfläche, ist daher vom Abstand des Körpers (Urbild) zur Lichtquelle bzw. vom Abstand des Körpers zum Schirm (Projektionsfläche) abhängig.

Die in diesem Setting aus physik- und mathematikdidaktischer Perspektive gemeinsam zu verwendenden Begriffe sind in Tab. 1 erläutert.

Der im Lernsetting eingesetzte Versuchsaufbau regt die Schüler*innen dazu an

- Vermutungen über die Beziehungen von Körpern und ihren Schatten zu formulieren,
- ihr Vorgehen zur Überprüfung der Vermutung zu beschreiben,
- am vorbereiteten Versuchsaufbau (z. B. einer optischen Bank, vgl. Abb. 9) selbstständig Versuche zur Überprüfung ihrer Vermutung durchzuführen,
- zu beobachten, welche Form der Schatten auf dem Schirm hat,
- ihre Vermutung mit ihrer Beobachtung zu vergleichen und schließlich
- ihre Ergebnisse beispielsweise in Form eines als Schattenbild (nach)gezeichneten Schattens zu dokumentieren.

Es bietet sich an, genau solche Körper im Lernsetting zu verwenden, die bei entsprechender Lage vor dem Schirm aufgrund ihrer Maße kongruente Schatten erzeugen. Bei den von uns verwendeten Körpern (vgl. Abb. 7) können der Zylinder, der Würfel und der Quader kongruente Schatten erzeugen, da die Länge der Kanten der quadratischen Seitenfläche des Würfels und des Quaders dem Durchmesser und der Höhe des Zylinders entsprechen. Die von uns verwendete Pyramide und der Kegel können ebenfalls denselben Schatten erzeugen, da die Höhe der beiden Körper gleich ist und die Länge der Kanten der vierseitigen Grundfläche der Pyramide mit dem Durchmesser des Kegels übereinstimmt. So könnten Aushandlungsprozesse drüber angeregt werden, ob und warum ein Schatten durch verschiedene Körper bzw. Gebäude erzeugt werden kann. Die Lehrperson könnte beispielsweise einen Schatten eines Körpers oder Gebäudes auf dem Schirm erzeugen, welcher in vorherigen (Schüler-)Versuchen noch nicht erzeugt wurde. Dabei verändert die Lehrkraft den Versuchsaufbau so, dass die Schüler*innen den beleuchteten, vor dem Schirm stehenden Körper nicht einsehen können. Die Lehrkraft entlässt die Schüler*innen mit folgenden Arbeitsaufträgen in die Partnerarbeit:

1. Du siehst ein Schattenbild. Wie sehen Körper oder Gebäude aus, welche diesen Schatten erzeugen? Vermute! Beschreibe den Körper oder das Gebäude deinem Partner oder deiner Partnerin möglichst genau.
2. Baut passende Körper oder Gebäude nach.
3. Überlegt gemeinsam, wie ihr überprüfen könnt, ob eure Körper oder Gebäude tatsächlich diesen Schatten erzeugen. Beschreibt ein mögliches Vorgehen.

Als weiterführende Arbeitsaufträge können die Schüler*innen andere Schattenbilder als ikonische Darstellungen erhalten (vgl. Abb. 8), mit dem Impuls, Körper bzw. Gebäude zu bauen und/oder zu beschreiben, die einen entsprechenden Schatten erzeugen (können). Die im Lernsetting eingesetzten Körper sind derart dimensioniert, dass es immer mehrere Gebäude gibt, die die Kinder den vorgegebenen Schattenbildern zuordnen können.

Abb. 7 3D-gedruckte Körper als mögliche Anschauungs- und Arbeitsmittel in der Einstiegsphase des Settings Schattenbilder

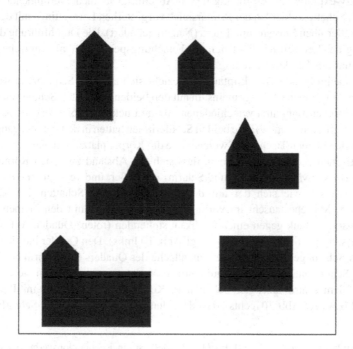

Abb. 8 Verschiedene Schattenbilder

4   Einblick in Daten zur qualitativ-explorativen Erprobung des Lernsettings „Schattenbilder"

Im Kooperationsverbund bc:Olpe[10] erprobten die beiden Autorinnen des vorliegenden Beitrags das Lernsetting Schattenbilder im Rahmen von wöchentlichen *Forder*stunden mit zwei Schüler*innenpaaren der vierten Klasse über einen Zeitraum von etwa sechs Wochen. Zur weiteren Annäherung an die Frage, inwiefern das Phänomen Schatten ein geeigneter Zugang ist, mathematisch (und physikalisch) tragfähiges Wissen zu zweidimensionalen Darstellungen von Körpern zu entwickeln, geben wir im Folgenden einen ersten Einblick in Ausschnitte der qualitativ-explorativen Erprobung des in Abschn. „Das fächerverbindende Lernsetting „Schattenbilder" in der Primarstufe" vorgestellten Lernsettings mit den beiden Schülerinnen Marlene und Laura (Namen geändert). Die Durchführung der Erprobung des Lernsettings lässt sich aus Forschungsperspektive als klinische Interviewsituation charakterisieren.

Der nachfolgende Transkriptauszug bezieht sich auf eine Sequenz, in welcher eine der Autorinnen (A. V.) gemeinsam mit den beiden genannten Schülerinnen mit einer optischen Bank und verschiedenen (3D-gedruckten) geometrischen Körpern arbeitet (vgl. Abb. 7 und 9). Die beiden Schülerinnen hatten in den vorangegangenen Szenen den kleinen Tisch,[11] auf welchem sie die Körper platzierten, auf der Schiene der optischen Bank so verschoben, dass sich der Abstand zwischen Körper und Lampe (bzw. zwischen Körper und Schirm) vergrößert und verkleinert. Dabei beobachteten sie, wie sich der auf dem Schirm erzeugte Schatten des Körpers verändert. Marlene tauscht im vorliegenden Szenenausschnitt den kleinen Tisch der optischen Bank gegen einen hochkant stehenden (roten) Quader. Auf diesem Quader steht jetzt ein (lila) Kegel[12] (vgl. Abb. 10 links). Den Quader hat sie so nah vor den Schirm gestellt, dass eine Seitenfläche des Quaders den Schirm berührt.

Die Schülerinnen skizzierten auf Anfrage der Interviewerin, den in dieser Situation auf dem Schirm erzeugten Schatten des Kegels. Marlene erläutert mit Bezug zu ihrer Skizze (vgl. Abb. 10 rechts), dass der Schatten des Kegels die rote Schraffierung

---

[10] Der Bildungsconnector Olpe (https://bc-olpe.de/) ist ein Kooperationsverbund zwischen der Universität Siegen dem Kreis Olpe und der Stadt Olpe mit allen allgemeinbildenden Schulen. Durch bc:Olpe werden Kooperationsprojekte im Bildungsbereich angebahnt und weiterentwickelt, welche die Forschungs- und Lehrinteressen der Hochschule und das Entwicklungsinteresse der Bildungsinstitutionen vor Ort produktiv verbinden.

[11] Der kleine Tisch kann auch als sog. *Prismenhalter* bezeichnet werden. Er wird in der Regel so auf die Schiene der optischen Bank positioniert, dass ein darauf liegendes Prisma vor dem Schirm im Lichtkegel der Lampe liegt.

[12] Die Grundfläche des Kegels hat den gleichen Durchmesser wie die kürzere Kantenlänge des Quaders.

Abb. 9 Schülerversuch zum Schatten eines Kegels mit optischer Bank

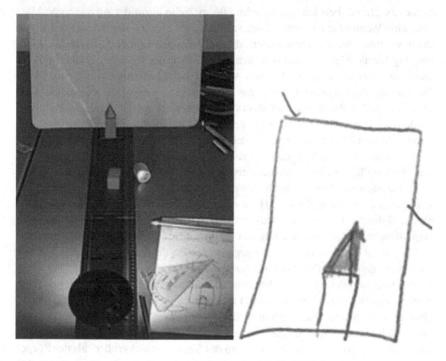

Abb. 10 Versuchsaufbau in Szene sowie Skizze der Schülerin Marlene

um das rosafarbene Dreieck sei. Es ist anzunehmen, dass Marlene beabsichtigt mit dem rosafarbenen Dreieck den Kegel darzustellen. Marlene zeichnete demnach nicht nur den Schatten des Kegels, sondern die Versuchssituation so nach, wie sie ihrem visuellen Eindruck entspricht, wenn sie aus Richtung der Lampe auf den Kegel und den dahinterstehenden Schirm blickt. Denn aus dieser Perspektive ist der auf dem Schirm erzeugte dreiecksförmige Schatten des Kegels vom Kegel selbst größtenteils verdeckt. Schauen wir zunächst in den Transkriptausschnitt[13] (vgl. Tab. 2).

Nachfolgend legen wir eine mögliche Interpretation dieser Interaktion (vgl. Tab. 2) zwischen Marlene, Laura und der Interviewerin dar. Marlenes Äußerung in Turn 73, „ganz ganz nah hier dran ist, so nah wie's geht, [...] und es näher garnicht geht", scheint eine Beschreibung des minimalen Abstandes zwischen Tisch (in dieser Situation der rote Quader) und Schirm, welchen die Schülerinnen in dieser Szene als „Tafel" bezeichnen, zu sein. Die spezielle Form der Aussage von Marlene, eine Wenn-Dann-Konstruktion, verstehen wir so, dass die Schülerin den von ihrem wahrgenommenen minimalen Abstand zwischen Körper und Schirm als Bedingung für die Maße des auf dem Schirm zu sehenden Schattens deutet. Marlene und Laura vervollständigen Marlenes Äußerung dann gemeinsam (vgl. Turn 74 bis 76). Laura äußert in diesem Zuge, dass der Schatten nicht so groß sei „wie das Original" (Turn 76). Wir nehmen an, dass sie hier das Wort „Original" als Bezeichnung für den auf dem Tisch stehenden Körper, in diesem Fall der lilafarbene Kegel, verwendet. Marlene beugt sich nun vor den Schirm (vgl. Abb. 11) und formuliert eine zu der zuvor entwickelten Aussage ähnliche Aussage: „Wenn man den dann auf den Tisch stellt, ehm ist es trotzdem etwas größer" (Turn 77).

Es könnte sein, dass sie durch ihre eigenommene Sicht auf den Kegel und dessen Schatten abschätzt, dass die Höhe des dreiecksförmigen Schattens geringer ist als die Höhe des Kegels. Im Fokus steht hier also zunächst die Entwicklung einer Hypothese in Auseinandersetzung mit empirischen Objekten. Dies entspricht der in Abschn. „Die Bindung der Lerngegenstände an die Erfahrungswelt der Schüler*innen" genannten Phase der *Wissensentdeckung*.

Die Intention der zuvor beschriebenen Handlung von Marlene, das Einnehmen einer bestimmten Sicht auf den Kegel und den dahinter liegenden Schirm, könnte ein Prüfen der Stimmigkeit der Größe des von ihr gezeichneten Schattenbildes und des tatsächlich erzeugten Schattens sein. Marlene scheint hier die in der Interaktion entwickelte Hypothese, dass der Schatten des Kegels „etwas größer" als der Körper

---

[13] In diesem Transkriptausschnitt sind in der ersten Spalte die Turns nummeriert, auf die wir uns in der Interpretation beziehen. In der dritten Spalte sind die Äußerungen von Marlene, Laura und der Interviewerin angegeben. In der Klammerschreibweise ist der Tonfall, die Sprechweise, die Mimik und die Gestik dieser Personen charakterisiert und es sind ihre, für die Interpretationen relevanten Handlungen beschrieben. Wenn eine Person in ihrer Äußerung unterbrochen wird, ist dies mit dem Symbol # am Ende der Äußerung markiert."

Tab. 2 Transkriptausschnitt

73	Marlene	Selbst wenn der Tisch, (flüsternd zu Laura) noch nicht aufschreiben. Ok. Selbst wenn der Tisch ganz ganz nah hier dran ist, so nah wie's geht, (Quader, welchen sie als Tisch benutzt hatte, fällt um, stellt Quader direkt vor Schirm wieder auf). Selbst wenn der Tisch, ehm, wenn der ganz nah dran ist und es näher garnicht geht#
74	Laura	selbst wenn der Tisch ganz nah an der Tafel#
75	Marlene	ist#
76	Laura	ist. Ist der Schatten nicht so groß, wie das Original ist# (beginnt wieder zu schreiben)
77	Marlene	Wenn man den dann auf den Tisch stellt (stellt Kegel auf Quader), ehm ist es trotzdem (beugt sich vor Körper) etwas größer, weil (schaut zur Interviewerin).
78	Interviewerin	(leise) Was wär die Erklärung dafür? Was wär die Erklärung? (lauter in Richtung Laura) Hast du das schon aufgeschrieben?
79	Laura	Ja.
		[...]
83	Laura	Also selbst wenn der Tisch ganz nah an der Tafel ist, der Schatten#
84	Interviewerin	(leise) ist der.
85	Laura	Der Schatten, oh ich hab 'n bisschen was vergessen, der Schatten ist grö#
86	Marlene	größer als der#
87	Laura	ist größer als der Kegel im Original. (beide Schülerinnen schauen zur Interviewerin)
88	Interviewerin	Ja, okay. Okay. Das ist jetzt unser Ergebnis, aber was noch interessanter ist, warum#
89	Marlene	Warum#
90	Interviewerin	(lachend) ist das so, genau.
91	Marlene	Uff. (zieht Schultern dabei hoch und runter)
92	Laura	Ehe. (laute Ausatmung)
93	Interviewerin	(leise) Das ist jetzt die Frage.
94	Marlene	Weil (nimmt Kegel in die Hand) vielleicht wird das Licht davon so (hält Kegel hoch und führt Geste durch, siehe Abb. 12) so abgestrahlt sagen wir mal und das dann nicht ganz genau gleich ist, weil das 'n bisschen so raus (erneute Durchführung der Geste), so ab, so breit gestrahlt wird.
95	Interviewerin	Das ist 'ne gute Überlegung. Die merken wir uns mal. Laura guck nochmal, Marlene erklär nochmal.
96	Marlene	(Laura schaut aus Richtung der Lampe auf Versuchsaufbau) Also, dass wenn das Licht hierdrauf stößt (Geste, siehe Abb. 12), dass es dann so'n bisschen abgestoßen wird, abgestrahlt, dass es dann so etwas (leise) größer wird#

Abb. 11 Marlene beugt sich
vor den Schirm (vgl. Turn 77)

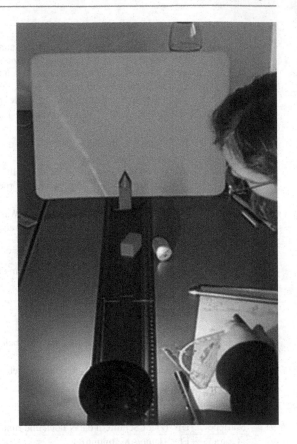

selbst ist, am Versuchsaufbau zu überprüfen (Phase der *Wissenssicherung*). Marlene schaut zur Interviewerin als sie mit dem Wort „weil" ihre Äußerung (Turn 77) beendet. Die Interviewerin reagiert auf Marlenes Äußerung, indem sie fragt, was die Erklärung dafür wäre, und fragt dann, ob Laura die Vermutung schon aufgeschrieben habe (Turn 78). Wir nehmen an, dass die Interviewerin die von den beiden Schülerinnen aufgestellte Hypothese, dass der Schatten, wenn der Körper direkt vor dem Schirm steht, größer als der Körper ist, teilt und sie nun bestärken möchte, eine Begründung für diesen Zusammenhang zu finden. In Turn 88 bis 93 wird dies ebenfalls deutlich. Die Interviewerin formuliert Folgendes: „Das ist jetzt unser Ergebnis, aber was noch interessanter ist, warum […] ist das so" (Turn 88/90). Marlenes Schulterzucken und Lauras laute Ausatmung (Turn 91, 92) zeigen, dass die Schülerinnen auf diese Frage keine direkte Antwort haben.

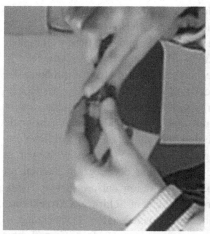

Abb. 12 Marlene berührt mit Daumen und Zeigefinger der rechten Hand den Kegel (links) und führt dann Daumen und Zeigefinger mit einer öffnenden Bewegung zum Schirm (rechts)

Marlene nimmt dann den Kegel in die Hand, hält ihn vor den Schirm und startet einen Erklärungsversuch (Turn 94). Sie äußert die Vorstellung, dass das Licht, wenn es auf den Kegel trifft, „davon so abgestrahlt" (Turn 94) werde. Sie verdeutlicht ihre Vorstellung mit einer Geste, welche sie mehrmals wiederholt (vgl. Abb. 3). Marlenes Äußerung und begleitende Gestik deutet daraufhin, dass sie sich das Licht als von der Lampe ausgehende Strahlen vorstellt. Es scheint, als möchte sie mit ihrer Geste und den Worten „nicht genau gleich" explizieren, dass der Abstand, der an dem Körper vorbeigehenden Lichtstrahlen nicht gleich bleibe. Ihre Ergänzung „weil das 'n bisschen so ab, so raus, so breit gestrahlt wird" (Turn 94) und gleichzeitige Wiederholung der Geste (vgl. Abb. 12) bekräftigt diese Interpretation.

Die Interviewerin bewertet diesen Erklärungsversuch von Marlene als „eine gute Überlegung" (Turn 95) und fordert Laura auf, hinzuschauen, was Marlene macht. Sie fordert im gleichen Zug Marlene auf, ihre Erklärung zu wiederholen. Während Laura nun aus Richtung der Lampe auf den Versuchsaufbau schaut, erklärt Marlene, dass, „wenn das Licht hierdrauf stößt (Wiederholung der Geste, siehe Abb. 12), dass es dann so'n bisschen abgestoßen wird, abgestrahlt, dass es dann so etwas größer wird" (Turn 96). Auch in dieser Äußerung scheint Marlene die Vorstellung zu explizieren, dass das Licht bzw. die vorgestellten Lichtstrahlen auf den Kegel stoßen und dann von dem Kegel abgestoßen werden. Diese (vorgestellte) Abstoßung des Lichtes scheint Marlene als Ursache für das *Größerwerden* des Schattens anzusehen. Diese Explikation seitens Marlene sehen wir als geeigneten Ausgangspunkt für Aushandlungsprozesse zur Bedeutung der (geometrischen) Begriffe Körper und ihre zweidimensionalen Bilder im Kontext Schatten. Die Situation scheint eine Diskussion möglicher Argumente für die Gültigkeit der zuvor entwickelten Hypothese zu eröffnen (Phase der *Wissenserklärung*).

Anhand dieses kurzen Ausschnittes der qualitativ-explorativen Erprobung des Lernsettings diskutieren wir nun die Chancen und Herausforderungen eines fächerverbindenden Zugangs zu Körpern und ihren zweidimensionalen Darstellungen im Kontext Schatten. Begriffe wie Körper und seine Schatten als zweidimensionale Abbilder auf einer Projektionsfläche werden hier durch die ganzheitliche Erschließung des Phänomens der Entstehung eines Schattens gebildet. Wobei wir an dieser Stelle nicht die verbalsprachliche Verwendung der Begrifflichkeiten im Fokus sehen, sondern die Einführung bzw. Exploration entsprechender Handlungen mit einer Lichtquelle, einem Körper und einem Schirm als Projektionsfläche, die ein Abbild eines Körpers auf einer zweidimensionalen Fläche erzeugen. Dieser Zugang schafft Anlässe, die Bedeutung der genannten Begriffe und ihrer Beziehungen in der Interaktion auszuhandeln und das geschieht losgelöst von einer Fächersystematik auf natürliche Weise im Kontext.

Wir sehen die Fähigkeit, die Gültigkeit einer Aussage anhand logischer Ableitungen auf Grundlage gesicherten Vorwissens zu beurteilen (vgl. Abschn. „Die Bindung der Lerngegenstände an die Erfahrungswelt der Schüler*innen"), als maßgeblich für eine tragfähige Wissensentwicklung. Die in dieser Situation von den Schülerinnen Marlene und Laura entwickelte Aussage über die Position des Körpers in Relation zum Schirm als Ursache für die Größe des Schattens auf dem Schirm fordert die beiden Schülerinnen heraus, ihre Vorstellung über Licht zu explizieren und darauf aufbauend die Entstehung des Schattens zu erklären. Bemerkenswert ist, dass es sich bei der von uns rekonstruierten Erklärung der Schülerin Marlene um eine Begründung abduktiver Art handelt. Die Schülerin versucht die zunächst für sie *unverständliche* Beobachtung, dass der Schatten des Kegels, selbst wenn dieser direkt vor dem Schirm steht, größer als der Kegel selbst ist, durch einen plötzlichen Gedankensprung, welcher sich in einer Hypothese über eine vorgestellte Abstoßung des Lichtes durch den Kegel äußert, zu begründen. Dies ordnen wir in die Phase der *Wissensentdeckung* ein und gerade nicht in die Phase der *Wissenserklärung*, da Marlenes angeführten Argumente und unterstützenden Gesten nicht als gesichertes Vorwissen beschreibbar sind. Zudem weisen Marlenes Äußerungen und Gesten aus physikdidaktischer Sicht auf ihre individuellen Vorstellungen über die Zusammenhänge von Licht und Schatten hin, welche durchaus als fehlerhaft beurteilt werden können. In dieser Phase kann die Lehrperson den Wissensentwicklungsprozess der Lernenden unseres Erachtens nur dann unterstützen und in der Aushandlung von Bedeutungen den Lernenden eine

Orientierung bieten, wenn sie die Deutungen der Lernenden antizipieren und an diese individuellen Deutungen anknüpfende Rückmeldungen geben kann. Die Lehrperson könnte zum Beispiel die von der Schülerin explizierte „Abstoßung" des Lichtes durch den Kegel aufgreifen, um mit den beiden Schülerinnen über die Eigenschaften der Ausbreitung des Lichtes und die Positionierung des Körpers im Lichtkegel der Lampe sowie die Auswirkungen auf den Schatten des Körpers, welcher auf dem Schirm zu sehen ist, sprechen.

5 Fazit und Ausblick

Im vorliegenden Beitrag wurde das Lernsetting Schattenbilder aus mathematikdidaktischer und physikdidaktischer Perspektive bzw. aus der naturwissenschaftlichen Perspektive des Sachunterrichts reflektiert. Eine echte fachdidaktischverbindende Perspektive auf das vorgestellte Lernsetting zu konstruieren, sind die beiden Autorinnen den Leser*innen noch schuldig. Wir haben den Anspruch diesem ambitionierten Vorhaben in nachfolgenden Veröffentlichungen gerecht zu werden. Gleiches gilt für die Analyse der bereits erhobenen Daten. Ein Einblick in die Fallgeschichte von Marlene und Laura gibt erste Hinweise auf Chancen und Herausforderungen einer realitäts-orientierten Zugangsweise zum Thema Körper und deren zweidimensionale Darstellungen. Diese werden unten noch einmal zusammengefasst. Zur Erlangung weiterer Erkenntnisse bezüglich des Potenzials des Lernsettings aber auch bezüglich der möglichen Hürden, ist eine tiefergehende Analyse auf Grundlage der fachdidaktischverbindenden Perspektive unerlässlich. Wir möchten durch weitere Erprobungen des Lernsettings im Sinne der fachdidaktischen Entwicklungsforschung in naher Zukunft zu einer präziseren Beschreibung der Chancen und Herausforderungen einer empirisch-orientierten Zugangsweise beitragen.

Die Bildungsstandards für das Fach Mathematik (KMK, 2022) fordern den „Umgang mit Objekten in Ebene und Raum sowie darauf bezogene Prozesse wie das geometrische Abbilden" (S. 16). Das Lernsetting Schattenbilder bietet Schüler*innen Handlungserfahrungen zum Inhaltsbereich Körper und deren zweidimensionale Darstellungen und regt die Entwicklung der Begriffe „Schatten" und „Schattenbild" als zweidimensionale Darstellungen eines Körpers an. Außerdem sehen wir die entdeckungsoffene Erschließung des physikalischen Phänomens der Entstehung eines Schattens als Chance für die Schüler*innen im vorgeschlagenen Setting an, geometrische Eigenschaften des zweidimensionalen Schattenbildes eines Körpers sowie Zusammenhänge zwischen der Position des Körpers zum Schirm (bzw. der Position der Lichtquelle zum Körper) und der Gestalt des tatsächlich erzeugten Schattens zu erforschen. Diese erste Analyse unserer Erprobung des

Lernsettings Schattenbilder zeigt, dass die Lernenden Aussagen über die im Lernsetting verwendeten empirischen Objekte, d. h. die verwendeten Körper, den Schirm, die Lichtquelle, das Licht und auch den auf dem Schirm zu sehenden Schatten, sowie deren (physikalische) Zusammenhänge entwickeln, experimentell überprüfen und in einem nächsten Schritt wünschenswerterweise auf Grundlage bereits gesicherter Erkenntnisse (vgl. konsensuales Vorwissen in Abschn. „Die Bindung der Lerngegenstände an die Erfahrungswelt der Schüler*innen") beurteilen. Struve (1990) beschreibt diese (empirische) Geometrie, die Lernende durch Zugänge dieser Art erfahren (können), wie folgt:

> „Geometrie – so wie sie der Schüler erfährt – dient dazu, gewissen Phänomene der Realität zu beschreiben und zu erklären. Die geometrischen Begriffe werden mit Bezug zu realen Objekten eingeführt, überwiegend Falt- und Zeichenblattfiguren, die Sätze der Geometrie sind Aussagen über diese Objekte" (S. 38).

Die prinzipielle Mehrdeutigkeit der im Lernsetting verwendeten Objekte und damit verbundenen physikalischen Zusammenhänge scheinen die Wissensentwicklung der Schüler*innen zu ermöglichen. Erste Rekonstruktionen der Handlungen und Interaktion deuten einerseits an, dass es für einen empirisch-orientierten Mathematikunterricht in der Primarstufe förderlich sein kann, den Kontext der Lernsituation ernst zu nehmen. Dies bedeutet für Lehrende eine fachdidaktischverbindende (oder zumindest eine sukzessive mehrperspektivische) Sicht auf den Lerngegenstand einzunehmen, um den Lernenden eine sinnstiftende Wissensentwicklung zu ermöglichen, welche über die Grenzen disziplinären Wissens hinausgeht. Andererseits sind es insbesondere die Phasen der Wissenserklärung, in denen die Lernenden Argumente für die Gültigkeit ihrer Hypothese erörtern, welche besondere Aufmerksamkeit durch die Lehrperson erfordern. Denn die Lehrperson muss zunächst erkennen, über welche physikalischen Vorstellungen die Lernenden verfügen, und sollte daraufhin die Bedeutungsaushandlungsprozesse sensibel in „richtige Bahnen" lenken, damit ein konsensuelles Begriffsverständnis im Sinne einer tragfähigen Wissensentwicklung erreicht werden kann. Dies funktioniert unseres Erachtens für den Mathematikunterricht nur, wenn die Lehrperson den physikalischen Kontext, bzw. hier das Phänomen der Entstehung eines Schattens, selbst erklären kann und eine (tragfähige) empirische Auffassung von Mathematik intendiert.

Zudem erscheint uns eine (frühe) Auseinandersetzung mit dem Phänomen der Entstehung eines Schattens in der Primarstufe der Idee des Spiralcurriculums zuträglich (sofern die Lernenden ein tragfähiges Begriffsverständnis entwickeln), da die Lernenden so einen (subjektiven) Erfahrungsbereich zur Zuordnung von Körpern und ihren zweidimensionalen Darstellungen aufbauen können. Bei der Bearbeitung des Themas „geometrisches Abbilden" in den Sekundarstufen I und II könnte dieses Begriffsverständnis Anknüpfungspunkte bieten, indem die Erfahrungen aus der Primarstufe mit neuen hinzukommenden Erfahrungen in weiteren Lernsettings zur darstellenden Geometrie vertieft, geordnet und erweitert werden. Als angrenzende Forschungsinteressen möchten wir an dieser Stelle auf die gerade entstehende Dissertation der Autorin Amelie Vogler verweisen, die insbesondere die kontextspezifischen Bedeutungen der Begriffe, über die die Lernenden in Auseinandersetzung mit dem Setting zu verfügen scheinen, rekonstruiert. Weitere Fragestellungen hinsichtlich der Wissensentwicklung der Lernenden in Auseinandersetzung mit solch einem fächerverbindenden Setting, welche in anknüpfenden empirischen Untersuchungen verfolgt werden könnten, sind folgende: *Welche Bedeutung des Begriffs Ansicht entwickeln die Lernenden in Auseinandersetzung mit dem Lernsetting? Inwiefern übertragen die Lernenden ihr in diesem Setting entwickeltes Wissen über Schatten bzw. Schattenbilder auf die Konstruktion der Ansicht eines Körpers?*

Literatur

Bauersfeld, H. (1983). Subjektive Erfahrungsbereiche als Grundlage einer Interaktionstheorie des Mathematiklernens und -lehrens. In H. Bauersfeld (Hrsg.), *Untersuchungen zum Mathematikunterricht: Bd. 6. Lernen und Lehren von Mathematik* (S. 1–56). Aulis Verlag Deubner & CO KG.

Beckmann, A. (2003). *Fächerübergreifender Unterricht: Konzept und Begründung.* Franzbecker.

Burscheid, H. J., & Struve, H. (2009). *Mathematikdidaktik in Rekonstruktionen: Ein Beitrag zu ihrer Grundlegung.* Franzbecker.

Dilling, F. (2022). *Begründungsprozesse im Kontext von (digitalen) Medien im Mathematikunterricht: Wissensentwicklung auf der Grundlage empirischer Settings.* Springer Spektrum. https://doi.org/10.1007/978-3-658-36636-0

Gesellschaft für Didaktik des Sachunterrichts [GDSU]. (2013). *Perspektivrahmen Sachunterricht.* Klinkhardt.

Haagen-Schützenhöfer, C., & Hopf, M. (2018). Schülervorstellungen zur geometrischen Optik. In H. Schecker, T. Wilhelm, M. Hopf, R. Duit, H. Fischler, C. Haagen-Schützenhöfer, D. Höttecke, R. Müller, & R. Wodzinski (Hrsg.), *Lehrbuch. Schülervorstellungen und Physikunterricht: Ein Lehrbuch für Studium, Referendariat und Unterrichtspraxis* (S. 89–114). Springer Spektrum.

Hefendehl-Hebeker, L. (2016). Mathematische Wissensbildung in Schule und Hochschule. In A. Hoppenbrock, R. Biehler, R. Hochmuth, & H.-G. Rück (Hrsg.), *Konzepte und Studien zur Hochschuldidaktik und Lehrerbildung Mathematik. Lehren und Lernen von Mathematik in der Studieneingangsphase: Herausforderungen und Lösungsansätze* (S. 15–32). Springer Spektrum.

Helmerich, M., & Lengnink, K. (2016). *Einführung Mathematik Primarstufe – Geometrie.* Springer Spektrum. https://doi.org/10.1007/978-3-662-47206-4

Holten, K. (2022). *Fachdidaktischverbindendes Forschen und Lehren in der Mathematiklehrer*innenbildung: Neue Perspektiven auf das Lehren und Lernen von Mathematik (und Physik). MINTUS – Beiträge zur mathematisch-naturwissenschaftlichen Bildung (MINTBMNB)*. Springer Spektrum. https://doi.org/10.1007/978-3-658-37514-0

Holten, K., Plack, J., & Witzke, I. (2022). Mit der Holzeisenbahn zu Funktionen: Bewegungsvorgänge mathematisch beschreiben. *mathematik lehren, 231*, 21–28.

Jahnke, T. (2005). Zur Authentizität von Mathematikaufgaben. In G. Graumann (Hrsg.), *Beiträge zum Mathematikunterricht 2005, 39. Jahrestagung der Gesellschaft für Didaktik der Mathematik vom 28.2. bis 4.3.2005 in Bielefeld*. Franzbecker. https://doi.org/10.17877/DE290R-5732

Jonen, A., Jung, J., Prenzel, Manfred, Proj.leit., Demuth, Reinhard, Red., Rieck, Karen, Red., & Achenbach, Tanja, Red. (2007). *Fächerübergreifend und fächerverbindend unterrichten. Modulbeschreibungen des Programms SINUS-Transfer Grundschule. Naturwissenschaften*. IPN Leibniz-Institut f. d. Pädagogik d. Naturwissenschaften an d. Universität Kiel. http://www.sinus-an-grundschulen.de/fileadmin/uploads/Material_aus_STG/NaWi-Module/N6.pdf. Zugegriffen am 09.03.2024.

Kultusministerkonferenz [KMK]. (2004). *Beschlüsse der Kultusministerkonferenz: Bildungsstandards im Fach Mathematik für den Primarbereich*. (Jahrgangsstufe 4). Luchterhand.

Kultusministerkonferenz [KMK]. (2022). Beschluss der Kultusministerkonferenz vom 15.10.2004, i.d.F. vom 23.06.2022: *Bildungsstandards für das Fach Mathematik Primarbereich*.

Lengnink, K., & Helmerich, M. (Hrsg.). (2013). *Spürnasen Mathematik. Mathekartei 3/4*. (1. Aufl., 1. Dr.). Berlin: Cornelsen Schulverlage GmbH.

Lengnink, K., & Helmerich, M. (Hrsg.). (2015). *Spürnasen Mathematik: Handreichung für den Unterricht 3/4*. Duden Schulbuchverlag GmbH.

Ministerium für Schule und Bildung des Landes Nordrhein-Westfalen. (2021). *Lehrpläne für die Primarstufe in Nordrhein-Westfalen* (1. Aufl., Heft 2012).

Peterßen, W. H. (2000). *Fächerverbindender Unterricht: Begriff, Konzept, Planung, Beispiele. Ein Lehrbuch. EGS-Texte*. Oldenbourg.

Piaget, J. (1969). *Das Erwachen der Intelligenz beim Kinde. Erziehungswissenschaftliche Bücherei*. Klett.

Pielsticker, F. (2020). *Mathematische Wissensentwicklungsprozesse von Schülerinnen und Schülern: Fallstudien zu empirisch-orientiertem Mathematikunterricht mit 3D-Druck. MINTUS – Beiträge zur mathematisch-naturwissenschaftlichen Bildung (MINTBMNB)*. Springer Spektrum.

Pöhls, A. (2015). Bauen in der Schattenbox: Welches Würfelgebäude wirft diesen Schatten? *Grundschule Mathematik, 45*, 22–25.

Roth, S., & Stahl, A. (2019). *Optik: Experimentalphysik – anschaulich erklärt*. Springer. http://nbn-resolving.org/urn:nbn:de:bsz:31-epflicht-1597663

Schecker, H., Wilhelm, T., Hopf, M., Duit, R., Fischler, H., Haagen-Schützenhöfer, C., Höttecke, D., Müller, R., & Wodzinski, R. (Hrsg.). (2018). *Lehrbuch. Schülervorstellungen und Physikunterricht: Ein Lehrbuch für Studium, Referendariat und Unterrichtspraxis*. Springer Spektrum. https://doi.org/10.1007/978-3-662-57270-2

Schiffer, K. (2019). *Probleme beim Übergang von Arithmetik zu Algebra*. Springer. https://doi.org/10.1007/978-3-658-27777-2

Schlicht, S. (2016). *Zur Entwicklung des Mengen- und Zahlbegriffs*. Dissertation. *Kölner Beiträge zur Didaktik der Mathematik und der Naturwissenschaften* [XIV]. Springer Spektrum.

Schneider, R. (2023). *Empirisches mathematisches Wissen in der Grundschule: Zur Spezifität von Wissensentwicklung in empirischen Settings am Maßstabsbegriff. MINTUS – Beiträge zur mathematisch-naturwissenschaftlichen Bildung (MINTBMNB)*. Springer Spektrum. https://doi.org/10.1007/978-3-658-41534-1

Schoenfeld, A. H. (1985). *Mathematical problem solving*. Academic Press.

Stegmüller, W. (1987). *Hauptströmungen der Gegenwartsphilosophie: Eine kritische Einführung*. Band II (8. Aufl.). *Kröners Taschenausgabe* (Bd. 309). Kröner.

Stoffels, G. (2017). Tomaten erzeugen Parabeln – Analyse einer Aufgabe mit nicht authentischem Realkontext aus authentischen Perspektiven. *Der Mathematikunterricht, 63*(5), 41–49.

Struve, H. (1990). *Grundlagen einer Geometriedidaktik. Lehrbücher und Monographien zur Didaktik der Mathematik* (Bd. 17). BI-Wiss.-Verl.

von Glasersfeld, E. (2000). *Radikaler Konstruktivismus: Ideen, Ergebnisse, Probleme* (1. Aufl. [Nachdr.]). *Suhrkamp-Taschenbuch Wissenschaft*. Suhrkamp.

Wiesner, H. (2004). Vorstellungen von Grundschülern über Schattenphänomene. In R. Müller, R. Wodzinski, & M. Hopf (Hrsg.), *Schülervorstellungen in der Physik* (S. 71–82). Aulis Verlag Deubner.

Winter, H. (1995). Mathematikunterricht und Allgemeinbildung. *Mitteilungen der Gesellschaft für Didaktik der Mathematik, 61*, 37–46.

Winter, H., & Walther, G. (2011). Verbindungen zwischen Sach- und Mathematikunterricht: Ein Beispiel aus dem Unterricht: Maus und Elefant. In R. Demuth, G. Walther, & M. Prenzel (Hrsg.), *Sinus-Transfer Grundschule. Unterricht entwickeln mit SINUS: 10 Module für den Mathematik- und Sachunterricht in der Grundschule* (S. 111–120). Klett, Kallmeyer.

Witzke, I. (2009). *Die Entwicklung des Leibnizschen Calculus: Eine Fallstudie zur Theorieentwicklung in der Mathematik*. Zugl.: Köln, Univ., Diss., 2009. *Texte zur mathematischen Forschung und Lehre* (Bd. 69). Franzbecker.

Wodzinski, R., & Wilhelm, T. (2018). Schülervorstellungen im Anfangsunterricht. In H. Schecker, T. Wilhelm, M. Hopf, R. Duit, H. Fischler, C. Haagen-Schützenhöter, D. Höttecke, R. Müller, & R. Wodzinski (Hrsg.), *Lehrbuch. Schülervorstellungen und Physikunterricht: Ein Lehrbuch für Studium, Referendariat und Unterrichtspraxis* (S. 243–270). Springer Spektrum.

Der Maßstabsbegriff im empirischen Setting im Mathematikunterricht der Primarstufe – eine Chance zur Verbindung mit dem Sachunterricht

Rebecca Schneider und Ingo Witzke

Das Aufgreifen von Phänomenen aus der Erfahrungswelt von Schüler*innen ist wesentliches Element des Mathematikunterrichts in der Grundschule und gleichzeitig Ausgangspunkt der Themenauswahl im Sachunterricht. Eine enge Verbindung zwischen Mathematik- und Sachunterricht lässt sich für den Maßstabsbegriff erkennen. Im Beitrag wird anhand des Maßstabsbegriffs skizziert, wie sich mathematische Wissensentwicklungsprozesse von Schüler*innen sowie das rekonstruierbare mathematische Wissen beschreiben lassen, wenn die Erfahrungswelt Ausgangspunkt mathematischer Wissensentwicklung ist. Anschließend werden wesentliche Verbindung aus dem vorgestellten empirischen Setting[1] zum Sachunterricht expliziert und so die Chancen des Settings für fächerverbindende Aktivitäten aufgezeigt.

Herrn Professor H. Struve danken wir für viele Gespräche, Hinweise auf Literatur, Einschätzungen zur strukturalistischen Rekonstruktion und einer kritischen Durchsicht des Manuskriptes.

[1] Nach Dilling (2022).

R. Schneider (✉) · I. Witzke
Didaktik der Mathematik, Universität Siegen, Siegen, Deutschland
E-Mail: schneider@mathematik.uni-siegen.de; witzke@mathematik.uni-siegen.de

© Der/die Autor(en), exklusiv lizenziert an Springer Fachmedien Wiesbaden GmbH, ein Teil von Springer Nature 2024
F. Dilling et al. (Hrsg.), *Interdisziplinäres Forschen und Lehren in den MINT-Didaktiken*, MINTUS – Beiträge zur mathematisch-naturwissenschaftlichen Bildung, https://doi.org/10.1007/978-3-658-43873-9_7

135

1   Mathematiklernen durch Aufgreifen der Erfahrungswelt

Mathematische Wissensentwicklung durch den Einsatz von Aufgabenstellungen zu fördern, die Phänomene aus der Erfahrungswelt der Schüler*innen aufgreifen, ist wesentlicher Bestandteil des Mathematikunterrichts in der Grundschule. Neben pädagogischen und didaktischen Begründungen für eine entsprechende Ausrichtung des Mathematikunterrichts, ist diese curricular durch die Bildungsstandards für die Primarstufe gefordert. Hier heißt es:

> „Der Mathematikunterricht der Grundschule greift die frühen mathematischen Alltagserfahrungen der Kinder auf, vertieft und erweitert sie und entwickelt aus ihnen grundlegende mathematische Kompetenzen." (KMK, 2004, S. 6)

In den letzten Jahrzehnten wurden dazu zahlreiche Konzepte entwickelt, an denen sich die Gestaltung des Mathematikunterrichts orientieren soll und denen oft zugesprochen wird, eine sinnvolle Ausgangslage für ein verständiges Lernen von Mathematik darzustellen. Die Bemühungen um Konzepte, die dem Folge leisten, sind vielfältig und beschreiben ein weites Feld von Begrifflichkeiten, Begründungslinien und damit verbundenen konzeptuellen Ansätzen. So sollen es entsprechende Settings ermöglichen, an Vorerfahrungen der Schüler*innen anzuknüpfen, die sie hinsichtlich der im Setting aufgegriffenen Thematik, bereits gesammelt haben. Die Aufnahme von Situationen, mit denen Schüler*innen bereits in Berührung gekommen sind, soll unter anderem dazu dienen, das Interesse an der weiteren Auseinandersetzung mit denen im Setting aufgegriffenen Situationen zu wecken und diese gezielt hinsichtlich mathematischer Zusammenhänge zu erweitern. Situationen, die dazu aufgegriffen werden, werden in der mathematikdidaktischen Literatur durch Begriffe wie „lebensweltliche Struktur" (Müller, 1995 S. 43), „Lebenswelt" (vgl. ebd.) oder „aus dem Alltag" (Jansen, 2014, S. 6) bezeichnet. Unabhängig davon, dass diese Begriffe ohne Zweifel diskutierbar sind, umschreiben sie Vorerfahrungen von Schüler*innen. Der Einsatz der Konzepte erfolgt unter anderem unter der Annahme, dass Schüler*innen Mathematik mit solche Erfahrungen nicht eigenständig in Verbindung bringen. Neben Settings, die gezielt Vorerfahrungen aufgreifen, werden auch solche Settings empfohlen, die Situationen aufgreifen, zu denen Schüler*innen noch keine erwartbaren Vorerfahrungen gesammelt haben, die sich aber dennoch aus der Erfahrungswelt ergeben können. Zielt ist es dann, die Bedeutung der Mathematik für die „Wirklichkeit" (z. B. Winter, 1976) herauszustellen und so Schüler*innen zu einer intensiven Auseinandersetzung mit diesen Phänomenen zu motivieren (Müller, 1991, 1995). Der Einsatz von Settings, bei denen die Erfahrungswelt zum Ausgangspunkt der Lehr-Lern-prozesse wird, bietet eine günstige Ausgangslage um genuine Verbindungen zum Sachunterricht herzustellen. So ist es gerade die Lebenswelt, die der Sachunter-richt explizit zum Gegenstand hat und die dort in ihren jeweiligen fachliche Bezü-gen erkundet und verstehbar werden soll.

„Die besondere Aufgabe des Sachunterrichts besteht darin, Schülerinnen und Schüler darin zu unterstützen, ihre natürliche, kulturelle, soziale und technische Umwelt sach-bezogen zu verstehen, sie sich auf dieser Grundlage bildungswirksam zu erschließen und sich darin zu orientieren, mitzuwirken und zu handeln." (GDSU, 2013, S. 9)

Mit dem Aufgreifen der Erfahrungswelt im Mathematikunterricht als Ausgangs-punkt für mathematische Wissensentwicklungsprozesse, kann für beide Fächer die Erfahrungswelt als grundlegender Ausgangspunkt fachlicher Lernprozesse be-nannt werden. Daraus ergibt sich eine besonders günstige Grundlage zur Fächer-verbindung von Mathematik- und Sachunterricht in der Grundschule, wenn im Mathematikunterricht die Erfahrungswelt zur Wissensentwicklung aufgegriffen wird. Empirische Settings (Dilling, 2022) oder ein empirisch-orientierter Mathematikunterricht (Pielsticker, 2020) richten das Mathematiklernen bewusst an empirischen Objekten aus, die als Ausgangspunkt mathematischer Wissensent-wicklungsprozesse gelten. Solche empirischen Objekte lassen sich in der unmittel-baren Erfahrungswelt der Schüler*innen finden, die gerade Gegenstand des Sach-unterrichts ist.

Solche Lernumgebungen, die beabsichtigen, mathematisches Wissen anhand realitätsnaher Kontexte (im Folgenden unter dem Begriff der Empirie gefasst) durch Schüler*innen (re-)konstruieren zu lassen, wollen wir im Folgenden unter dem Be-griff des empirischen Settings nach Dilling (2022) fassen. Unter einem empirischen Setting werden Lernumgebungen verstanden, „in denen empirische Objekte eine tra-gende Rolle spielen" (Dilling, 2022, S. 5). Um zu verstehen, worin die genuine Ver-bindung zwischen dem Einsatz eines empirischen Settings (am exemplarischen Bei-spiel des Maßstabsbegriffs) und die wesentliche Chance für fachlich orientiertes Ler-nen in der Verbindung von Mathematik und Sachunterricht liegt, werden im Beitrag zunächst die erkenntnistheoretischen Grundlagen zur Wissensentwicklung in empiri-schen Settings im Mathematikunterricht ausgeführt. Dabei wird die besondere Rolle der empirischen Objekte als Teil der Erfahrungswelt der Schüler*innen deutlich. Im Anschluss daran wird ein empirisches Setting zum Maßstabsbegriff vorgestellt und ausgewählte Ergebnisse einer Studie zu dem in diesem Setting rekonstruierten ma-thematischem Wissen von Schülerinnen einer dritten Jahrgangsstufe dargestellt. Auf dieser Basis wird dann die sich durch dieses Setting ergebende Chance für fachlich orientierte fächerverbindende Aktivitäten zum Sachunterricht aufgezeigt.

2 Ein Beschreibungsrahmen

Die Beschreibung mathematischen Wissens als empirische Theorie

Empirische Theorien im Rahmen der Mathematikdidaktik

Schüler*innen (der Grundschule) verfügen über eine empirische Auffassung von Mathematik (vgl. Burscheid & Struve, 2020a). Das bedeutet, dass sie Mathematik erkenntnistheoretisch betrachtet im Sinne einer Naturwissenschaft auffassen (vgl. Witzke, 2009) und nicht als Wissenschaft formaler Systeme. Die Struktur des mathematischen Wissens von Schüler*innen lässt sich mit Hilfe des Konzepts der empirischen Theorien und unter Nutzung des strukturalistischen Theorienkonzepts (vgl. Stegmüller, 1985) präzise beschreiben, wobei der Ursprung der Konstruktion einer solchen Theorie in der Erfahrungswelt der Schüler*innen liegt. Die Nutzung des Konzepts der empirischen Theorien im Kontext der Mathematikdidaktik geht zurück auf Burscheid & Struve (vgl. z. B. 2020b) und wurde seither erfolgreich in der Mathematikdidaktik eingesetzt (siehe hierzu: Dilling, 2022; Pielsticker, 2020; Schlicht, 2016; Schneider, 2023; Stoffels, 2020; Witzke, 2009).

Unter einer Theorie wird im Rahmen der empirischen Theorien ein Konstrukt verstanden, welches aus einem mathematischen Kern < K > und einer Klasse intendierter Anwendungen besteht < I >, auf die sich die Theorie erstrecken soll (vgl. Burscheid & Struve, 2020b, S. 63). Unter einer empirischen Theorie versteht man also ein Tupel aus einem mathematischen Kern und einer Klasse intendierter Anwendungen: < K, I >. Der mathematische Kern umfasst Klassen von Modellen, die gemeinsam die mathematische Grundstruktur der Theorie beschreiben. Zur Formulierung einer empirischen Theorie werden dazu paradigmatische Beispiele aus der Klasse der intendierten Anwendungen angegeben, die diese charakterisieren. Um das mathematische Wissen von Schüler*innen adäquat als empirische Theorie zu beschreiben, ist es notwendig, diese Strukturen der Theorie(n) zu explizieren, die den Schüler*innen im Rahmen von Analysen zugeschrieben werden.

Grundbegriffe und Grundzüge des strukturalistischen Theorienkonzepts

Die grundlegende mengentheoretische Definition einer empirischen Theorie ist das Theorieelement $T = <K,I>$. Der Kern $<K>$ umfasst die Modellklassen der partiellen Modelle (M_{PP}), der potenziellen Modelle (M_P) und der Modelle (M) einer Theorie. Darüber hinaus ist es nützlich Querverbindungen (Q) zu beschreiben, um mögliche Überschneidungen von Anwendungen einfach formulieren zu können. Zur Klasse der intendierten Anwendungen (I) werden paradigmatische Beispiele angegeben.

Ein *partielles Modell (M_{PP})* einer Theorie beschreibt die intendierten Anwendungen mit Hilfe derjenigen Begriffe der Theorie T, die von T unabhängig sind, die also ostensiv oder operational definierbar sind oder in Vortheorien erklärt sind. Diese nennt man empirische oder auch nicht-theoretische Begriffe Durch Hinzufügen von theoretischen Begriffen entsteht aus einem partiellen Modell *ein potenzielles Modell (M_P)*. Daher spricht man auch von T-theoretischen und T-nicht-theoretischen Begriffen.

Bei der Rekonstruktion von Schülerverhalten kommt den theoretischen Begriffen eine besondere Bedeutung zu. Sie können nur innerhalb einer Theorie verstanden werden und ihre Theorezität ist somit stets auf die formulierte Theorie relativiert. Das bedeutet, dass nur innerhalb und in Bezug auf eine konkrete Theorie der Status des Begriffs als theoretischer Begriff oder nicht-theoretischer Begriff bestimmt werden kann. Daher ist es günstig von T-theoretischen Begriffen bzw. nicht T-theoretischen Begriffen zu sprechen.

„T-theoretische Begriffe sind solche, deren Bedeutung erst in der Theorie T geklärt wird (vgl. Burscheid & Struve, 2009) (...) Ausschließlich T kann den fraglichen Begriff definieren (...) Beispiele für T-theoretische Begriffe sind der Kraftbegriff in Bezug auf die Newtonsche Mechanik (vgl. Burscheid & Struve, 2009).
- der Geradenbegriff in Bezug auf die Zeichenblattgeometrie (vgl. Struve, 1990),
- der Begriff der unendlich kleinen Größe in Bezug auf den Calculus nach Leibniz (vgl. Witzke, 2009) (...)" (Pielsticker, 2020, S. 42 f.)

Potenzielle Modelle enthalten sowohl theoretische als auch nicht-theoretische Begriffe einer Theorie (vgl. Balzer, 1982, S. 223). Sie enthalten damit alle notwendigen Komponenten, um eine intendierte Anwendung als Modell einer empirischen Theorie zu beschreiben. Dabei müssen die Axiome der Theorie (im Folgenden als Fundamentalgesetz der Theorie bezeichnet) noch nicht erfüllt sein. Solche potenziellen Modelle, die auch das Fundamentalgesetz der Theorie erfüllen, werden Modelle der Theorie genannt. Potenzielle Modelle können dementsprechend auch als solche Modelle charakterisiert werden, die möglicherweise ein Modell sein könnten. Ist innerhalb eines potenziellen Modells zu einer Theorie T das Fundamentalgesetz der Theorie darüber hinaus erfüllt, sprechen wir von einem *Modell (M)* der Theorie T. Das Modell einer Theorie ist somit als Teilklasse der potenziellen Modelle zu verstehen und liegt vollständig innerhalb der Klasse der Modelle. Das Fundamentalgesetz grenzt damit die Klasse der potenziellen Modelle von der Klasse der Modelle einer Theorie ab.

Eine präzise Formulierung kann durch die Nutzung der informellen Axiomatik erreicht werden. Die Grundbegriffe einer Theorie werden darin als Variable gedeutet und durch eine informelle Axiomatisierung definiert. Die dazu verwendete

Axiomatisierung wird als informell bezeichnet, „weil die mengentheoretischen Begriffe nicht im Rahmen eines formalen Systems der Mengenlehre eingeführt werden, sondern im Rahmen der Umgangssprache auf rein intuitiver Grundlage." (Stegmüller, 1985, S. 39). Bei denen im Fundamentalgesetz der Theorie formulierten Axiomen handelt es sich dementsprechend nicht zwangsläufig um Axiome im Sinne eines mathematischen Axiomensystems, sondern um eine Verbindung der durch die Axiome gestellten Forderungen an die mathematische Grundstruktur der Theorie. Zu Gunsten einer sprachlichen Klarheit scheint es daher sinnvoll von dem Fundamentalgesetz einer empirischen Theorie zu sprechen.

Grundzüge des SEB-Konzepts

Mit Hilfe des SEB-Konzepts (Bauersfeld 1983, 1985) und unter Nutzung des strukturalistischen Theorienkonzepts lässt sich anhand des beobachtbaren Verhaltens das mathematische Wissen der Schüler*innen beschreiben. In SEB-Konzept wird Lernen als Entwicklung „Subjektiver Erfahrungsbereiche" (kurz: SEB) verstanden, deren Konstitution und Aktivierungsbereitschaft auf individuellen Erfahrungen des Subjekts basieren. Das bedeutet, sie beschränken sich nicht auf kognitive Aspekte, sondern umfassen stets alle Komponenten, die innerhalb dieser Erfahrung gemacht wurden. Jede Erfahrung ist total, was bedeutet, dass sie nicht nur das darin erworbene Wissen umfasst, sondern es keinen Bereich der Wahrnehmung eines Subjekts gibt, der durch eine Erfahrung ausgeschlossen würde. Diese Erfahrung wird konkretisiert durch die Beschreibung „spezifischer Elemente" eines SEB. Bauersfeld führt dazu exemplarisch einige spezifische Elemente auf (z. B. Wissen, mathematischer Habitus, Wertung, Emotionen usw.) vgl. Bauersfeld (1983, S. 28). Spezifische Elemente sind dabei als exemplarische Beispiele einer nicht-abgeschlossenen Auflistung zu verstehen, was durch „usw." verdeutlicht wird (vgl. Stoffels, 2020).

Das SEB-Konzept geht davon aus, dass jede Erfahrung in einer Situation erworben wird und dass diese Erfahrung zunächst an die Erwerbssituation gebunden ist. Das gilt auch für das darin verortete Wissen eines Individuums. Das bedeutet, dass das Wissen, welches in einer gewissen Situation erworben wird, nicht ohne Weiteres auf andere Situationen übertragbar ist.

Neben den spezifischen Elementen eines SEB lassen sich grundsätzlich zwei Klassen von Merkmalen beschreiben, die innerhalb eines SEB auftreten: Perspektiven und Funktionen. Die Perspektive beschreibt die Sichtweise, die das Individuum auf ein Objekt einnimmt und „setzt sich aus Elementen zusammen, die aktive Beschreibungen sind" (Lawler, 1981, S. 4) und das Objekt durch diese Beschreibung identifizieren. Die Funktion beschreibt, welchen Zweck die Objekte (unter der eingenommenen Perspektive) erfüllen können. Perspektiven und Funktionen sind also untrennbar miteinander verbunden. Ein Individuum kann auf ein Objekt dennoch unterschiedliche Perspektiven einnehmen. Die eingenommene Perspektive bestimmt dann jedoch die Funktion, die ein Objekt innerhalb der eingenommenen Perspektive beispielsweise durch eine Handlung mit diesem Objekt, erfüllen kann. Deren Beschreibung stellen wesentliche Elemente zur Identifikation und Unterscheidung von SEBen dar, die zur Rekonstruktion von Wissensentwicklungsprozessen wichtig sind.

Die Gesamtheit aller in einem Individuum verorteten SEBe wird „society of mind" (Bauersfeld, 1983) genannt. Die SEBe liegen in der society of mind nichthierarchisch gegliedert nebeneinander und konkurrieren um Aktivierung. Ein SEB wird dann aktiviert, wenn das Individuum eine Situation wahrnimmt, die hinreichend ähnlich zu der im SEB verankerten Erfahrung ist. Die Aktivierung eines SEB erfolgt über vorbewusste Kontrollmechanismen, die durch das Individuum nicht aktiv gesteuert werden können. Das bedeutet, dass das Individuum keinen aktiven Einfluss darauf hat, welcher SEB in einer gewissen Situation aktiviert wird.

3 Rekonstruktion einer empirischen Theorie zu Maßstäben

Anlage und Rahmen der empirischen Untersuchung – das Setting

Die Untersuchung erfolgte in einer dritten Jahrgangsstufe einer Regelschule. In einem unterrichtsnahen Forschungsdesign wurde dazu ein empirisches Setting entwickelt, in dem die Schüler*innen die Aufgabe hatten, Möbel ihres Klassenraumes maßstabsgetreu auf einem Plan abzubilden. Dazu wurde ein maßstabsgetreuer Plan des Klassenraumes (Maßstab 1:20) angefertigt, auf dem Wände, Fenster, Türen, Tafel sowie einige größere Möbelstücke wie Regale eingezeichnet waren. Um die Möbelstücke abzubilden, wurden den Schüler*innen im Setting buntes Papier, Zollstöcke und Maßbänder zur Verfügung gestellt. In den zur Untersuchung herangezogenen Klassen wurde der Maßstabsbegriff noch nicht eingeführt, sodass nicht zu erwarten war, dass die Schüler*innen dazu bereits eine Berechnungsvorschrift kennen gelernt hatten. Um die Schüler*innen im Einstieg kognitiv auf den Maßstabsbegriff zu aktivieren, wählte die Lehrkraft exemplarisch ein Möbelstück aus dem Klassenraum aus, um es auf dem Plan abzubilden. Die Größe dieses Modells wurde dazu bewusst deutlich zu groß gewählt.

Für die Schüler*innen stellte sich dadurch ein kognitiver Konflikt ein und schnell wurde klar, dass die auf dem Plan abgebildeten Möbelstücke in einer „pas-

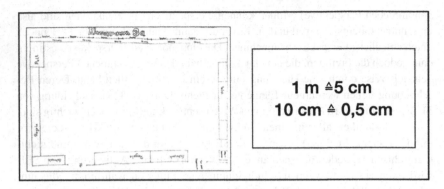

Abb. 1 Plan des Klassenraumes und Tafelanschrieb aus dem Einstieg

senden Größe" abgebildet werden müssen. Anschließend wurde der Begriff des Maßstabs besprochen und festgehalten, dass ein Meter in der Wirklichkeit 5 cm auf dem Plan entspricht und 10 cm in der Wirklichkeit 0,5 cm bzw. 5 mm auf dem Plan entsprechen (vgl. Abb. 1). Nach dieser kurzen Einstiegsphase arbeiteten die Schüler*innen jeweils in Partnerarbeit im Setting. Die Arbeitsphase wurde videografiert und anschließend transkribiert. Die angefertigten Transkript stellten die Datengrundlage der Auswertung dar.

Ziel der Analysen war es, die am Wissensentwicklungsprozess beteiligten SEBe unter dem Fokus des darin identifizierten mathematischen Wissens zu rekonstruieren (vgl. Schneider, 2023). Zwei der SEBe zeichneten sich dabei durch eine ähnliche innere Struktur aus. In einem dieser SEBe nehmen die zur Untersuchung ausgewählten Schülerinnen eine geometrische Perspektive auf das Setting ein. Innerhalb dieses SEBs ließ sich das mathematische Wissen als empirische Theorie T_{GM} (Theorie geometrischer Maßstab) rekonstruieren. Innerhalb des zweiten SEBs nehmen die Schülerinnen eine arithmetische Perspektive auf das Setting ein. Anhand einer ausgewählten Szene wird im Folgenden ein exemplarischer Einblick in einen Bearbeitungsprozess der Schüler*innen unter der geometrischen Perspektive sowie der Rekonstruktion der empirischen Theorie T_{GM} gegeben.

Exemplarische Einblicke in die Rekonstruktion

Um einen exemplarischen Einblick in die Wissensentwicklungsprozesse der Schüler*innen zu erhalten, wird anhand einer ausgewählten Szene das Vorgehen und wesentliche Ergebnisse der Untersuchung aufgezeigt. Die Szene beginnt, als die

Schülerinnen Corinna und Esther nach der Einstiegssituation auf ihren Plätzen ankommen und sich einen ersten Überblick über die Arbeitsmaterialien verschafft haben. Auf ihrem Tisch befindet sich der Plan des Klassenraumes, ein Zollstock, buntes Papier sowie die Mäppchen der Schülerinnen. Corinna und Esther beginnen mit der Bearbeitung der Aufgabenstellung. Die Schülerinnen nutzen den Plan zur Abbildung der Möbel aus dem Klassenraum. Es zeigt sich, dass die durch die Schülerinnen hier angenommenen Maße der verkleinerten Möbelstücke nicht beliebig gewählt werden, sondern bereits intuitiv Areale und Maße angenommen werden, die für eine innerhalb des Settings sinnvolle Abbildung der verkleinerten Möbelstücke günstig sind.

Hinsichtlich des hier rekonstruierbaren mathematischen Wissens zeigt sich, dass der Plan durch beide Schülerinnen als Abbildungsebene zur Darstellung der Anordnung von Möbelstücken aus dem Klassenraum genutzt wird (vgl. Z. 17, Z. 20, Z. 21). In Zeile 21 beschreibt Corinna mit Hilfe des Zollstocks Areal und „Linien" auf dem Plan, mit denen sie Standorte und Areale von Möbelstücken aus dem Klassenraum beschreibt. Corinnas Handlungen lassen den Schluss zu, dass sie bereits eine sehr konkrete Vorstellung davon hat, wie einzelne Möbel auf dem Plan dargestellt werden können. Die von Corinna auf dem Plan angezeigten Areale geben Hinweise darauf, dass Corinna hier die Objekte aus dem Klassenraum als Figuren wahrnimmt, die durch eine Draufsicht entstehen und in einer angemessenen Größe auf den Plan des Klassenraumes überträgt.

Corinnas Handlungen lassen sich nun wie folgt einordnen: Sie können interpretiert werden als Handlung mit einer Menge von Objekten (D). Diese Menge von Objekten lässt sich genauer beschreiben als Vereinigung einer Menge von Objekten aus dem realen Klassenraum (D_R) und einer Menge von Objekten, die auf dem Zeichenblatt (Plan) verortet werden können (D_Z). Die Objekte aus R und aus Z werden jeweils als Figuren interpretiert, die sich aus der Draufsicht auf das Möbelstück (F) bzw. durch die Gestalt des Papiermodells auf dem Zeichenblatt (F') beschreiben lassen. Offensichtlich stellt Corinna eine Verbindung zwischen solchen Figuren F und F' her, sodass diese in einer Relation zueinander stehen. Das bedeutet, dass Corinna zu einer Figur F aus D_R eine Vorstellung zu einer Figur F' aus D_Z hat, sodass F und F' in einer Relation zueinander stehen. Diese Relation wollen wir im Folgenden als μ bezeichnen. Die Figuren F' sind zu diesem Zeitpunkt in Corinnas Vorstellung vorhanden und für andere dadurch nicht per se empirisch wahrnehmbar. Dadurch, dass Corinna diese jedoch direkt auf dem Plan anzeigt, werden die in Corinnas Vorstellung existenten Objekte physikalisch repräsentiert und in Folge dessen auch für andere (zum Beispiel für Esther oder für einen anderen Beobachter) empirisch wahrnehmbar. Corinna scheint die Figuren F' also auf der Ebene des Zeichenblattes zu verorten, sodass F' als Teilmenge von Punkten einer euklidischen Ebene Z (hier dem Plan) verstanden werden kann (Abb. 2).

16	Esther	*[greift nach dem Zollstock in Corinnas Hand]* also ich mess ma grad die Bänke
17	Corinna	Warte ich wollt dir was zeigen *[zieht den Zollstock ein Stück zurück und klappt ein Teil auf]* wie wärs wenn man zum Beispiel den Bänkekreis *[zeigt mit dem aufgeklappten Zollstock auf dem Plan in den Bereich vor der Tafel, hebt den Zollstock an und führt ihn in den hinteren Teil des Klassenraumes*
18	Esther	Nee dann können wir nich mehr so gut an die Tafel sch
19	Corinna	Stimmt (.) aber
20	Esther	Die Stühle *[zeigt mit ihrer Hand eine kreisende Bewegung im hinteren Teil des Klassenraumes auf dem Plan]* die würd ich auf jeden Fall [unverständlich]
21	Corinna	Irgendwie find ich das doof *[tippt mit dem Zollstock direkt auf eine Stelle vor der Tafel auf dem Plan]* dass die grüne Bank hier ist *[zeigt eine Linie vor der Tafel an]* dass wir nicht mehr hier dem *[deutet mit dem Zollstock auf dem Plan Linien an 1 dann 2]* 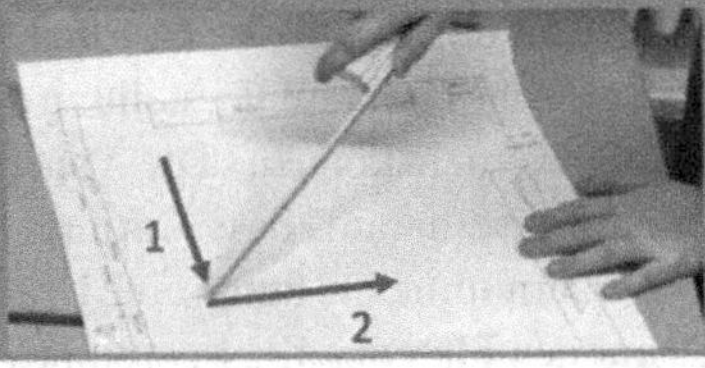

Abb. 2 Transkriptausschnitt – Der Plan als Abbildungsebene

Betrachtet man die konkrete Handlung, die Corinna hier auf dem Plan ausführt, so fällt darüber hinaus auf, dass die von ihr gezeigten Maße keineswegs beliebig sind, sondern sich an der Größe des Planes orientieren. So scheint sie die Maße an den visuell wahrnehmbaren Objekten auf dem Plan zu orientieren. Corinna scheint damit eine Relation zwischen den Ausmaßen von Objekten (wahrgenommen als Figuren) aus D_R zu nutzen und diese auf die Ausmaße der Figuren F' aus D_Z zu übertragen. Damit dies gelingt, ist es notwendig, dass zwischen den Ausmaßen von Figuren, die auf Z dargestellt werden sollen, eine Relation hergestellt wird. Gleichzeitig muss Corinna hier eine Relation zwischen den Ausmaßen von Objekten in R nutzen, um eine in dieser zunächst intuitiv „passenden Abbildungsgröße" zu erreichen. Denn nur dann, wenn Corinna eine Vorstellung davon hat, in welchem Verhältnis zum Beispiel die Länge einer Bank zu der Länge des Klassenraumes oder zu der Breite der Tafel hat und nur dann, wenn sie dieses Verhältnis auf die verkleinerte Abbildung auf dem Plan überträgt, ist sie in der Lage, sinnvolle Areale oder Längen für Möbelstücke anzuzeigen. Diese Verhältnisse werden von Corinna intuitiv genutzt um eine Abbildung in einer „passenden Größe" zu erreichen und lassen sich innerhalb einer empirischen Theorie als Relation $F\mu F'$ beschreiben. Wir erhalten damit Hinweise darauf, dass Corinna hier einer Theorie folgt, die eine verkleinerte Abbildung von Möbeln in einem Klassenraum intuitiv durch eine geometrische Perspektive auf das Setting zulässt.

Corinnas Handlungen lassen den Schluss zu, dass sie eine Perspektive auf das Setting eingenommen hat, bei der die Möbelstücke aus dem realen Klassenraum als Figuren wahrgenommen werden, die es auf einen Plan zu übertragen gilt. Diese Übertragung erfüllt aus Corinnas Perspektive den Zweck, die Möbelstücke aus dem realen Klassenraum auf dem Plan abzubilden. Hinsichtlich der Rekonstruktion des mathematischen Wissens als empirische Theorie, lassen sich folgende Bestandteile einer empirischen Theorie beschreiben:

- Eine Objektmenge D als Menge von Figuren, die im Klassenraum und auf dem Zeichenblatt wahrgenommen werden.
- Eine Objektmenge D_R als Menge von Figuren F.
- Eine Objektmenge D_Z als Menge von Figuren F'.
- Eine Relation μ zwischen F und F': $F\mu F'$.

Eingebettet sind diese Elemente in einen SEB mit der Perspektive eines visuellen, intuitiven Vergleichs geometrischer Verhältnisse von Figuren.

Die an dieser Stelle für Corinna rekonstruierbaren Aspekte ihres mathematischen Wissens zeichnen sich durch eine ontologische Bindung aus. Corinnas Handlungen stehen stets in einem engen Bezug zur Empirie, die hier auf unterschiedliche Weise von Corinna genutzt wird. So referiert Corinna zum Beispiel dann auf die im Setting für sie zugänglichen empirischen Objekte, wenn sie intuitiv Objekte aus dem Klassenraum als Figuren F auf dem Plan beschreibt. Der Plan des Klassenraumes übernimmt dabei die Funktion eines Referenzobjektes, an dem sich die Relation zwischen F und F' orientiert. Wir erhalten damit Hinweise auf die empirischen Strukturen der Theorie, der Corinna an dieser Stelle zu folgen scheint. Diese lassen sich als partielles Modell der Theorie T_{GM} beschreiben.

Die Theorie T_{GM}

Startpunkt der Konstruktion der Theorie T_{GM}

Der Ausgangspunkt zur Konstruktion der Theorie T_{GM} sind Seherfahrungen zu ähnlichen Figuren wie Schüler*innen diese spätestens seit ihrer Einschulung im täglichen Unterricht begegnen. Diese begegnen den Schüler*innen stets dort, wo zum Beispiel Buchstaben, Zeichnungen, Zahlen u. ä. von der Tafel in das eigene Heft übertragen werden sollen. Um die Symbole unserer Schriftsprache sowie unsere Zahlsymbole zu erlernen, kommt es darauf an, dass diese Symbole nicht nur für den Schreiber selbst erkennbar sind, sondern auch von jedem anderen, der die gleiche Schriftsprache erlernt hat, erkannt werden können. Das bedeutet, dass Buchstaben und Zahlen stets in hohem Maße ähnlich zueinander sein müssen, um gelesen werden zu können. Der Begriff der Ähnlichkeit wird in diesem Zusammenhang häufig umgangssprachlich verwendet. Etwa wenn die Lehrkraft den Lernenden für ein gelungenes Ergebnis lobt: „Der Buchstabe sieht schon ganz ähnlich aus, wie der an der Tafel. Prima!" Oder wenn die Lernenden selbst erkennen, dass ein geschriebener Buchstabe dem Buchstaben an der Tafel nicht besonders ähnlich sieht: „Oh, das A sieht aber komisch aus". Um ein gelungenes Abbild des Buchstabes von der Tafel zu erreichen, werden dazu intuitiv geometrische Ähnlichkeiten des Symbols an der Tafel wahrgenommen und auf ein Abbild, also dem Buchstaben, der ins Heft abgeschrieben wird, übertragen. Das Symbol, welches auf Basis der Seherfahrung die größte Ähnlichkeit zu dem Ausgangsbuchstaben aufweist, wird als besonders gelungen bewertet. Zur Bewertung des Ergebnisses wird also ein visueller Vergleich zwischen einer Ausgangsfigur (F) und einer abgebildeten Figur (F′) vorgenommen. Werden die Figuren von dem Auge des Betrachters als nahezu kongruent wahrgenommen, ist das Ergebnis gelungen. Diese und ähnliche Seherfahrungen bilden den Startpunkt der empirischen Theorie zu Maßstäben unter einer geometrischen Perspektive (T_{GM}). Eine solche Seherfahrung lässt sich aus mathematischer Sicht als zentrische Streckung bzw. Zentralprojektion beschreiben. Das Auge des Betrachters ist dabei das Zentrum der Zentralprojektion, die die Figur auf dem Zeichenblatt (F′) auf die Figur an der Tafel (F) abbildet (vgl. Abb. 3). Die zentrische Streckung liefert eine geometrische Beschreibung von Ähnlichkeiten geometrischer Figuren, die sich zunächst ohne eine arithmetische Zuordnung von Längen formulieren lässt. Betrachtet man dazu Ähnlichkeitsabbildungen in der euklidischen Ebene, so heißen zwei Figuren genau dann ähnlich zueinander, wenn es eine winkeltreue Abbildung gibt, die eine Figur auf die andere Figur abbildet. Dazu wird angenommen, dass die Figuren F und F′ auf zwei parallelen Ebenen E und E' liegen. Die beiden hier beschriebenen zueinander parallelen Ebenen wollen wir im Folgenden als R und Z bezeichnen. Die Ebene R ist dabei die Ebene, in der im Sinne der Theorie T_{GM} die Objekte des realen Klassenraumes als Figuren einer Ebene interpretiert werden. Die zweite Ebene Z wird zum Beispiel durch ein Zeichenblatt, im vorliegenden Fall also durch den Plan des Klassenraumes, dargestellt.

Die visuell wahrgenommene Kongruenz stellt sich dann ein, wenn das Zeichenblatt in einem Gedankenexperiment parallel zur Tafel gehalten werden kann und es

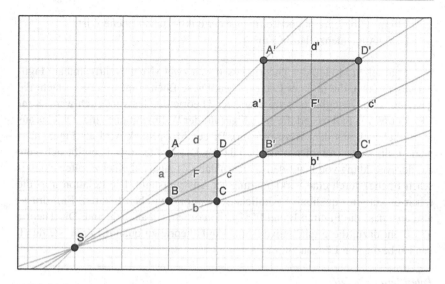

Abb. 3 Abbildung zur zentrischen Streckung (erstellt mit GeoGebra®)

zu einer Deckung der beiden Figuren kommt. Es ist leicht zu erkennen, dass eine arithmetische Beschreibung von Längen und Längenrelationen für den Startpunkt der Theorie keine tragende Rolle spielen. Eine arithmetische Bestimmung einer abgebildeten Länge im vorgegebenen Maßstab kann sinnvoller Weise folgen, wenn die Schüler*innen eine tragfähige Vorstellung von maßstabsgetreuen Abbildungen über geometrische Ähnlichkeiten entwickeln konnten.

Modellklassen, Querverbindungen und intendierte Anwendungen der Theorie T$_{GM}$

Partielles Modell

$$M_{PPTGM} : \langle D, \mu \rangle \text{ mit}$$
$$D : D = D_R \cup D_Z$$

D$_R$ ist eine Menge von Figuren F (D$_R$ = {F, F$_1$, ...})
    Figuren der Menge D$_R$ werden dabei als Menge von Punkten aufgefasst, die die
    Figur F beschreibt und Teilmenge der euklidischen Ebene R ist.

D$_Z$ ist eine Menge von Figuren F' (D$_Z$ = {F', F$_1$', ...})
    Figuren der Menge F$_Z$ werden dabei als Menge von Punkten aufgefasst, die die

Figur F′ beschreibt und Teilmenge der euklidischen Ebene Z ist.

μ eine Äquivalenzrelation FμF

Im partiellen Modell der Theorie lassen sich zwei visuell wahrnehmbare Figuren beschreiben, die in einer Ebene liegen. Diese Ebenen müssen dabei nicht die gleichen sein, wenngleich es im Sinne der Theorie durchaus möglich wäre. Konkret für unseren Fall basiert die erste Figur auf der Wahrnehmung eines Objekts aus R (Möbelstück aus dem Klassenraum). Dieses Möbelstück wird als Figur interpretiert, die sich aus der Draufsicht ergibt (F). Die zweite Figur F′ ergibt sich dann aus der Abbildung von F auf dem Zeichenblatt (Z) (also auf einer zweiten euklidischen Ebene) durch eine Verkleinerung der Ausgangsfigur. Die Relation μ ist die (oben diskutierte) qualitative Ähnlichkeitsrelation zwischen Figuren. FμF drückt also aus, dass die Figuren F und F′ visuell geometrisch ähnlich sind. Die Theorie T_{GM} dient dazu, diese qualitative Ähnlichkeitstheorie zu quantifizieren, sie durch den Einbezug von Längen zu präzisieren.

Potentielles Modell

$$M_{PTGM}:\langle A,k\rangle,\langle D,\mu\rangle \in M_{PPTGM}$$

A   Eine Menge von Abbildungen, sodass es zu jedem Paar von Figuren (F, F′) mit FμF′ genau eine bijektive Abbildung α mit α: F→F′ gibt.

k   eine reelle Zahl

Im potenziellen Modell der Theorie befindet sich eine Menge von Abbildungen zwischen R und Z, durch die die Figuren F und F′ ineinander überführt werden können. Dabei kann es sich um mehrere und verschiedene Abbildungen handeln. Darunter befindet sich stets eine bijektive Abbildung α, sodass es zu jedem Tupel von Figuren (F, F′) genau eine Abbildung gibt, die die Figuren ineinander überführen kann. Die Art der Abbildung kann von F auf F′ oder von F′ auf F vorgenommen werden. Die impotenziellenn Modell verorteten Abbildungen sind dabei noch nicht weiter spezifiziert. Es kann sich also auch um Abbildungen handeln, die keine Ähnlichkeitsabbildungen beschreiben. Ein solcher Fall wäre zum Beispiel dann gegeben, wenn ein verzerrtes Bild (zum Beispiel durch einen schräg stehenden Overheadprojektor) als maßstabsgetreue Abbildung verstanden würde. Zwar gibt es eine Menge von Abbildungen mit der Eigenschaft F→F′, bei F′ handelt es sich jedoch um keine Ähnlichkeitsabbildung zu F mehr. Das bedeutet auch, dass sich nur ein Teil potenzieller Modelle zu einem Modell der Theorie ergänzen lassen, sodass es sich um keine triviale Theorie handelt, sondern um eine Theorie mit empirischem Gehalt. Aus den partiellen Modellen scheiden also solche Tupel zwischen F und F′ aus, die nicht durch eine zentrische Streckung ineinander überführt werden können, für die also zum Beispiel die Projektionsflächen nicht parallel zueinander stehen. Ausgeschlossen werden so zum Beispiel Projektionen von Figuren im Sinne einer Kavalierprojektion oder Militärprojektion, bei denen die Projektion zum Beispiel jeweils unter einem gewissen Winkel erfolgt. Für eine Anwendung, die hier nicht zu den intendierten Anwendungen der Theorie gehört, wäre zum Beispiel der Schattenwurf in der Sonne (oder allgemeiner, der Schattenwurf durch eine Lichtquelle, die nicht parallel zur Projektionsfläche steht).

Modell und Axiom der Theorie

$$M_{TGM} : \langle D, \mu, k \rangle \in M_{PTGM} \text{ mit folgendem Axiom}$$

Ax1   Es gelte FμF′ (d. h. F und F′ seien geometrisch ähnlich und α sei die zugeordnete bijektive Abbildung von F nach F′) dann gilt für alle Punkte A, B von F, dass d(A,B) : d(α(A), α(B)) = k wobei d(A,B) bzw. d(α(A), α(B)) den Abstand der jeweiligen Punkte A und B angibt.

Im Modell der Theorie erfolgt nun eine Quantifizierung der Längenverhältnisse durch einen einheitlichen Streckfaktor k. Das Modell der Theorie fordert, dass die Längenverhältnisse zwischen zwei Punkten in der Ausgangsfigur F und der abgebildeten Figur F′ stets die gleichen sind und dem geforderten Streckfaktor k entsprechen. Die Abbildung von einer Figur F auf eine Figur F′ kann somit im Modell nicht mehr rein intuitiv erfolgen. Hier bedarf es nun einer Quantifizierung der Längenverhältnisse. Die bijektive Abbildung α entspricht der notwendigen Abbildung der Figuren, die bei einer maßstabsgetreuen Abbildung zur Anwendung kommt. Die Funktion, die α innerhalb der Theorie einnimmt, beschreibt dabei den theoretischen Begriff der empirischen Theorie T_{GM}.

Querverbindungen

Eine sinnvolle, wenngleich nicht notwendige Querverbindung besteht für die Theorie T_{MGP} darin, dass der Streckfaktor k in unterschiedlichen intendierten Anwendungen einen analogen Wert erhält. Das bedeutet, dass der Streckfaktor k für ein Objekt (zum Beispiel einen Schülertisch) der gleiche sein soll wie für ein anderes Objekt aus der gleichen Anwendung (zum Beispiel einen anderen Schülertisch). Insofern beide Tische innerhalb der gleichen intendierten Anwendung betrachtet werden, ergibt sich die Gleichheit des Streckfaktors bereits aus den Axiomen des Modells der Theorie.

Zu den intendierten Anwendungen

Als intendierte Anwendungen zur Theorie T_{MGP} lassen sich zum Beispiel Bildprojektionen durch Overheadprojektoren, Dia-Vorträge oder Beamer beschreiben. Dabei wird jeweils ein Bild, welches sich auf einer Ebene befindet (Glasfläche des Overheadprojektors, Folie im Dia oder virtuelles Bild auf einem Bildschirm) auf eine Projektionsfläche projiziert. Diese Projektionsfläche lässt sich dann als zweite euklidische Ebene beschreiben und das darauf projizierte Bild als abgebildete Figur F'. In der Anwendung der hier beschriebenen Techniken wird die Projektion genau dann als gelungen verstanden, wenn die Projektionsflächen parallel zueinander stehen. Die Längenverhältnisse in einem so projizierten Bild entsprechen dann den Längenverhältnissen im Ausgangsbild. Ein Bild, was diesen Längenverhältnissen nicht entspricht, wird als „verzerrt" wahrgenommen und erfahrungsgemäß durch den Anwender der Technik zu korrigieren versucht. Eine digitale Anwendung der Theorie lässt sich darüber hinaus in der Zoomfunktion technischer Geräte wie Smartphones, Tablets oder Computer beschreiben. Um ein betrachtetes Bild zu vergrößern oder zu verkleinern, kann die Zoomfunktion entweder durch bestimmte Touchbewegungen auf einem Bildschirm oder durch eine manuelle Eingabe der gewünschten Zoomgröße erfolgen. Das vergrößert oder verkleinert dargestellte Bild wird stets derart abgebildet, dass alle Längenverhältnisse der Ausgangsfigur auch in der vergrößerten oder verkleinerten Figur erhalten bleiben.

4   Fächerverbindende Implikationen zum Sachunterricht

Anhand der Ausführungen zum Maßstabsbegriff in empirischen Settings im Mathematikunterricht der Grundschule wurde die Bedeutung des Aufgreifens der Erfahrungswelt sowie der subjektiven Vorerfahrungen der Schüler*innen zur Entwicklung einer empirischen Theorie zu Maßstäben herausgestellt. Diese Erfahrungswelt ist gleichzeitig Ausgangspunkt sachunterrichtlichen Lernens in der Primarstufe. Dabei ist es wichtig, diese Erfahrungen stets fachbezogen weiterzuentwickeln:

> „Die besondere Aufgabe des Sachunterrichts besteht darin, Schülerinnen und Schüler dann zu unterstützen, ihre natürliche, kulturelle, soziale und technische Umwelt

sachbezogen zu verstehen, sie sich auf dieser Grundlage bildungswirksam zu erschließen und sich darin zu orientieren, mitzuwirken und zu handeln." (GDSU, 2013, S. 9).

„Kinder haben bei Eintritt in die Primarstufe bereits eigene Erfahrungen mit verschiedenen Phänomenen in ihrer Lebenswelt gemacht und unterschiedliche Aneignungsverfahren spielerisch kennengelernt. Diese kindlichen Lernvoraussetzungen sowie die Fragen, Inte- ressen und Lernbedürfnisse der Schülerinnen und Schüler stellen den Ausgangspunkt des Lernens im Sachunterricht dar und werden weiterentwickelt mit den inhaltlichen und me- thodischen Anforderungen der Bezugsfachwissenschaften (Gesellschaftswissenschaften, Naturwissenschaften und Technik)." (Lehrplan Sachunterricht NRW, S. 178)

Während die breite Ausrichtung des Sachunterrichts die Möglichkeit bietet die Vorerfahrungen der Schüler*innen in ihrer Vielfältigkeit aufzugreifen und die Erfahrungswelt zum Ausgangspunkt von Erkundungen der Schüler*innen zu machen, ist gleichzeitig eine klare fachliche Ausrichtung und Konzeption der Lernangebote zu gewährleisten.

„Dieses gleichgewichtige und wechselseitige Berücksichtigen des „Spannungsfeldes" aus den Erfahrungen der Kinder und und den (inhaltlichen und methodischen) Angeboten der Fachwissenschaften ist konstitutiv für den Sachunterricht. Im didaktischen Auswahlprozess müssen sich diese beiden Blickrichtungen bzw. Zugänge zur Welt gegenseitig kontrollieren. Die Orientierung an den Erfahrungen der Kinder grenzt das Risiko ein, dass Fachorientierung im Unterricht zu erfahrungsleeren Begriffen und Merksätzen führt. Und der auf die Anforderungen von Fächern gerichtete Blick verringert das Risiko, dass sich der Unterricht auf die bloße Reproduktion des Alltagswissens der Kinder beschränkt, Verfälschungen akzeptiert oder die Anschlussfähigkeit an das weitere Lernen verliert." (GDSU, 2013, S. 10).

Die im Beitrag vorgestellten Ergebnisse der Untersuchung zur Wissensentwicklung zum Maßstabsbegriff in empirischen Settings zeigt, dass das Aufgreifen der Erfahrungswelt der Schüler*innen und eine klare fachliche Ausrichtung in diesem Fall keineswegs ein „Spannungsfeld" beschreiben, sondern hier eine genuine Verbindung zwischen den kindlichen Wahrnehmungsprozessen und der (mathematischen) Wissensentwicklung zum Maßstabsbegriff besteht. Das Erkunden der Erfahrungswelt ist zur Entwicklung der empirischen Theorie T_{GM} gerade notwendig. Wie die Rekonstruktion zeigt, sind die damit verbundenen kognitiven Herausforderungen anspruchsvoll.

Diese Erfahrungswelt ist gerade Gegenstand des Sachunterrichts. So lässt sich das hier vorgestellte Setting nicht nur im Mathematikunterricht der Primarstufe verorten, sondern gleichzeitig auch an Schnittstellen zum Sachunterricht.

Entsprechend des Perspektivrahmens Sachunterricht (GDSU, 2013) lässt sich das vorliegende Setting zum Beispiel in die geografische Perspektive einordnen. Hier heißt es unter den Perspektivenbezogeen Denk-, Arbeits- und Handlungsweisen der geografischen Perspektive:

> „Sich in Räumen orientieren, mit Orientierungsmitteln umgehen
> Sich eigenständig in Räumen zu bewegen, zurechtzufinden und sich selber „verorten" zu können, bedingt die (Weiter-)Entwicklung von Fähigkeiten und Strategien zur räumlichen Orientierung und zum Umgang mit verschiedenen Orientierungsmitteln wie Plänen und Karten verschiedener Art. Ausgehend von ihren Alltagserfahrungen lernen die Schülerinnen und Schüler zunehmend, sich in räumlichen Situationen zurechtzufinden, räumliche Merkmale, Lagebezüge, Proportionen und Dimensionen, Verbindungen und Netze zu verorten und räumliche Situationen aus verschiedenen Blickwinkeln zu betrachten.
> Schülerinnen und Schüler können:
> (…)
> - Wichtige Darstellungsmittel (z. B. Signaturen, Maßstabsangaben auf Balken, Richtungsangaben, Koordinatenmuster) auf Karten lesen und beschreiben.
> - sich anhand von Hilfsmitteln (z. B. einer einfachen Kartenskizze, einem Ortsplan (…)) im Realraum orientieren (…) und ausgehend von der Darstellung in der Karte einfache räumliche Situation beschreiben." (GDSU, 2013, S. 50).

Inwiefern diese expliziten Ziele des Sachunterrichts im Unterricht aufgenommen und in welcher Form sie umgesetzt werden, bleibt dabei der jeweiligen Lehrkraft überlassen. Planungsmodelle wie sie von Peterßen (z. B. 2000), Beckmann (2003) oder Mögling (2010) vorgeschlagen werden, können zur explizit fächerverbindenden Planung eine Orientierung geben, bei der ggf. auch weitere Fächer beteiligt werden. Wichtig zu berücksichtigen ist jedoch, dass insbesondere die hier aufgeführten fachlichen Zielsetzungen nur durch ein ernst nehmen der individuellen Erkundungen auf Basis der subjektiven Erfahrungen der empirischen Objekte der Erfahrungswelt der Schüler*innen erreicht werden können.

5   Fazit und Ausblick

Das hier explizit vorgestellte Ergebnis sowie weitere Ergebnisse der Untersuchung geben aus unserer Sicht interessante Hinweise zur Behandlung von Maßstäben im Mathematikunterricht der Grundschule sowie Hinweise auf Chancen einer fächerverbindenden Behandlung in Verbindung mit dem Sachunterricht. Ausgangspunkt der (mathematischen) Wissensentwicklung ist dabei die Erfahrungswelt der Schüler*innen, im Besonderen die sich darin befindlichen unmittelbar zugänglichen

Objekte sowie die subjektiven Erfahrungen der Lernenden. Gerade in dieser engen Verbindung (mathematischer) Wissensentwicklung auf Basis subjektiver Erfahrungen, lassen sich wesentliche Chancen für fächerverbindendes Arbeiten im Mathematik- und Sachunterricht der Primarstufe erkennen.

Das Konzept der empirischen Theorien ermöglicht präzise Einsichten in die mathematische Wissensentwicklung von Schüler*innen der Grundschule, die gleichermaßen aus Sicht der mathematikdidaktischen Forschung als auch für die Praxis von zentraler Bedeutung sein können. So kann die Sensibilisierung der Lehrkraft für die Möglichkeit der Alternative eines geometrischen Verständnisses von Maßstäben sinnvoll sein. Darüber hinaus lassen sich in einem so angelegten empirischen Setting zum Maßstabsbegriff wesentliche Chancen für fachlich orientierten, fächerverbindenden Unterricht erkennen.

Literatur

Balzer, W. (1982). *Empirische Theorien: Modelle – Strukturen – Beispiele. Die Grundzüge der modernen Wissenschaftstheorie.* Vieweg.

Bauersfeld, H. (1983). Subjektive Erfahrungsbereiche als Grundlage einer Interaktionstheorie des Mathematiklernens und -lehrens. In H. Bauersfeld (Hrsg.), *Lernen und Lehren von Mathematik. Untersuchungen zum Mathematikunterricht* (S. 1–57). Aulis.

Bauersfeld, H. (1985). Ergebnisse und Probleme von Mikroanalysen mathematischen Unterrichts. In W. Dörfler & R. Fischer (Hrsg.), *Empirische Untersuchungen zum Lehren und Lernen von Mathematik* (Beiträge zum 4. Internationalen Symposium für „Didaktik der Mathematik" in Klagenfurt vom 24. bis 27.09.1984, Bd. 10, S. 7–25). Hölder-Pichler-Tempsky.

Beckmann, A. (2003). *Fächerübergreifender Mathematikunterricht. Teil 1: Ein Modell, Ziele und fachspezifische Diskussion.* Franzbecker.

Burscheid, H. J., & Struve, H. (2009). *Mathematikdidaktik in Rekonstruktionen: Ein Beitrag zu ihrer Grundlegung.* Franzbecker.

Burscheid, H. J., & Struve, H. (2020a). *Mathematikdidaktik in Rekonstruktionen. Band 1: Grundlegung von Unterrichtsinhalten* (2. Aufl.). Springer.

Burscheid, H. J., & Struve, H. (2020b). *Mathematikdidaktik in Rekonstruktionen. Band 2: Didaktische Konzeptionen und mathematikhistorische Theorien* (2. Aufl.). Springer.

Dilling, F. (2022). *Begründungsprozesse im Kontext von (digitalen) Medien im Mathematikunterricht Wissensentwicklung auf der Grundlage empirischer Settings.* Springer.

Gesellschaft für Didaktik des Sachunterrichts [GDSU] (Hrsg.). (2013). *Perspektivrahmen Sachunterricht. Vollständig überarbeitete und erweiterte Ausgabe.* Julius Klinmkhardt.

Jansen, P. (2014). Mathematik in der Schulumgebung. *Praxis Grundschule, 37*(3), 6–7.

KMK (Hrsg.). (2004). *Beschlüsse der Kultusministerkonferenz Bildungsstandards im Fach Mathematik für den Primarbereich.* Luchterhand.

Lawler, R. W. (1981). The Progressive Construction of Mind. *Cognitive Science, 5,* (1), 1–30.

Moegling, K. (2010). *Kompetenzaufbau im fächerübergreifenden Unterricht: Förderung vernetzten Denkens und komplexen Handelns. Didaktische Grundlagen, Modelle und Unterrichtsbeispiele für die Sekundarstufen I und II*. Prolog-Verlag.

Müller, G. (1991). Mit der Umwelt muß man rechnen. In H. Gesing & R. E. Lob (Hrsg.), *Umwelterziehung in der Primarstufe* (S. 225–240). Dieck.

Müller, G. (1995). Kinder rechnen mit der Umwelt. In G. N. Müller & E. Wittmann (Hrsg.), *Mit Kindern rechnen*. Arbeitskreis Grundschule e.V.

Peterßen, W. H. (2000). *Fächerverbindender Unterricht. Begriff, Konzept, Planung, Beispiele. En Lehrbuch* (1. Aufl.). Oldenbourg.

Pielsticker, F. (2020). *Mathematische Wissensentwicklungsprozesse von Schülerinnen und Schülern. Fallstudien zu empirisch-orientiertem Mathematikunterricht mit 3D-Druck*. Springer Fachmedien.

Schlicht, S. (2016). *Zur Entwicklung des Mengen- und Zahlbegriffs*. Springer Spektrum.

Schneider, R. (2023). *Empirisches mathematisches Wissen in der Grundschule. Zur Spezifität von Wissensentwicklung in empirischen Settings am Maßstabsbegriff*. Springer Spektrum.

Schwarzkopf, R. (2006). Elementares Modellieren in der Grundschule. In *Realitätsnaher Mathematikunterricht vom Fach aus für die Praxis* (S. 95–105). Franzbecker.

Stegmüller, W. (1985). *Theorie und Erfahrung* (Bd. 2). Springer.

Stoffels, G. (2020). *(Re-)Konstruktion von Erfahrungsbereichen bei Übergängen von empirisch-gegenständlichen u.formal-abstrakten Auffassungen. Eine theoretische Grundlegung sowie Fallstudien zur historischen Entwicklung der Wahrscheinlichkeitsrechnung und individueller Entwicklungen mathematischer Auffassungen von Lehramtsstudierenden beim Übergang Schule-Hochschule*. Universi.

Struve, H. (1990). *Grundlagen einer Geometriedidaktik*. Bibliographisches Institut.

Winter, H. (1976). Die Erschließung der Umwelt im Mathematikunterricht der Grundschule. *SMG, 4*(1976), 337–353.

Witzke, I. (2009). *Die Entwicklung des Leibnizschen Calculus. Eine Fallstudie zur Theorieentwicklung in der Mathematik*. Franzbecker.

„Was ist eine Ungleichung?" – Zusammenhänge zwischen schulischer Vorbildung, mathematischen Vorkenntnissen und Klausurerfolg im ingenieurwissenschaftlichen Bereich

Julian Plack

Während immer mehr Ingenieur*innen in den Ruhestand gehen, scheint es an nachrückenden Generationen zu fehlen. Das Ziel dieser Studie ist es, die schulischen Eingangsparameter herauszustellen, die Einfluss auf die Mathematikkenntnisse nehmen, die für den Beginn des Ingenieurstudiums notwendig sind. Ferner besteht der Anlass darin, die Wichtigkeit des Mathematikstoffs aus der Sekundarstufe I unter Bezugnahme des Klausurerfolgs in der Höheren Mathematik I nach dem ersten Semester zu analysieren. In dieser Studie wurden die Studierenden gebeten, einen Fragebogen zu persönlichen und schulischen Angaben auszufüllen sowie eine Lernstandserhebung mit Aufgaben der Schulmathematik zu bearbeiten.

Die Ergebnisse der quantitativen Studie zeigen, dass Studierende große Probleme mit den Inhalten der Mathematik aus der Sekundarstufe I haben und im Speziellen grundlegende Rechenfertigkeiten nicht beherrschen, was sich auf die Klausurergebnisse am Ende des Semesters auswirkt.

J. Plack (✉)
Didaktik der Mathematik, Universität Siegen, Siegen, Deutschland
E-Mail: plack@mathematik.uni-siegen.de

© Der/die Autor(en), exklusiv lizenziert an Springer Fachmedien Wiesbaden GmbH, ein Teil von Springer Nature 2024
F. Dilling et al. (Hrsg.), *Interdisziplinäres Forschen und Lehren in den MINT-Didaktiken*, MINTUS – Beiträge zur mathematisch-naturwissenschaftlichen Bildung, https://doi.org/10.1007/978-3-658-43873-9_8

Ein weiteres Resultat dieser Studie besteht darin, dass die zuvor abgefragten schulischen Parameter der Durchschnittsnote der Hochschulzugangsberechtigung sowie der Note im Fach Mathematik entscheidende Werte in Bezug zu den mathematischen Eingangskenntnissen darstellen.

1   Einleitung

„[…] viele Studierende scheitern aufgrund von fehlenden elementaren Mittelstufenmathematikkenntnissen an den Klausuren." (Hoppe et al., 2014, S. 166)

Dieser Satz ist bereits seit längerer Zeit in unterschiedlichen Studiengängen der Ingenieurwissenschaften üblich. In der einschlägigen Literatur gibt es eine Gemeinsamkeit: Die Hochschullehrer*innen sind sich einig, dass die mathematischen Kenntnisse, welche die Studierenden aus der Schule mitbringen, nicht ausreichend sind (Schott, 2012, S. 42). Mittels dieser Untersuchung sollen Zusammenhänge zwischen persönlichen und schulischen Faktoren und dem mathematischen Eingangswissen, welches die Studierenden zu Beginn des Studiums aufweisen, herausgestellt werden. Die genannten Daten wurden in der ersten Vorlesungswoche in den Tutorien eingeholt. Des Weiteren wurden die Studierenden über das gesamte Wintersemester 2020/2021 begleitet und zusätzlich die genannten Parameter in Bezug zur Klausur am Ende des Semesters betrachtet. Zudem gibt es von vielen Hochschulen deutschlandweit genannte Untersuchungen im Hinblick auf die Mathematikkenntnisse der Studierenden der Ingenieurwissenschaften (Abel & Weber, 2014; Hoppe et al., 2014; Weinhold, 2014). Diese Erkenntnisse werden mit der Veranstaltung Höhere Mathematik I im Wintersemester 2020/2021 der Universität Siegen abgeglichen und analysiert. In den zur Veranstaltung gehörenden Tutorien sind die Fragen der Studierenden teils weniger inhaltlicher Natur des neuen Mathematikstoffs aus der Vorlesung, sondern vielmehr Fragen zu schulmathematischen Problemstellungen. Dabei sind allen voran Kenntnisse aus der Sekundarstufe I zu nennen. Explizit sind damit elementare Fertigkeiten wie die Bruchrechnung, die Potenzrechnung, vor allem das Kürzen von Potenzen, aber auch Wurzelgesetze gemeint (Plack, 2022, S. 3).

2   Darstellung der Forschungsfragen

Problemdarstellung und Eingrenzung

Mathematische Sachverhalte sind in ingenieurwissenschaftlichen Studiengängen unentbehrlich. Doch gerade diese sollten aufgrund des beklagten Ingenieur*innenmangels in ausreichendem Maße ausgeprägt sein, damit möglichst viele der Studienanfänger*innen ein erfolgreiches Studium absolvieren. Der Ingenieur*innenmangel hat zur Folge, dass Ingenieur*innen nicht ersetzt werden können, sobald sie nach dem Dienst im Alter ausscheiden. Die hohen Abbruchzahlen in ingenieurwissenschaftlichen Studiengängen erfordern Gegenmaßnahmen (Kortemeyer, 2019, S. 1). Hinzu kommt, dass viele Studierende ihr Studium abbrechen oder in einen weniger mathematiklastigen Studiengang wechseln. Diese Problematik lässt sich unter anderem auf eine große Heterogenität der Studierendenschaft zurückführen (Kluge, 2018, S. 999).

Die oben genannten Probleme lassen sich häufig durch fehlende Kenntnisse und Rechenfertigkeiten des Mathematikstoffs aus der Sekundarstufe I begründen, die nicht nur in Deutschland, sondern europaweit zu beobachten sind (Heimann et al., 2016, S. 406). Hoppe et al. versuchen, das Vorhandensein der mangelnden Mathematikkenntnisse zu ergründen. Laut Einschätzungen von Lehrenden an Gymnasien und Berufskollegs sind die Stundenkontingente im Fach Mathematik zu gering. Gerade im Hinblick auf G8 wurde dies verschärft. Dadurch können zum Teil nicht alle Inhalte aufgegriffen werden, die für das Schuljahr angesetzt sind (Hoppe et al., 2014, S. 167). Büchter kommentiert, dass fachliche und inhaltliche Elemente in der Schule nur noch oberflächlich behandelt werden. Diesen Fakt begründet er damit, dass vor ungefähr 25 Jahren 30 Schulhalbjahresstunden für das Fach Mathematik aufgewendet wurden, während der Wert heute bei 23,5 liegt (Büchter, 2016, S. 203). Um an Inhalte anzuknüpfen und vor Beginn des Studiums wieder aufzufrischen, werden an vielen Hochschulen Vorkurse angeboten. Die Ausrichtung der Themen zwischen den Hochschulen unterscheidet sich, bestimmte Gemeinsamkeiten sind aber erkennbar. In der MaLeMINT-Studie wurde untersucht, welche mathematischen Lernvoraussetzungen es von Seiten der Hochschule zu Beginn eines Studiums im MINT-Bereich mindestens bedarf (Neumann et al., 2017, S. 5). Zum Bereich „Mathematische Inhalte", welcher nur einen von vier Bereichen darstellt, lassen sich die folgenden Ergebnisse festhalten. Gerade der Bereich mathematische Grundlagen mit Stoff aus der Sekundarstufe I stößt auf eine breite Zustimmung unter den Hochschullehrenden. Hierzu wurden die meisten Lernvoraussetzungen genannt. Aus den Themenbereichen lineare Algebra, analytische Geometrie und Stochastik wurden weniger Aspekte als notwendige Lernvoraussetzung angesehen als der Analysis (ebd., S. 17). Stochastik erschien neu verbindlich in den Lehrplänen. Dadurch kann für die Analysis, einem der wichtigsten Themenbereiche für ein Ingenieurstudium, nur noch die Hälfte an Unterrichtszeit aufgewendet werden (Büchter, 2016, S. 203 f.). Der Themenbereich der Stochastik nimmt innerhalb der Höheren Mathematik keine Rolle ein: „Das Modul ‚Mathematik für Elektrotechniker I' vermittelt die für ein Technikstudium erforderlichen mathematischen Kenntnisse zur Linearen Algebra sowie zur Differential- und Integralrechnung [...]"[1] (Uni Siegen, 2023, S. 4). In den letzten Jahren wurde festgestellt, dass Kenntnisse aus der Sekundarstufe I nicht mehr vertreten sind. Vor allem Bruchrechnung und generell die Aufgaben, die ohne Zuhilfenahme von Taschenrechnern gelöst werden sollen, bereiten den Studierenden große Schwierigkeiten (Schoening & Wulfert, 2014, S. 219).

Forschungsfragen

In der ersten Forschungsfrage geht es um Mathematikkenntnisse aus der Sekundarstufe I sowie um den Klausurerfolg, der mittels der Klausur zur Höheren Mathematik I am Ende des Wintersemesters 2020/2021 gemessen wird. Die Forschungsfrage lautet:

> „Inwieweit wirken sich Mathematikkenntnisse der Sekundarstufe I auf den Klausurerfolg in HM I aus?"

Dafür werden die Mathematikkenntnisse der Sekundarstufe I durch fünf Aufgaben der Lernstandserhebung getestet. Diese prüfen das Lösen quadratischer Gleichungen unter Bezugnahme der p/q-Formel und der quadratischen Ergänzung, die Bruchrechnung, die Prozent- und Winkelberechnung, die elementaren Kenntnisse der Geometrie unter Bezugnahme eines Dreiecks sowie die linearen Funktionen in einem Anwendungskontext ab. Die zweite Forschungsfrage bezieht sich auf die schulische Vorbildung der Teilnehmer*innen der Lehrveranstaltung sowie Mathematikkenntnisse, welche sich im Gegensatz zu der ersten Forschungsfrage auf die gesamte Lernstandserhebung zu Studienbeginn beziehen. Die schulische Vorbildung beinhaltet sechs Fragen des Fragebogens, die sich auf eine vor Beginn des Studiums absolvierte Berufsausbildung, die Schulform zur Qualifizierung zur Hochschule, die Art der Qualifikation, das Absolvieren eines Grund- bzw. Leistungskurses sowie die durchschnittliche und die Mathematiknote in der Hochschulzugangsberechtigung beziehen. Die zweite Forschungsfrage lautet:

> „Welche Zusammenhänge zeigen sich zwischen der schulischen Vorbildung und den Mathematikkenntnissen zu Studienbeginn?"

---

[1]Dieses Modul bezieht sich auf einen Großteil der ingenieurwissenschaftlichen Studiengänge.

Zum Begriff der Mathematikkenntnisse in den beiden Forschungsfragen lässt sich festhalten, dass diese nur verkürzt einen Ausschnitt möglicher Mathematikkenntnisse aus der Schule abprüfen.

3   Datenerhebung – Daten der Studierenden

Die Anzahl der Teilnehmer*innen der Studie beläuft sich auf n = 95, wobei diese Zahl teilweise geringer und nicht bei allen erhobenen Parametern vertreten ist. Alle Berechnungen und erstellten Diagramme belaufen sich auf Auswertungen mit Microsoft Excel. Im Allgemeinen wird aufgezeigt, welche Voraussetzungen die Studierenden mitbringen, die wiederum unter Abschnitt „Auswertung der Lernstandserhebung" mit den Ergebnissen der Erhebung in Verbindung gebracht werden. Bei der Angabe des Alters lässt sich eine aufgrund der Heterogenität der Studierenden große Spannweite konstatieren. Mit 66 % als ein Großteil der Teilnehmer*innen sind Studierende im Alter von 18–20 Jahren, was auf eine unmittelbare Aufnahme eines Studiums nach dem Erwerb der Hochschulzugangsberechtigung hindeutet. Drei der Teilnehmer*innen sind jünger als 18 Jahre. Insgesamt fünf der Studierenden sind im Alter von 24–29 Jahren, wovon zwei zwischen 27 und 29 Jahren alt sind. Dieser Sachverhalt lässt Rückschlüsse auf eine nach der abgeschlossenen Sekundarstufe I durchgeführte Berufsausbildung vermuten, bei der entweder zuvor oder danach das Abitur oder Fachabitur erworben wurde. Eine weitere Begründung für das überdurchschnittlich hohe Alter könnte auch eine nach der Berufsausbildung weiterführende fachpraktische Tätigkeit sein oder auch ein bereits zuvor absolviertes Studium sowie ein vorheriger Studienabbruch oder Studiengangwechsel. Wenn die Daten hinsichtlich der Aufnahme eines Erststudiums betrachtet werden, stellt sich heraus, dass dies für einen überdurchschnittlich hohen Anteil von 89 % der Studierenden ein Erststudium darstellt. Nur zehn Personen besuchen die Höhere Mathematik I mit einem abgebrochenen Studium bzw. in einem anderen Studiengang höheren Semesters. Darunter befinden sich fünf Personen im dritten Semester, vier Personen im fünften Semester und eine Person im siebten Semester. Mit diesen Angaben lassen sich die oben angestellten Vermutungen präzisieren. Drei der zehn Personen studieren den Studiengang Bachelor Informatik, in dem die Höhere Mathematik I nicht im ersten Semester vorgesehen ist. Über die noch übrigen sieben Personen lassen sich aufgrund des Fragebogens keine weiteren Informationen gewinnen. Am vierwöchigen, vor Beginn des Studiums stattfindenden Vorkurses nahmen mit 54 % nur gut die Hälfte der Studierenden teil, wobei sich der Wert der Erstsemester, die am Vorkurs teilnahmen, auf 60 % beläuft. Die niedrige Teilnahmequote lässt sich ggf. darauf zurückführen, dass die Studierenden mit Beginn der Corona-Pandemie im März 2020 persönliche Kontakte reduzierten und aus diesem Grund nicht am Vorkurs teilnahmen. Um dies zu verifizieren oder zu falsifizieren, müsste diesbezüglich entweder eine Stichprobe der Nichtteilnehmenden aus dem Vorkurs für die Höhere Mathematik I im Wintersemester 2020/2021 befragt werden oder es müssten Werte aus den Vorjahren zu Vergleichszwecken vorliegen, um eine endgültige Aussage treffen zu können. Dennoch könnte die Ablehnung des Mathematikvorkurses einen weiteren Forschungsgegenstand darstellen. Bezüglich der Studiengänge der Proband*innen stellt sich eine große Spannweite heraus. Insgesamt lassen sich fünf verschiedene Studiengänge verzeichnen. Diese gliedern sich in Maschinenbau, Wirtschaftsingenieurwesen, Elektrotechnik, Fahrzeugbau und Informatik. Der größte Anteil von 44 % sind Studierende des Maschinenbaus. Am zweithäufigsten ist der Studiengang Wirtschaftsingenieurwesen mit 31 % vertreten. Die Studiengänge Elektrotechnik und Fahrzeugbau nehmen prozentual jeweils ca. 11 % ein, wohingegen nur drei Personen Studierende der Informatik sind. Bereits seit Jahrzehnten lässt sich ein Lehrkräftemangel in gewerblich-technischen Fächern verzeichnen (Stifterverband, 2017, S. 13). „In den nächsten 10 Jahren wird insbesondere für die beruflichen Fachrichtungen Elektrotechnik, Maschinenbau […] ein besonders hoher Einstellungsbedarf prognostiziert" (MSB, 2023, S. 26). Dieser Mangel kann durch die Studie aus dem Wintersemester 2020/2021 unterstützt werden, da sich in der Stichprobe keine Lehramtsstudierenden befinden. Durch finanzielle Anreize erhofft man sich, Ingenieur*innen für die dargestellten Mangelfächer zu gewinnen (MSB, 2022, S. 2). Hinzuzufügen ist, dass Lehramtsstudierende aus diesem Bereich nicht zwangsläufig grundständig auf Lehramt studieren müssen. Aufgrund des großen Mangels wurden Wege über den Seiten- bzw. Quereinstieg geöffnet, welche in dieser Studie nicht mit aufgenommen werden (Stifterverband, 2017, S. 8). Im Zuge einer Selbsteinschätzung werden die Studierenden gebeten, ihren mathematischen Kenntnisstand in die Kategorien „Hoch", „Eher Hoch", „Eher Gering" und „Gering" einzuschätzen. Darunter schätzen 61 % ihren Kenntnisstand als „Eher Hoch" ein, wohingegen sich eine Person auf einen Kenntnisstand von „Gering" einstuft. Insgesamt geben zwei Personen darüber keine Auskunft. Inwieweit sich die Studierenden selber einschätzen können, wird in Abschnitt „Auswertung der Lernstandserhebung" aufgeführt (Abb. 1, 2 und 3).

Die schulischen Angaben gliedern sich in eine Abfrage einer vorhandenen Berufsausbildung und, sofern vorhanden, in den jeweiligen erlernten Beruf. Ferner beinhalten sie Daten zur besuchten Schulform vor dem Studium, zur Quali-

Abb. 1 Alter der Studierenden

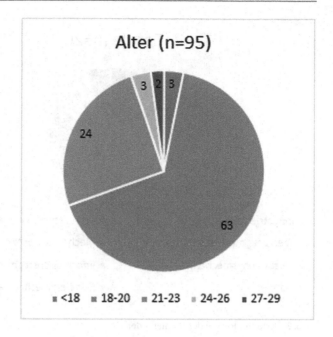

Abb. 2 Studiengänge der Studierenden

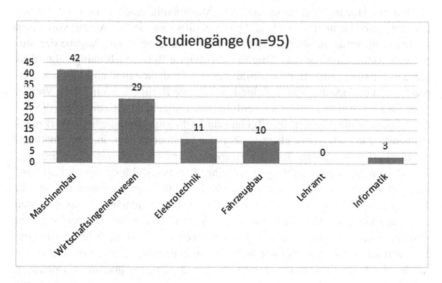

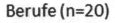

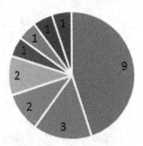

Berufe (n=20)

- Industriemechaniker*in
- Werkzeugmechaniker*in
- Zerspanungsmechaniker*in
- Tischler*in

- Technische/r Produktdesigner/in
- Mechatroniker*in
- Informationstechnische/r Assistent/in
- Feinwerkmechaniker*in

Abb. 3 Erlernte Berufe der Studierenden

fikation zur Hochschule, ob sie im Fach Mathematik einen Grund- oder einen Leistungskurs besuchten, welche Durchschnittsnote sie im Abitur vorweisen sowie die Information über die Note im Fach Mathematik. Die Angabe der Studierenden über eine vor dem Studium absolvierte Berufsausbildung zeigt, dass nur 21 Personen eine Berufsausbildung vor Studienbeginn abschlossen. Insgesamt gibt es darunter acht verschiedene erlernte Berufe, was eine hohe Vielfalt zeigt. Es sind in absteigender Reihenfolge nach Anzahl der Studierenden die Berufe Industriemechaniker*in, Technische/r Produktdesigner*in, Werkzeugmechaniker*in, Mechatroniker*in, Zerspanungsmechaniker*in, Informationstechnische/r Assistent*in, Tischler*in sowie Feinwerkmechaniker*in vertreten. Eine Person gibt bei der Abfrage nach einer Berufsausbildung, obwohl „Ja" angekreuzt wurde, „keine Angabe" an, weshalb den Berufen insgesamt nur 20 statt 21 Studierende zugeordnet werden können. Darunter machten neun Personen eine Ausbildung zum/zur Industriemechaniker*in. Die anderen Berufe sind mit Anteilen zwischen einer und drei Personen vertreten. Als nächstes werden die Schulformen aufgezeigt, mit der sich die Studienanfänger*innen für die Hochschule qualifizierten. Darunter zeigt sich, dass der Zugang über das Gymnasium mit 66 % einen großen Teil darstellt. Der zweithöchste Anteil an Zubringern zur Hochschule ist das Berufskolleg. Der Anteil der Abgänger*innen beläuft sich auf 21 %, der der Gesamtschule auf 13 %. Zwei Personen geben diesbezüglich „keine Angabe" an. Die Qualifikation zur Hochschule kann grundsätzlich nicht nur im klassischen Sinne über das Abitur oder das Fachabitur, sondern auch über die berufliche Qualifikation erlangt werden. Dies meint den Zugang zur Hochschule, nachdem die Studierenden eine mindestens zweijährige Berufsausbildung absolviert haben und zusätzlich mindestens einer dreijährigen beruflichen Tätigkeit nachgegangen sind (Uni Siegen, 2023). Diese Form der Qualifikation ist nicht in der hier vorliegenden Stichprobe enthalten. Eine große Anzahl von 95 % der Studierenden gelangten mit dem Abitur zur Hochschule, wohingegen nur fünf Personen, die sich am Berufskolleg für die Hochschule qualifizierten, mit dem Fachabitur an die Hochschule kamen. Wiedermals machten zwei Teilnehmer*innen „keine Angabe". Fokussiert man sich bei den unterschiedlichen Bildungsgängen mit dem Ziel einer Hochschulzugangsberechtigung auf das Fach Mathematik fällt auf, dass ein Anteil von 79 % der Studienanfänger*innen einen Leistungskurs in Mathematik besuchte. 21 % nahmen am Grundkurs teil. Bei dieser Frage geben drei Personen „keine Angabe" an. Diesbezüglich gilt, einen Aspekt zu ergänzen. Diejenigen unter der gesamten Stichprobe, die das Abitur oder das Fachabitur über einen zweiten Bildungsweg erwarben, konnten diese Frage nicht ordnungsgemäß beantworten, da es dabei die wahlweisen Optionen des Leistungs- oder Grundkurses nicht gibt. Die letzten beiden Aspekte sind die durchschnittlichen Noten im Abitur bzw. im Fachabitur sowie deren Mathematiknote. Bei der Durchschnittsnote lässt sich feststellen, dass 34 % im Notenraum von 2,3–2,8 liegen. Fünf Personen erzielten überdurchschnittlich gute Noten zwischen 1,1 und 1,3, drei dagegen unterdurchschnittliche Leistungen zwischen 3,5 und 4. Hier liegt die Anzahl der Personen ohne Angabe einer Note bei drei. Zuletzt wird noch auf die Mathematiknote der Teilnehmer*innen auf dem Zeugnis der Hochschulzugangsberechtigung eingegangen. Mit Abstand erreichten dabei von gut einem Fünftel eine Punktzahl von 11P bzw. eine Note von 2. Eine Punktzahl von 5P bzw. die Note 4 erreichte ein relativ hoher Anteil. Diese Note war zusammen mit der 3 am dritthäufigsten vertreten. An dieser Notenaufteilung fällt auf, dass auch diejenigen, die eine unterdurchschnittliche Mathematiknote im Abitur bzw. Fachabitur erwarben, sich für einen ingenieurwissenschaftlichen Studiengang entschieden. Die in dem Zusammenhang aufkommende Frage könnte lauten, ob sich die Studierenden vor Antritt des Studiums bewusst waren, dass ein Ingenieurstudium ein sehr mathematikbasiertes Studium bedeutet (Abb. 4, 5 und 6).

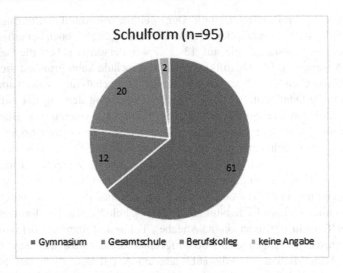

Abb. 4 Schulform zum Erwerb der Hochschulzugangsberechtigung

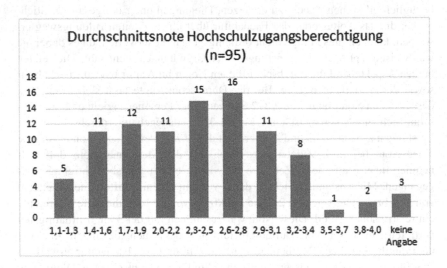

Abb. 5 Durchschnittsnote der Hochschulzugangsberechtigung

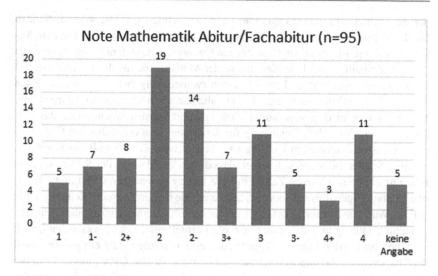

Abb. 6 Note im Fach Mathematik

4 Ergebnisse

Auswertung der Lernstandserhebung²

Die maximal mögliche Punktzahl beträgt 50 Punkte. Der Mittelwert der Punktzahl der Lernstandserhebung der 95 Teilnehmer*innen beträgt 20,3 Punkte mit einer Standardabweichung von 7,1, was prozentual 40,6 % ergibt. Das beste Ergebnis umfasst 76 %, das schlechteste 5 % der möglichen Punkte. Bevor die ermittelten Zusammenhänge aufgezeigt werden, werden einzelne und elementare Aufgaben der Lernstandserhebung hervorgehoben. Eine dieser bestand darin, die Lösungsmenge einer Ungleichung $\left(\dfrac{x+1}{x-1} \leq 2\right)$ zu bestimmen. Nur 13 % der Bearbeitungen sind korrekt, was unterdurchschnittlich in Bezug zum Mittelwert ist. Allein der Ausschluss von $x = 1$ (dann wird der Nenner gleich Null) ist nur selten vertreten und wird von den Studierenden nicht berücksichtigt. Der Kommentar eines Studierenden auf dem abgegebenen Lösungsblatt lautet unter anderem: „Was ist eine Ungleichung?". In einer weiteren Aufgabe sollte eine quadratische Gleichung mittels

---

²Die Lernstandserhebung ist unter https://doi.org/10.1007/978-3-658-39551-3_2 einsehbar.

der p/q-Formel (a) sowie der quadratischen Ergänzung (b) gelöst werden. Nahezu alle Teilnehmer*innen bearbeiteten diese Aufgabe, jedoch gelingt die korrekte Anwendung der p/q-Formel nur 40 % der Studierenden, was sich nicht nur bei diesem Aufgabenteil auf mangelnde Kenntnisse der Mathematik aus der Sekundarstufe I zurückführen lässt. Während nur 25 % den zweiten Aufgabenteil (b) richtig lösen ist besonders auffällig, dass diese Teilaufgabe nur 8 von 95 Personen bearbeiteten. Dieser Wert ist niedrig was darauf zurückgeführt werden könnte, dass das Verfahren der quadratischen Ergänzung für die Lösung von quadratischen Gleichungen nicht in ausreichendem Umfang angewendet wird. Der abgebildete Kommentar eines Studierenden spiegelt wider, dass dieses Verfahren in der Schulzeit kaum bzw. nur über einen kurzen Zeitraum Unterrichtsgegenstand war. Ähnliche Kommentare bestätigen diesen Eindruck: „Habe ich nie benutzt", „keine Kenntnisse der q. E.", „Wurde mal unterrichtet, aber vergessen …", „Kenne keine quadratische Ergänzung". Hingegen gibt es mit der p/q-Formel ein Muster, was schematisch durchgeführt werden kann. So könnte auch erklärt werden, dass ein großer Anteil der Studierenden die angegebene zu lösende quadratische Gleichung nicht in die Ausgangsform bringt, sodass der Faktor vor x^2 gleich Eins und die rechte Seite der Gleichung gleich Null ist. Eine mit Brüchen enthaltene Formel soll in der nächsten Aufgabe nach einer gewählten Variablen (hier: R) umgestellt werden. Ähnlich wie bei der Aufgabe zum Lösen der quadratischen Gleichung gibt es auch hier eine niedrige Quote an Richtiglösungen. Diese Aufgabe bearbeiteten nahezu alle der 95 Teilnehmer*innen und erzielen eine Lösungsquote von 32 %. Dieses Ergebnis bestätigt den Sachverhalt über das Fehlen von Kenntnissen der Mittelstufenmathematik. Eine Ursache für die Falschlösung, dass Studierende unmittelbar den Kehrwert aufschreiben liegt unter anderem darin, dass sie auf beiden Seiten der Gleichung nicht Eins geteilt durch die jeweiligen Ausdrücke berechnen, sondern dass sie durch Eins teilen und dies als richtiges Ergebnis ausgeben (Abb. 7, 8 und 9).

Von insgesamt zehn Items des Fragebogens gibt es sechs nennenswerte Zusammenhänge in Bezug zu der Summe der Punkte aus der Lernstandserhebung. In der ersten Untersuchung stellt sich heraus, dass diejenigen, die sich über das Gymnasium für die Hochschule qualifizierten, besser abschneiden als diejenigen, die an den anderen beiden Schulformen ihren Abschluss machten ($r = 0{,}224$, $p = 0{,}031$). An die Schulform knüpft auch die zweite Feststellung an: 95 % der Studienanfänger*innen besuchen die Hochschule mit einer allgemeinen Hochschulreife. Auch diesbezüglich stellt sich ein Zusammenhang heraus, da die Studierenden mit Abitur in der Lernstandserhebung besser als diejenigen, die mit dem Fachabitur zur Hochschule kamen ($r = -0{,}233$, $p = 0{,}025$), abschneiden. Untersucht man den Faktor eines besuchten Leistungskurses in Bezug zur erreichten Punktzahl in der Lernstandserhebung so stellt sich heraus, dass der Besuch eines Leistungskurses mit

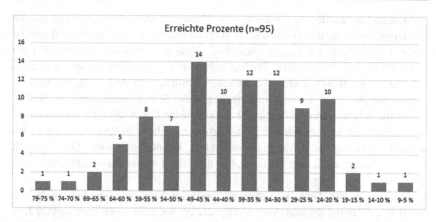

Abb. 7 Erreichte Prozente

Abb. 8 Ungleichung –
Antwort eines
Studierenden

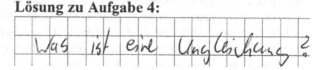

Lösung zu Aufgabe 4:

Abb. 9 Quadratische
Gleichung – Antwort
eines Studierenden

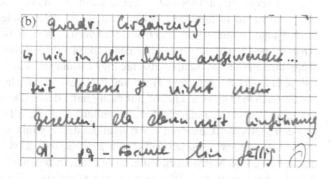

0,306 und einer Irrtumswahrscheinlichkeit von 0,003 korreliert. Die Studierenden, die einen Leistungskurs besuchten, waren demnach besser in der Erhebung. Einen stärkeren Zusammenhang zur Punktzahl im Test nimmt eine gute bis sehr gute Durchschnittsnote im Abitur bzw. Fachabitur. Dabei stellt sich eine statistisch signifikante Korrelation von einem Korrelationskoeffizienten von $r = -0,436$ und $p = 0,000$ heraus. Diese Werte stellen dar: Je besser die Durchschnittsnote der besuchten Schulform ist, umso höher zeigt sich das Eingangswissen. Eine ähnliche

Signifikanz ist in der Betrachtung der Mathematiknote zu erwarten, da die Mathematiknote in die Durchschnittsnote einfließt. Dieser Zusammenhang ist durch die Erhebung belegbar. Je besser die Note der Teilnehmer*innen im Fach Mathematik ist, desto mehr Punkte konnten sie im Eingangstest erreichen ($r = 0{,}368$, $p = 0{,}000$). Keine wesentlichen Einflüsse auf den Erfolg in der Eingangsphase des Studiums besteht hingegen in der Selbsteinschätzung der Studierenden hinsichtlich ihrer mathematischen Kenntnisse. Dabei zeigt sich interessanterweise, dass die Studierenden der Stichprobe eine hohe Selbsteinschätzung zumindest in Bezug zu deren mathematischen Kenntnisse haben. Dies spiegelt der Korrelationskoeffizient von $-0{,}428$ und die Fehlerwahrscheinlichkeit von $0{,}000$ wider.

Abel und Weber, die auch Studierende im Bereich der Ingenieurwissenschaften untersuchten, berichten von einer Studie, die im Rahmen eines Tests seit 20 Jahren das Eingangswissen von Studienanfänger*innen prüft. Dieser wird allerdings in einem Multiple-Choice-Format gestellt, bei dem bei jeder Antwort eine gewisse Ratewahrscheinlichkeit besteht. Sie stellten fest, dass der Mittelwert des Tests innerhalb von 20 Jahren von 58,7 % auf nunmehr 46,1 % fiel (Abel & Weber, 2014, S. 10). Dieser Abfall kann aufgrund des Settings in der hier einmalig durchgeführten Studie nicht verifiziert werden, dennoch stellt sich in dieser Lernstandserhebung ein prozentualer Mittelwert von 40,6 % heraus, was einen geringeren Wert im Vergleich zu Abel und Weber darstellt. Auch Greefrath und Hoever führten eine Studie in ähnlicher Form durch und verzeichneten durchschnittliche Lösungsquoten von 40–50 %. Diesen Sachverhalt beschreiben sie als besorgniserregend und begründen dies aber damit, dass Eingangstests, die über mehrere Jahre durchgeführt wurden, ebenso niedrige Lösungsquoten verzeichneten (Greefrath & Hoever, 2016, S. 528). Henn und Polaczek untersuchten an der Fachhochschule Aachen in einer Studie, ob auf Fachinhalte der Mathematik verzichtet werden kann. Um dies zu untersuchen, formulierten sie diese These: „Vorkenntnisse im Fach Mathematik besitzen einen signifikanten Einfluss auf den Studienerfolg in den Ingenieurwissenschaften" (Henn & Polaczek, 2008, S. 46). Studierende nahmen an einem Mathematik-Eingangstest teil, in dem nur Inhalte der Sekundarstufe I betrachtet wurden. Wie auch bei den Autorinnen waren bei der hier durchgeführten Lernstandserhebung keinerlei Hilfsmittel zugelassen. Ferner wurde auch diese im Anschluss an den Mathematikvorkurs durchgeführt. In der Auswertung dieser Studie zeigt sich, dass sich zwischen der Durchschnittsnote im Schulabschluss zum Ergebnis aus dem Eingangstest ein Korrelationskoeffizient von $r = -0{,}267$ und $p = 0{,}000$ verzeichnen lässt. Ferner zeigt sich ein ähnliches Bild zwischen der Mathematiknote und dem Eingangstest ($r = -0{,}314$, $p = 0{,}000$). Die Ergebnisse über etwaige Zusammenhänge sind in den Augen der Autoren

Tab. 1 Korrelationstabelle Fragebogen – Lernstandserhebung

Korrelationen		SPL
Schulform (Gymnasium)	Korrelation nach Pearson	*0,224**
	Signifikanz (2-seitig)	*0,031*
	n	*93*
Hochschulzugangsberechtigung (Abitur)	Korrelation nach Pearson	*– 0,233**
	Signifikanz (2-seitig)	*0,025*
	n	*93*
Leistungskurs	Korrelation nach Pearson	*0,306***
	Signifikanz (2-seitig)	*0,003*
	n	*92*
Durchschnittsnote HZB	Korrelation nach Pearson	*– 0,436***
	Signifikanz (2-seitig)	*0,000*
	n	*92*
Note Mathematik	Korrelation nach Pearson	*0,368***
	Signifikanz (2-seitig)	*0,000*
	n	*90*
Einschätzung mathematische Kenntnisse	Korrelation nach Pearson	*– 0,428***
	Signifikanz (2-seitig)	*0,000*
	n	*93*

*Die Korrelation ist auf dem Niveau von 0,05 (2-seitig) signifikant
**Die Korrelation ist auf dem Niveau von 0,01 (2-seitig) signifikant
SPL: Summe Punkte Lernstandserhebung

deutlich geringer als vermutet (ebd., S. 47). Durch die hier durchgeführte Studie lassen sich höhere Werte verzeichnen. Die Korrelationskoeffizienten liegen im Vergleich zwischen Test und Durchschnittsnote aus dem Schulabschluss bei $r = – 0,436$ ($p = 0,000$) sowie mit der Note aus dem Fach Mathematik bei $r = 0,368$ ($p = 0,000$) (vgl. Tab. 1). Da die Stichprobe der Autorinnen $n = 1320$ beträgt, lassen sich die hier entstandenen größeren Koeffizienten ggf. auf die deutlich kleinere Stichprobe zurückführen. Im weiteren Schritt werden mithilfe der gesamten Lernstandserhebung die Richtiglösungen der Aufgaben der Mittelstufenmathematik herausgestellt und zusätzlich unter Bezugnahme guter Mathematiknoten untersucht. Betrachtet man die in Abschnitt „Forschungsfragen" dargestellten fünf Aufgaben der Sekundarstufe I, fällt auf, dass nur bei einer Aufgabe (Prozent- und Winkelberechnung) der maximale Prozentsatz von 56 % vorliegt. Der minimale Prozentsatz an Richtiglösungen tritt beim Lösen der quadratischen Gleichung ein und beträgt 2 %. Die noch fehlenden drei Aufgaben befinden sich hinsichtlich der Richtiglösungen zwischen diesen beiden Werten. Henn und Polaczek wiesen zudem nach, dass auch diejenigen, die mit guten bis sehr guten Mathematikkenntnissen zur Hochschule kommen, erhebliche Defizite in der Schulmathematik zeigten (Henn & Polaczek, 2008, S. 47). Dieser Sachverhalt kann in diesem durchgeführten Test bestätigt werden. Nagel und Reiss untersuchten in ihrer Studie unter anderem Aufgaben zu Vektoren, wobei sie diesbezüglich herausstellten, dass in einem 30-minütigen Test von Teilnehmer*innen mit einer durchschnittlichen Mathematiknote von 1,71 und einer Standardabweichung von 0,557 nur 28 % der Studierenden Eigenschaften angeben konnten (Nagel & Reiss, 2015, S. 653 f.). Dies kann mittels einer Aufgabe zu Vektoren aus dieser Erhebung näherungsweise verglichen werden. Die Studierenden wurden gebeten, zwei Möglichkeiten für die Multiplikation von Vektoren anzugeben und folgend auch die Berechnungen durchzuführen. Innerhalb dieser Stichprobe stellen sich kaum abweichende Ergebnisse zu Nagel und Reiss heraus. 32 % der Probanden lösen diese Aufgabe richtig, wobei hier mit 2,43 und einer Standardabweichung von 0,887 eine schlechtere Durchschnittsnote aus dem Schulabschluss zu verzeichnen ist, unterdessen der höhere Wert der Streuung möglicherweise auf die geringere Stichprobe von 74 Teilnehmer*innen zurückzuführen ist, welche bei Nagel und Reiss 438 betrug. Abschließend wird die Aufgabe zur Bruchrechnung im Vergleich zu Abel und Weber dargestellt. Sie konnten in einer Studie unter anderem nachweisen, dass 31 % von 504 Teilnehmer*innen in einem Vortest ohne zugelassene Hilfsmittel die Gleichung $\dfrac{1}{a-b} = \dfrac{1}{a} - \dfrac{1}{b}$ für richtig hielten (Abel & Weber, 2014, S. 10). In dieser Lernstandserhebung wurde eine ähnliche Aufgabe gestellt (vgl. Abb. 10), in der äquivalente Fehler entstanden. Einen nahezu identischen Wert liefert die Auswertung zu der Aufgabe. Die Aufgabenstellung war je-

Lösung zu Aufgabe 6:

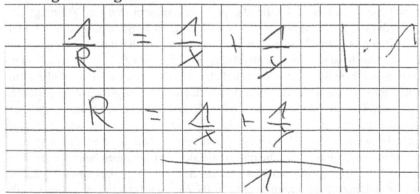

Abb. 10 Bruchrechnung – Antwort eines Studierenden

doch offen gestellt und nicht im Multiple-Choice-Design geschlossen formuliert. Aus diesem Grund muss dieser Vergleich invers betrachtet werden, da nicht die richtigen, sondern die falschen Lösungen betrachtet werden und dabei zeigt sich, dass 68 % diese Aufgabe falsch lösten.

Auswertung der Klausur

Wenn ausschließlich die Teilnehmer*innen einbezogen werden, bei denen die Lernstandserhebung eindeutig der Klausur zugeordnet werden kann, liegt die Anzahl bei 68 Personen. Diese können dann in weiteren Vergleichen Verwendung finden. Unterdessen lässt sich eine durchschnittliche Note von 2,07 dokumentieren, wobei die Standardabweichung 0,985 beträgt. In dieser Stichprobe lassen sich 17 Teilnehmer*innen mit einer Note von 1,0 festhalten, der zweithäufigste Wert ist bei der Note 2,3 mit 12 Teilnehmer*innen zu verzeichnen. Lediglich eine Person ist mit der Note 5 durchgefallen.

Zwei Parameter, die bei dem Vergleich der Angaben aus dem Fragebogen und den Ergebnissen der Lernstandserhebung eine Rolle spielen, sind in den hier untersuchten Items in den Hintergrund geraten und stellen keine Signifikanzen mehr dar. Dazu zählen die Durchschnittsnote der Hochschulzugangsberechtigung sowie die Selbsteinschätzung mathematischer Kenntnisse. Hinsichtlich der schulischen Noten spielt, wenn auch schwächer als im Vergleich zur Lernstandserhebung zu Semesterbeginn, die Mathematiknote eine Rolle, wobei auch hier der Korrelationskoeffizient um fast 0,1 fällt. Auch der Prozentsatz der Irrtumswahrscheinlichkeit steigt, was zusätzlich den linearen Zusammenhang über den Korrelationskoeffizienten abschwächt. Es ergibt sich eine Gemeinsamkeit bei der Betrachtung der Items „Durchschnittsnote", „Mathematiknote" und „Einschätzung der Mathematikkenntnisse". Zwei dieser Faktoren im Hinblick auf die Klausur spielen keine Rolle mehr, wobei sie bei der Lernstandserhebung eingangs des Semesters noch statistisch signifikant korrelierten. Lediglich die Mathematiknote spiegelt noch einen Zusammenhang zur Klausurnote wider. Nach wie vor nimmt die Hochschulzugangsberechtigung einen großen Stellenwert ein, wobei der Koeffizient des Zusammenhangs leicht steigt. Auch die Teilnehmer*innen eines Leistungskurses stellen einen stärkeren Zusammenhang zu dem Erfolg in der Klausur als zur Summe der Punkte in der Lernstandserhebung dar. Der Korrelationskoeffizient der Schulform Gymnasium zum Erwerb der Hochschulzugangsberechtigung steigt im Vergleich zur Lernstandserhebung um mehr als 0,2, wohingegen sich die Fehlerwahrscheinlichkeit nochmals reduziert. Nach dieser Untersuchung scheint die Schulform des Gymnasiums in Bezug zum Leistungsvermögen vor dem Berufskolleg

Tab. 2 Korrelationstabelle Fragebogen – Klausurnote

Korrelation		Klausurnote
Schulform (Gymnasium)	Korrelation nach Pearson	$-0,451^{**}$
	Signifikanz (2-seitig)	0,000
	n	66
Hochschulzugangsberechtigung	Korrelation nach Pearson	$0,276^*$
(Abitur)	Signifikanz (2-seitig)	0,025
	n	66
Leistungskurs	Korrelation nach Pearson	$-0,397^{**}$
	Signifikanz (2-seitig)	0,001
	n	65
Note Mathematik	Korrelation nach Pearson	$-0,279^*$
	Signifikanz (2-seitig)	0,025
	n	64

*Die Korrelation ist auf dem Niveau von 0,05 (2-seitig) signifikant
**Die Korrelation ist auf dem Niveau von 0,01 (2-seitig) signifikant

und der Gesamtschule zu liegen und ein Besuch dessen einen Zusammenhang zur Klausur zur Höheren Mathematik I darzustellen (vgl. Tab. 2).

Abel und Weber beschäftigten sich mit der Korrelation zwischen den Mathematikkenntnissen zu Studienbeginn und dem Studienerfolg, welchen sie als Erfolg in der Mathematikprüfung definierten. Dabei verzeichneten sie Korrelationskoeffizienten zwischen 0,6–0,65, also einen starken Zusammenhang zwischen dem Eingangswissen in Mathematik und der Note der Klausur (Abel & Weber, 2014, S. 14). Ein statistisch signifikanter Zusammenhang kann hier bestätigt werden, allerdings fällt er nicht so groß aus. Dieser zeichnet sich durch einen Koeffizienten von $-0,426$ und einem p von 0,000 aus.

Einige Studien, unter anderem Henn und Polaczek, untersuchten den Zusammenhang zwischen den Kenntnissen der Sekundarstufe I und der Klausurnote der Mathematik im ersten Semester. Sie wiesen nach, dass elementare Mathematik wie der Umgang mit Brüchen oder Geradengleichungen einen erheblichen Einfluss auf die Note der Klausur haben (Henn & Polaczek, 2008, S. 49). Auch Hoppe et al. sprechen über einen ähnlichen Sachverhalt. Detaillierte Analysen von Klausuren ergaben auch hier, dass die Kenntnisse aus der Sekundarstufe I in Form von Brüchen oder das Lösen von Gleichungen nicht mehr vertreten sind (Hoppe et al., 2014, S. 166). Weinhold stellt Analyseergebnisse aus Klausuren vor und stellte fest, dass beispielsweise Brüche nicht ordnungsgemäß als Dezimalzahl dargestellt werden und unter anderem $\frac{1}{3}$ als 30 % angenommen wird, Kreise einen Winkel von 365° haben sowie auch mangelnde Kenntnisse der Prozent- und Bruchrechnung oder das Lösen von Ungleichungen ohne Beträge geschieht, wobei das

Lösung zu Aufgabe 8:

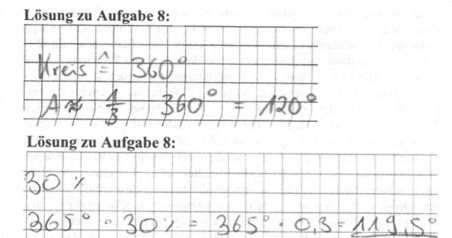

Lösung zu Aufgabe 8:

Abb. 11 Mittelpunktwinkel: Antwort eines Studierenden

einhergehende Finden von Lösungsintervallen Schwierigkeiten darstellt (Weinhold, 2014, S. 252). Diese Aspekte können innerhalb der hier durchgeführten Lernstandserhebung aufgezeigt werden (vgl. Abb. 11).

Beantwortung der Forschungsfragen

Das Ziel dieser Studie bestand darin, eine Antwort auf die beiden Forschungsfragen *„Inwieweit wirken sich Mathematikkenntnisse der Sekundarstufe I auf den Klausurerfolg in HM I aus?"* und *„Welche Zusammenhänge zeigen sich zwischen der schulischen Vorbildung und den Mathematikkenntnissen zu Studienbeginn?"* zu finden. In diesem Abschnitt wird Bezug zu diesen beiden Fragen genommen. Für die Beantwortung der ersten Frage werden die herausgestellten Zusammenhänge in Bezug zu den Bearbeitungsquoten und den Richtiglösungen interpretiert. Die ausgewählten Aufgaben zur Sekundarstufe I sind unter Abschnitt „Forschungsfragen". wiederzufinden. Die teilweise herausgestellten Bearbeitungsquoten sind gering, die Anzahl der Richtiglösungen bzw. die im Durchschnitt erreichten Punktzahlen lassen zu wünschen übrig. Mit dem hier gewählten Forschungssetting lässt sich die erste Forschungsfrage differenziert beantworten. Wenn man Zusammenhänge der einzelnen Aufgaben zur Klausurnote betrachtet, fällt auf, dass die Korrelationskoeffizienten nur auf einen geringen Zusammenhang hindeuten. Von den insgesamt fünf Aufgaben stehen drei nur in einer schwachen Verbindung zur Klausurnote, wovon bei zweien ein Korrelationskoeffizient von über 0,23 vorliegt. Aufgrund der überdurchschnittlichen Fehlerwahrscheinlichkeit kann man aber nicht von Signifikanz sprechen. Zwei haben dagegen einen Zusammenhang in Bezug zur Klausurnote. Wenn diese Werte interpretiert werden, könnte man zu dem folgenden Schluss kommen, dass zwei der Aufgaben mit einem Prozess verknüpft sind, der vor der konkreten Bearbeitung der Aufgaben mit einem gewissen Maß an Problemlösefähigkeit verbunden ist. In beiden Fällen müssen zu Beginn der Bearbeitung Terme aufgestellt werden, die erst eine Lösung dieser Aufgaben ermöglichen. Betrachtet man die Summe der durchschnittlichen Richtiglösungen in Bezug zur Klausurnote, stellt sich im Hinblick auf die Korrelation ein wertemäßig höherer Koeffizient dar, wohingegen die Irrtumswahrscheinlichkeit einen sehr geringen Wert einnimmt. Aufgrund der komplexen Berechnung der Korrelation kann kein Mittelwert der Einzelaufgaben gebildet werden, um so den Gesamtkorrelationskoeffizienten berechnen zu können. Daher ist es legitim, dass dieser höher ausfällt als der Mittelwert aller Aufgaben. Aus den Daten könnte interpretiert werden, dass es nicht unbedingt und nicht ausschließlich nur eine Aufgabe sein muss, die signifikant mit der Klausurnote korreliert. Vielmehr ist es das inhaltliche Gesamtkonzept der Mathematik der Sekundarstufe I, welches einen Zusammenhang zum Klausurerfolg in der Höheren Mathematik I besitzt.

Im Folgenden wird auf die zweite Forschungsfrage eingegangen. Die Zielsetzung bestand darin, Zusammenhänge zwischen den schulischen Eingangsparametern vor dem Studium sowie der Summe der Punkte aus der Lernstandserhebung zu Semesterbeginn herauszufinden. Im Umkehrschluss meint dies, die sechs Items des Fragebogens (vgl. Abschnitt „Forschungsfragen") unter Bezugnahme oben genannter Summe zu bewerten. Zwischen einem dieser insgesamt betrachteten sechs Items kann kein nennenswerter Zusammenhang festgestellt werden. Konkret ist dies das vorherige „Absolvieren einer Berufsausbildung". Dies ist allerdings in dieser Studie kein Alleinstellungsmerkmal. Greefrath und Hoever stellten ebenso fest, dass eine abgeschlossene Berufsausbildung keine Relevanz auf die Eingangsmathematikkenntnisse darstellt (Greefrath & Hoever, 2016, S. 523). Des Weiteren ergeben sich fünf signifikante Korrelationen mit der Summe der Punkte. Diese belaufen sich auf die zuvor „besuchte Schulform", die „Art der Hochschulzugangsberechtigung", den Besuch eines „Leistungskurses", die „Note der Hochschulzugangsberechtigung" und die „Note im Fach Mathematik". Die beiden erstgenannten Items stellen im Vergleich zu den anderen eine tendenziell schwache Korrelation dar. Viel entscheidender sind mit Korrelationskoeffizienten von mindestens 0,3 und Fehlerwahrscheinlichkeiten von kleiner gleich 0,003 die Parameter „Leistungskurs", „Durchschnittsnote der Hochschulzugangsberechtigung" und „Note im Fach Mathematik". Gerade die

beiden erhobenen Noten der Schullaufbahn scheinen in Bezug zu den Eingangskenntnissen der Studierenden eine Rolle zu spielen.

5   Fazit und Ausblick

Kenntnisse der Mittelstufenmathematik stellen im Hinblick auf die erste Klausur zur
Mathematik im Studium eine Wichtigkeit dar. Ein Vortest könnte hier die Möglichkeit bieten, studienrelevante Mittelstufenmathematikprobleme zu erfassen. Die
herausgestellten Inhalte müssten dann gezielt geübt werden, damit in der anstehenden
Vorlesung bzw. den zu bearbeitenden Übungsblättern keine Schwierigkeiten entstehen, die auf fehlende Kenntnisse der Mittelstufenmathematik zurückzuführen
sind. Sollte dies doch der Fall sein, wird den Studierenden der Einstieg ins Studium
erschwert, wie diese Untersuchung zeigt. Die Erstsemesterstudierenden sollten dort
abgeholt werden, wo sie stehen und aus diesem Grund sollte zunächst der Vorkurs
nur in geringen Anteilen in universitäre Mathematik einführen, sondern stoffliche
Lücken schließen, die aus der vorherigen Schulbildung mitgebracht werden. Ein weiterer Punkt ist auf der einen Seite die Rolle von Dozierenden in Vorlesungen, dass sie
für die Mittelstufenmathematikprobleme sensibilisiert werden sollten. Auf der anderen Seite werden Tutor*innen innerhalb von Vorkursen aber auch den semester-
begleitenden Tutorien und Übungen eingesetzt. Gerade für Vorkurse könnten sie derart geschult werden, dass sie ein gewisses Maß an Diagnosekompetenz mitbringen,
um feststellen zu können, in welchem Maße und an welchen Stellen die Erstsemesterstudierenden Probleme aufweisen, um folgend ggf. auch innerhalb des Vorkurses
Aufgaben zu besprechen, die die Studierenden dort abholen, wo sie stehen.
   Ein Ausblick wird aufgezeigt, indem in einer Untersuchung die individuelle
Vielfalt der breiten Masse von Studierenden näher betrachtet werden könnte. Diese
Faktoren belaufen sich unter anderem im Fachinteresse, im Lernstil oder in der
Studierfähigkeit. Um den Einfluss dieser Faktoren im Hinblick auf den Studien-
erfolg zu überprüfen, bedarf es genauer Untersuchungsmethoden (Bargel, 2015,
S. 9). Ferner ist dafür eine größere Stichprobe angemessen. Für den Studienein-
stieg können laut einschlägiger Literatur Vorkurse eine wesentliche Rolle spielen.
Um den Effekt eines Vorkurses herauszufinden und diesen ggf. optimieren zu können, können empirische Untersuchungen durch Vor- und Nachtests ein nützliches
Mittel darstellen. Krüger-Basener und Rabe stellten damit einen erheblichen Nutzen des Vorkurses fest, da die Vorkursteilnehmer*innen ihre Grundkenntnisse ver-
besserten. Des Weiteren plädieren sie dafür, keine freiwilligen, sondern mehr oder
weniger verpflichtende Vorkurse anzubieten, die durch entsprechend aufgesetzte
Anschreiben angekündigt werden sollen (Krüger-Basener & Rabe, 2014, 318 f.).

Literatur

Abel, H., & Weber, B. (2014). 28 Jahre Esslinger Modell – Studienanfänger und Mathematik. In I. Bausch, R. Biehler, R. Bruder, P. R. Fischer, R. K. Hochmuth, W. Koepf, S. Schreiber, & T. Wassong (Hrsg.), *Mathematische Vor- und Brückenkurse. Konzepte, Probleme und Perspektiven* (S. 9–20). Springer Fachmedien.

Bargel, T. (2015). Studieneingangsphase und heterogene Studentenschaft – neue Angebote und ihr Nutzen. Befunde des 12. Studierendensurveys an Universitäten und Fachhochschulen. *Hefte zur Bildungs- und Hochschulforschung, 83*. https://www.soziologie.uni-konstanz.de/typo3temp/secure_downloads/101426/0/1a58d768722f3fc3fd0ac2fb2e52bba2d2beb8a6/Eingangsphase_Gesamtdatei_Oktober2015.pdf. Zugegriffen am 26.03.2021.

Büchter, A. (2016). Zur Problematik des Übergangs von der Schule in die Hochschule – Diskussion aktueller Herausforderungen und Lösungsansätze für mathematikhaltige Studiengänge. In Institut für Mathematik und Informatik der pädagogischen Hochschule Heidelberg (Hrsg.), *Beiträge zum Mathematikunterricht 2016. Vorträge auf der 50. Tagung für Didaktik der Mathematik vom 07.03.2016 bis 11.03.2016 in Heidelberg* (Bd. 1, Bde. 3, S. 201–204). WTM – Verlag für Wissenschaftliche Texte und Medien. http://wtm-verlag.de/ebook_download/Beitraege_2016___ISBN9783959870153.pdf. Zugegriffen am 05.04.2021.

Greefrath, G., & Hoever, G. (2016). Was bewirken Mathematik-Vorkurse? Eine Untersuchung zum Studienerfolg nach Vorkursteilnahme an der FH Aachen. In R. Biehler, R. Hochmuth, A. Hoppenbrock, & H.-G. Rück (Hrsg.), *Lehren und Lernen von Mathematik in der Studieneingangsphase. Herausforderungen und Lösungsansätze* (S. 517–530). Springer Fachmedien.

Heimann, M., Roegner, K., & Seiler, R. (2016). Die Mumie im Einsatz: Tutorien lernerzenztiert gestalten. In R. Biehler, R. Hochmuth, A. Hoppenbrock, & H.-G. Rück (Hrsg.), *Lehren und Lernen von Mathematik in der Studieneingangsphase. Herausforderungen und Lösungsansätze* (S. 405–422). Springer Fachmedien.

Henn, G., & Polaczek, C. (2008). Gute Vorkenntnisse verkürzen die Studienzeit. In Begabtenförderung Mathematik e.V (Hrsg.), *Mathematikinformation* (Bd. 49, S. 46–50). http://www.mathematikinformation.info/pdf2/MI49Polaczek.pdf. Zugegriffen am 26.03.2021.

Hoppe, D., Pätzold, T., Reimpell, M., & Sommer, A. (2014). Brückenkurs Mathematik an der FH Südwestfalen in Meschede – Erfahrungsbericht. In I. Bausch, R. Biehler, R. Bruder, P. R. Fischer, R. K. Hochmuth, W. Koepf, S. Schreiber, & T. Wassong (Hrsg.), *Mathematische Vor- und Brückenkurse. Konzepte, Probleme und Perspektiven* (S. 165–180). Springer Fachmedien.

Kluge, V. (2018). Konzept für ein einsemestriges Orientierungsstudium: Erleichterter Einstieg in das Ingenieurstudium durch intensive Unterstützung im Fach Mathematik an der Hochschule Flensburg. In P. Bender, & T. Wassong (Hrsg.), *Beiträge zum Mathematikunterricht 2018. Vorträge zur Mathematikdidaktik und zur Schnittstelle Mathematik/Mathematikdidaktik auf der gemeinsamen Jahrestagung GDM und DMV 2018 (52. Jahrestagung der Gesellschaft für Didaktik der Mathematik)* (Bd. 2, Bde. 4, S. 999–1002). WTM – Verlag für Wissenschaft-liche Texte und Medien. http://wtm-verlag.de/ebook_download_23AzT-G610UZ_2020_M7-M12/Beitraege_2018___ISBN9783959870894.pdf. Zugegriffen am 26.03.2021.

Kortemeyer, J. (2019). *Mathematische Kompetenzen in Ingenieur-Grundlagenfächern. Analysen zu exemplarischen Aufgaben aus dem ersten Jahr in der Elektrotechnik.* Springer Fachmedien.

Krüger-Basener, M., & Rabe, D. (2014). Mathe0 – der Einführungskurs für alle Erstsemester einer technischen Lehreinheit. In I. Bausch, R. Biehler, R. Bruder, P. R. Fischer, R. K. Hochmuth, W. Koepf, S. Schreiber, & T. Wassong (Hrsg.), *Mathematische Vor- und Brückenkurse. Konzepte, Probleme und Perspektiven* (S. 309–324). Springer Fachmedien.

Ministerium für Schule und Bildung des Landes Nordrhein-Westfalen. (2022). *Handlungskonzept Unterrichtsversorgung (Kurzfassung).* https://www.schulministerium.nrw/system/files/media/document/file/faktenblatt_handlungskonzept_unterrichtsversorgung_221214.pdf. Zugegriffen am 01.06.2023.

Ministerium für Schule und Bildung des Landes Nordrhein-Westfalen. (2023). *Vorausberechnungen zum Lehrkräftearbeitsmarkt in Nordrhein-Westfalen. Einstellungschancen für Lehrkräfte bis zum Schuljahr 2044/45.* https://www.schulministerium.nrw/system/files/media/document/file/lehrerbedarfsprognose_maerz_2023.pdf. Zugegriffen am 02.06.2023.

Nagel, K., & Reiss, K. (2015). Verständnis mathematischer Fachbegriffe in der Studieneingangsphase. In F. Caluori, H. Linneweber-Lammerskitten, & C. Streit (Hrsg.), *Beiträge zum Mathematikunterricht 2015. Vorträge auf der 49. Tagung für Didaktik der Mathematik vom 09.02.2015 bis 13.02.2015 in Basel* (Bd. 2, S. 652–655). WTM – Verlag für Wissenschaftliche Texte und Medien. http://wtm-verlag.de/ebook_download/Beitraege_2015___ISBN9783959870115.pdf. Zugegriffen am 05.04.2021.

Neumann, I., Pigge, C., & Heinze, A. (2017). *Welche mathematischen Lernvoraussetzungen erwarten Hochschullehrende für ein MINT-Studium?* Kiel. https://www.ipn.uni-kiel.de/de/das-ipn/abteilungen/didaktik-der-mathematik/forschung-und-projekte/malemint/malemint-studie. Zugegriffen am 01.06.2023.

Plack, J. (2022). *Herausforderung Mathematik im ersten Semester der Ingenieurwissenschaften. Eine exemplarische Untersuchung von Studienbeginn bis zur ersten Klausur zum mathematischen Basiswissen.* Springer Fachmedien.

Schoening, M., & Wulfert, R. (2014). Studienvorbereitungskurse „Mathematik" an der Fachhochschule Brandenburg. In I. Bausch, R. Biehler, R. Bruder, P. R. Fischer, R. K. Hochmuth, W. Koepf, S. Schreiber, & T. Wassong (Hrsg.), *Mathematische Vor- und Brückenkurse. Konzepte, Probleme und Perspektiven* (S. 213–230). Springer Fachmedien.

Schott, D. (2012). Das Gottlob-Frege-Zentrum der Hochschule Wismar bricht eine Lanze für die Mathematik. In Begabtenförderung Mathematik e.V (Hrsg.), *Mathematikinformation* (Bd. 56, S. 42–49). http://www.mathematikinformation.info/pdf2/MI56Schott.pdf. Zugegriffen am 07.04.2021.

Stifterverband für die Deutsche Wissenschaft e.V. (2017). *Attraktiv und zukunftsorientiert?! – Lehrerbildung in den gewerblich-technischen Fächern für die beruflichen Schulen. Eine Sonderpublikation aus dem Projekt „Monitor Lehrerbildung".* Essen. https://www.stifterverband.org/download/file/fid/5108. Zugegriffen am 02.06.2023.

Uni Siegen. (2013). *Modulhandbuch für das Lehramt Berufskolleg (BK) mit der Beruflichen Fachrichtungen Elektrotechnik sowie der Beruflichen Fachrichtung Technische Informatik.* https://www.uni-siegen.de/zlb/studium/bama/downloads/mhb/bk/mhb_elektrotechnik-ba.pdf. Zugegriffen am 01.06.2021.

Uni Siegen. (2023). *Bewerbungs-/Einschreibungsverfahren für beruflich Qualifizierte*. https://
www.uni-siegen.de/zsb/docs/bewerbung/bq_grafik_hp_juni2023.pdf. Zugegriffen am
02.06.2023.
Weinhold, C. (2014). Wiederholungs- und Unterstützungskurse in Mathematik für Ingenieurwissenschaften an der TU-Braunschweig. In I. Bausch, R. Biehler, R. Bruder, P. R. Fischer,
R. K. Hochmuth, W. Koepf, S. Schreiber, & T. Wassong (Hrsg.), *Mathematische Vor- und
Brückenkurse. Konzepte, Probleme und Perspektiven* (S. 243–258). Springer Fachmedien.

„Automatisierendes Üben" beim Mathematiklernen – mathematikdidaktische Perspektiven auf Befunde der kognitiven Neurowissenschaften

Felicitas Pielsticker, Christoph Pielsticker und Ingo Witzke

In Mathematik muss geübt werden! Viele kennen diese oder ähnliche Aussagen aus ihrem Mathematikunterricht. Wichtig erscheint, „beim Lernen von Mathematik muss man üben" (Bruder, 2008, S. 4) – oder sollte man sich eher im Mathematiklernen üben? Dieser Beitrag ordnet Befunde aus den kognitiven Neurowissenschaften (die das bildgebende Verfahren fMRI nutzten) zum „automatisierenden Üben" beim Mathematiklernen in einen mathematikdidaktischen Kontext ein. Dabei handelt es sich um eine Literaturdiskussion. Von einer verbindenden Perspektive, die wir integrativen kognitions- und neurowissenschaftlichen Erkenntnisdimension nennen wollen, versprechen wir uns dabei neue Diskussionsimpulse für zukünftige Forschungsansinnen in diesem Bereich der Mathematikdidaktik.

F. Pielsticker (✉)
Didaktik der Mathematik, Universität Siegen, Siegen, Deutschland
E-Mail: pielsticker@mathematik.uni-siegen.de

C. Pielsticker
Radiologie, Krankenhaus (wechselnder Standort), Schwedt, Deutschland

I. Witzke
Didaktik der Mathematik, Universität Siegen, Siegen, Deutschland
E-Mail: witzke@mathematik.uni-siegen.de

© Der/die Autor(en), exklusiv lizenziert an Springer Fachmedien Wiesbaden GmbH, ein Teil von Springer Nature 2024
F. Dilling et al. (Hrsg.), *Interdisziplinäres Forschen und Lehren in den MINT-Didaktiken*, MINTUS – Beiträge zur mathematisch-naturwissenschaftlichen Bildung, https://doi.org/10.1007/978-3-658-43873-9_9

1   Einleitung

In diesem Beitrag werden Studien aus der kognitiven Neurowissenschaft zum automatisierenden Üben dargestellt und einer mathematikdidaktischen Diskussion zugänglich gemacht. Dazu lässt sich festhalten, dass eine verbindende Perspektive, im Sinne einer integrativen kognitions- und neurowissenschaftlichen Erkenntnisdimension (Pielsticker & Witzke, 2022), bisher eine eher untergeordnete Rolle für Problemstellungen und Fragen der Mathematikdidaktik gespielt hat. Zur integrativen kognitions- und neurowissenschaftlichen Erkenntnisdimension zählen Beschreibungen und Analysen, die mit Blick auf die Mathematikdidaktik gleichzeitig eine kognitions- und eine neurowissenschaftliche Perspektive auf den Forschungsgegenstand einnehmen (Pielsticker & Witzke, 2022).

Zuweilen könnte man den Eindruck gewinnen, die Forschung der kognitiven Psychologie und der Neurowissenschaften habe erst kürzlich begonnen zugrunde liegende kognitive Mechanismen zu mathematikdidaktischen Fragestellungen zu entschlüsseln (Obersteiner et al., 2019). Jedoch können neurowissenschaftliche Erkenntnisse und jüngste Forschungsergebnisse bzgl. der Funktion und Strukturierung unseres Gehirns durchaus als potenzielle Bezugspunkte genutzt werden, um bereits bestehende und gängige Konzepte (neu) zu hinterfragen, Konsequenzen zu formulieren und neue Impulse zu geben.

Vor dem Hintergrund, dass in den letzten Jahren im Zuge der rasanten technischen Entwicklung eine Fülle an Befunden und Diagnosen in neurowissenschaftlicher Forschung zu Funktionen und Strukturen unseres Gehirns hervorgebracht wurden, ist es interessant, mit einer disziplinübergreifenden Perspektive auf vertraute und etablierte Konzepte vom Lehren und Lernen von Mathematik zu schauen. Es wird eine Betrachtung vorhandener neurowissenschaftlicher Befunde zum Nutzen automatisierender Übungen aus eben jener Perspektive vorgenommen und für eine mathematikdidaktische Rezeption zugänglich gemacht und eingeordnet. Ziel dieses Artikels ist es, auf diese Weise (weitere) Impulse zu einer integrativen kognitions- und neurowissenschaftlichen Betrachtung des Einübens und Automatisierens zu geben und mathematikdidaktisch einzubetten. Ein Anliegen ist es, darauf aufbauend weitere verbindende Forschungselemente, -konzepte und -fragen zu entwickeln. Dabei bleibt es zu erkunden, inwiefern neurowissenschaftliche Erkenntnisse heute die Weichen für zukünftige Entwicklungen zum Mathematiklernen und -lehren stellen können (Susac & Braeutigam, 2014). In diesem Zusammenhang ist es interessant, wie der Mathematikdidaktiker Heinrich Bauersfeld (1998) in seinem Beitrag *Neurowissenschaft und Fachdidaktik – diskutiert am Beispiel Mathematik* die Relevanz der Neurowissenschaft für die (mathematische) Fachdidaktik schon Ende der 90er-Jahre beschreibt. Dazu zeichnet er folgendes Bild der Organisation unseres Gehirns:

> „Unser Gehirn arbeitet nicht wie ein Computer. Es hat weder einen zentralen Arithmetik-Prozessor, noch arbeitet es linear. Ein angemesseneres Bild wäre das einer heterogenen Gruppe von sprachlosen Agenten, die jeweils allein nicht viel vermögen, aber durch ihre Arbeitsteilung überaus mächtig sind, Marvin Minsky's ‚society of mind'" (Bauersfeld, 1998, S. 4).

Auch David Tall (2000) bezieht in seinem Artikel „Biological Brain, Mathematical Mind & Computational Computers" neurowissenschaftliche Erkenntnisse mit ein, wenn er Verbindungen zwischen dem „biological brain" und einem „mathematical mind" diskutiert. Er nutzt diese Erkenntnisse, um Aussagen darüber zu treffen, „how the computer can support mathematical thinking and learning" (Tall, 2000, S. 1). Für ihn gilt dabei, „the mathematical mind has all kinds of associations within the multiprocessing brain" (Tall, 2000, S. 3).

Dabei wird der Begriff „mathematical mind" verwendet, um sich auf die Art und Weise zu beziehen, „in which the processes and concepts of mathematics are conceived and shared between individuals" (Tall, 2000, S. 1).

Als eine weitere interessante Studie kann ein Beitrag von Obersteiner, Dresler, Bieck und Moeller (2019) zur Untersuchung von Brüchen und damit verbundenen neuronalen Mechanismen genannt werden. Diese stellt gezielte und konkrete Bezüge zu „Neural Correlates of Fraction Processing" (Obersteiner et al., 2019, S. 145) her. Interdisziplinär und integrierend wird in der Untersuchung zur Bruchrechnung auf Ergebnisse aus der mathematischen Bildung, der Kognitionspsychologie und den Neurowissenschaften geschaut.

In Bezug auf ein Konzept des Übens bemüht man sich in der Mathematikdidaktik „ein klares Verhältnis zum Üben zu entwickeln" (Bruder, 2008, S. 4), wobei Üben als Prinzip in der Mathematikdidaktik bereits auf eine lange (Forschungs-)Tradition zurückblickt. Wurde Üben und Lernen in der Vergangenheit getrennt und eher als gegensätzlich angesehen, werden sie aktuell aufbauend auf Winter (1984) und Wittmann (1992) in einer „Theorie der Übung [...] als integrale[r] Bestandteil eines aktiven Lernprozesses" (Krauthausen & Scherer, 2007, S. 121) verstanden.

Mit Blick auf die Schulpraxis erscheint das Bild etwas diffus, eventuell auch, weil „die Grenzen zwischen sinnvollem Üben und sturem Drill [...] unbestimmt" (Winter, 1984, S. 5) bleiben oder auch, weil eine sinnvolle Gestaltung von Übungsaufgaben und -phasen in mathematischen Lehr-Lern-Prozessen als herausfordernd wahrgenommen werden (Bruder, 2008). So hielt Wittmann (2008) beispielsweise für automatisierendes Üben im Mathematikunterricht der Grundschule fest, dass dieses „bei vielen Pädagogen in Verruf geraten" (Wittmann, 2008, S. 30) sei.

Eine erste vorweggenommene Erkenntnis aus der für diesen Beitrag vorgenommenen Sichtung von Studien aus den kognitiven Neurowissenschaften dazu lautet, dass ein Üben durch Automatisieren oder Items, die auf ein Automatisieren abzielen, wohl häufig eine entscheidende Rolle für die Erhebung, Analyse und die Erkenntnisgewinnung in neurowissenschaftlichen Studien bilden. Hierbei bleibt häufig unbedacht, dass die Mathematikdidaktik zwischen einer Vielzahl an unterschiedlichen Zugängen zum Üben (vgl. Abschn. 5) bzw. zwischen unterschiedlichen Übungstypen (Krauthausen, 2018) unterscheidet.

In unseren Artikel miteinbeziehen können wir, mit Bezug zum Üben, exemplarisch nur solche Studien der kognitiven Neurowissenschaften, welche auf ein automatisierendes Üben in Bezug auf Mathematikaufgaben eingehen. Zudem wurden solche Studien für unsere Diskussion ausgewählt, die das bildgebende Verfahren fMRI (kurz für „functional magnetic resonance imaging", wir nutzen den englischen Begriff) für die Datenerhebung und eine Untersuchung der Funktionsweisen des Gehirns nutzen (darauf wird in Abschn. „Eine integrative kognitions- und neurowissenschaftlichen Erkenntnisdimension" näher eingegangen). Weiterhin haben wir die Online-Datenbank und Plattform „ScienceDirect" für die Literatursuche unserer Diskussion genutzt, da sich diese insbesondere durch aktuelle und geprüfte wissenschaftliche Publikationen im Gesundheitswesen auszeichnet (vgl. Abschn. 3). Dies erscheint zudem folgerichtig, vor dem Hintergrund der sich rasant weiterentwickelnden, aber trotzdem noch stark eingeschränkten technischen Möglichkeiten, wie wir in der zusammenfassenden Diskussion (Abschn. 5) argumentieren werden.

Für Automatisierendes Üben – die Art des Übens zum Einüben und Automatisieren (Wittmann, 2008) – versprechen die beschriebenen Studien aber neue Zugänge, durch Verbindungen zwischen Studien der kognitiven Neurowissenschaften und einer mathematikdidaktischen Perspektive.

2   Theoretische Rahmung

Die einzelnen Wissenschaftsdisziplinen haben sich in ihrer heutigen Differenzierung über Jahrhunderte herausgebildet und einen hohen Grad an Wissen akkumuliert, sich jedoch auch als eigenständige Einheit etabliert und teilweise demarkiert, oder wie es Reusser (1991, S. 224) ausdrückt, „grenzüberschreitende und trotzdem eigenständige Disziplin[en]" geformt. Die Cross-Over-Effekte zwischen den einzelnen wissenschaftlichen Gebieten sind unterschiedlich stark ausgeprägt, in

Abhängigkeit von der Fähigkeit der gegenseitigen oder auch einseitigen Nutzungsmöglichkeiten. Dabei werden die verschiedenen Wissenschaften, wie auch die Mathematikdidaktik, nicht isoliert betrachtet, sondern im Diskurs mit weiteren Bezugsdisziplinen und deren Erkenntnissen und Erfahrungen gesehen.

Nachfolgend werden wir zur theoretischen Rahmung und zur späteren Betrachtung der Studien auf eine integrativen kognitions- und neurowissenschaftlichen Erkenntnisdimension eingehen und anschließend in Abschn. „Automatisierendes Üben aus mathematikdidaktischer Perspektive" ein Einüben und Automatisieren aus mathematikdidaktischer Richtung beleuchten.

Eine integrative kognitions- und neurowissenschaftlichen Erkenntnisdimension

Die fortschreitende Entwicklung der Kernspintomografie als diagnostische Methode im Rahmen des medizinischen Fachgebietes der Radiologie und hier insbesondere die Subsparte der funktionellen Kernspintomografie (im Englischen: „functional magnetic resonance imaging", im Folgenden kurz: fMRI) ermöglicht mittlerweile Einblicke in strukturelle und funktionelle Darstellungen von kognitiven Prozessen im menschlichen Gehirn, praktisch einen direkten wissenschaftlichen Einblick in den Kopf. Expert*innen für die Analyse und Interpretation, der mit Hilfe von fMRI erhobenen und gewonnenen Real-Time Daten sind (Neuro-) Radiolog*innen (Das et al., 2019). Dabei ermöglicht es fMRI als bildgebendes Verfahren darzustellen, wie der Blutfluss und der Sauerstoffverbrauch in den einzelnen Hirnarealen ist – in Aktivitäts- und Ruhephasen. Unter dieser Prämisse erschien es uns in besonderem Maße wichtig, aktuelle Befunde der kognitiven Neurowissenschaften – am Fallbeispiel des automatisierenden Übens – mit einer mathematikdidaktischen Perspektive zu beschreiben. Zur kontextuellen Rahmung folgt dazu zunächst ein Einblick in die strukturelle und funktionelle Betrachtung des menschlichen Gehirns.

Während die Neuroanatomie sich jahrhundertelang mit der Beschreibung und Identifizierung von Hirnstrukturen und Hirnarealen auseinandersetzte, beschäftigten sich Korbinian Brodmann und Wolfgang Bargmann mit der Histologie und mikroskopischen Anatomie des Gehirns und führten eine Einteilung des Gehirns in 52 Areale ein (Bähr & Frotscher, 2009). Brodmann und Bargmann teilten die Hirnareale neurofunktionell und nach mikroskopischem Zellaufbau ein, was eine deutliche neuroanatomische Erweiterung der medizinischen Erkenntnisse bedeutete.

In den letzten 50 Jahren kamen Verfahren in die Medizin, die auch eine in vivo Darstellung des Hirns in der anatomischen Struktur und Funktion erlauben wie z. B. die funktionelle Kernspintomografie (fMRI). Dieses bildgebende Verfahren ist insbesondere für eine integrative kognitions- und neurowissenschaftlichen Erkenntnisdimension relevant, da sich eine funktionelle und strukturelle Diagnosemöglichkeit ergibt. Weitere bildgebende Verfahren sind beispielsweise auch ein elektrophysiologisches Messen, Magnetenzephalografie (MEG), sowie moderne bildgebende Verfahren wie die Positronen-Emissions-Tomografie (PET) (Bähr & Frotscher, 2009). Die Kernspintomografie ist dabei eines der führenden Verfahren in der strukturellen und funktionellen Diagnostik von Hirnstrukturen, da hier sehr genau gemessen wird, welche Funktion in welcher Struktur gerade durchgeführt wird. Sie besitzt ein enormes bildtechnisches Auflösevermögen, eine dreidimensionale Ortskodierung sowie eine genaue Erfassung einer funktionellen Aktivität in Hirnarealen, den Netzwerken und elektrischen Leitungssystemen. Aus diesem Grund haben wir uns bei der Auswahl der Studien ausschließlich auf solche fokussiert, die das Verfahren fMRI genutzt haben.

In diesem Beitrag beinhaltet die integrative kognitions- und neurowissenschaftlichen Erkenntnisdimension daher eine Betrachtung und Untersuchung der Funktionsweisen des Gehirns unter Nutzung des fMRI als bildgebendes Verfahren für die Datenerhebung und -darstellung. Die mit fMRI gewonnenen Real-Time Daten (Das et al., 2019) werden dabei (neuro-)radiologisch diagnostiziert und analisiert.

Daher hält bereits auch der Neurowissenschaftler Dehaene, der speziell im Bereich mathematischer Lernprozesse forscht, in der Einleitung seiner Arbeit „The number sense" fest,

> „my hypothesis is that the answers to all these questions must be sought at a single source: the structure of our brain. Every single thought we entertain, every calculation we perform, results from the activation of specialized neuronal circuits implanted in our cerebral cortex. Our abstract mathematical constructions originate in the coherent activity of our cerebral circuits and of the millions of other brains preceding us that helped shape and select our current mathematical tools. Can we begin to understand the constraints that our neural architecture impose on our mathematical activities?" (Dehaene, 1997, S. 4)

Zum Verständnis der im weiteren Verlauf dieses Beitrags angesprochenen Hirnareale und ihrer Funktionen, fügen wir an dieser Stelle eine kurze neurofunktionale Auflistung (kein Anspruch auf Vollständigkeit) ein (Tab. 1).

In den nachfolgend diskutierten Studien wird häufig ein übergeordneter Begriff verwendet wie z. B. frontale und parietale Hirnareale oder Frontalgyrus. Gemeint

Tab. 1 Neurofunktionale Auflistung im Text angesprochener Hirnareale. (Kandel et al., 2013)

Hirnareale	Funktion
Hippocampus	Der Hippocampus dient der Gedächtniskonsolidierung, in der Form, dass Informationen aus dem Kurzzeitgedächtnis in das Langzeitgedächtnis überführt werden. Darüber hinaus, koordiniert der Hippocampus unterschiedliche Inhalte des Gedächtnisses und bringt diese in einen geordneten Zusammenhang. Weiterhin ist die Struktur wichtig für das Erleben von Intensität bei Emotion und Affektivität. Ebenso ist der Hippocampus wichtig bei der Verhinderung von Vergesslichkeit und für räumliche Orientierung
Linker Gyrus angularis (Rechtshänder)	Der Gyrus angularis ist zuständig für kognitive Leistungen. Er vernetzt das Seh- und Hörzentrum mit höheren Assoziationsarealen der Großhirnrinde. Er ist enorm wichtig für das Schreiben, Lesen, Rechnen und die Fähigkeit zur Abstraktion
Intraparietaler Sulcus	Der IPS ist wichtig für die numerische Größenverarbeitung und das Zahlenverständnis sowie für den Umgang mit Zahlen. Darüber hinaus ist er zuständig für die willkürliche Orientierung und die Aufmerksamkeit, insbesondere die visuelle Aufmerksamkeit betreffend
Linker inferiorer Frontalgyrus (Rechtshänder)	Er beherbergt das motorische Sprachzentrum (Broca). Er ist entscheidend für den Vorgang des Sprechens und kommuniziert mit dem Wernicke-Sprachzentrum und dem Gyrus angularis

sind hierbei jedoch die oben erwähnten anatomischen Strukturen, die wir entsprechend der genauen anatomischen Bezeichnung beschrieben haben.

Darüber hinaus muss an dieser Stelle erwähnt werden, dass die Lagebezeichnung links und rechts abhängig davon ist, ob eine Person Rechts- oder Linkshänder ist. Z. B. liegen die beiden Sprachzentren (Wernicke und Broca) bei Rechtshänder*innen linkshemisphärisch und bei Linkshänder*innen rechtshemisphärisch. Deshalb wird in den nachfolgenden Studien häufig erwähnt, dass die Studienteilnehmer*innen rechtshändig waren, bzw. es werden die Linkshändermessungen ausgewiesen oder Rechtshänder*innen durch Seitentausch adaptiert.

Bevor wir im Weiteren mit der Diskussion der neurowissenschaftlichen Studienergebnisse beginnen, werden wir zunächst überblicksartig automatisierendes Üben in seiner mathematikdidaktischen Betrachtung beschreiben.

Automatisierendes Üben aus mathematikdidaktischer Perspektive

In der mathematikdidaktischen Diskussion wird eine Vielzahl an Zugängen zum Üben unterschieden. Abhängig beispielsweise von der mathematischen Lehr-Lern-Situationen werden verschiedene Übungstypen und -formen beschrieben. Als eine wesentliche Komponente des Mathematiklernens und -übens gilt dabei auch eine Phase der Automatisierung (Krauthausen, 2018). Krauthausen und Scherer (2007) sprechen beispielsweise im Zusammenhang des Arithmetikunterrichts von sogenannten „Automatisierungsphasen" (S. 67) und halten fest, dass ihr didaktischer Ort am Ende eines Lernprozesses liegt und zuvor eine tragfähige Verständnisgrundlage sicherzustellen ist.

Als Ziel der Übungsform, automatisiertes Üben, stellen Radatz und Schipper (1983) für den Mathematikunterricht heraus, dass es um ein Einüben von „Grundkenntnisse und elementarer Techniken bis zur sicheren Beherrschung" (Radatz & Schipper, 1983, S. 191) geht. Beispielsweise könnte nach einem Aufbau tragfähiger Vorstellungen zur Multiplikation „mit Automatisierungsübungen zur gedächtnismäßigen Verankerung des 1×1" (Röhr, 1992, S. 26) begonnen werden.

Dabei geht es nach derzeitigem Verständnis nicht darum ein automatisierendes Üben einem entdeckenden Lernen gegenüberzustellen und „als unverträglicher Gegensatz zu Postulaten eines zeitgemäßen Mathematikunterrichts" (Krauthausen, 2018) anzusehen. Ein automatisierendes Üben ist generell „nicht als solches abzulehnen" (Krauthausen & Scherer, 2007, S. 44), vielmehr soll dafür sensibilisiert werden,

„wann automatisiert werden soll (didaktischer Ort) und was für so wichtig erachtet wird, dass es einer Automatisierung wert ist." (Krauthausen & Scherer, 2007, S. 44)

Beispielsweise kann ein automatisierendes Üben in mathematischen Lernprozessen eine wichtige Rolle spielen, wenn es „aufgrund praktischer Erfahrungen als notwendig anerkannt" (Wittmann, 2008, S. 30) wird. Wittmann (2008) beschreibt in diesem Zusammenhang einige Grundtechniken, welche bewusst geübt werden sollten. Dabei vergleicht er mathematische Wissenselemente und Fertigkeiten beispielsweise mit Finger- und Technikübungen auf Instrumenten, und dass ohne die automatisierten Fähigkeiten nur sehr eingeschränkt musikalische oder freie Gestaltung in musikalischen Interpretationen möglich wären (Wittmann, 2008). „Basiskompetenzen" (Wittmann, 2008, S. 32) gilt es zu identifizieren und einzuüben,

„bis sie automatisch beherrscht werden [wobei ein] einzig sinnvoller Weg [darin] besteht, das automatisierende Üben in ein Gesamtkonzept von Mathematiklernen einzubetten." (Wittmann, 2008, S. 32)

Dies sollen nach Wittmann sechs Prinzipien ermöglichen:

1. Die Basiskompetenzen [sollen] aus der Fachstruktur abgeleitet und definiert werden [... ,]
2. Die Erlernung jeder Basiskompetenz muss auf Verständnis ausgerichtet sein [... ,]
3. Basiskompetenzen müssen thematische in den Stoff integriert sein und sowohl im Unterricht als auch außerhalb des Unterrichts regelmäßig geübt werden [... ,]
4. Die Übungsfortschritte müssen verfolgt [...] werden.
5. Die Übungsmaterialien müssen den Kindern die Kontrolle ihrer Antworten ermöglichen [... und]
6. Basiskompetenzen müssen auch im Rahmen produktiver Übungen, d. h. von Übungen unter Einbeziehung allgemeiner mathematischer Kompetenzen, ständig mitgeübt werden. (Wittmann, 2008, S. 32)

Ein so verstandener Übungsprozess gliedert sich dabei in die von Winter (1984) und Wittmann (1992) entwickelte „Theorie der Übung" (Krauthausen & Scherer, 2007, S. 121) mit ein. In dieser Theorie der Übung (siehe dazu auch das „Didaktische Rechteck" von Wittmann, 1992) wird dann von

„‚Übung' [gesprochen] [...], wenn ein Satz von Wissenselementen oder eine Fertigkeit anhand einer größeren Zahl gleichartiger Aufgaben geübt wird." (Wittmann, 1992, S. 177)

Übung wird auf diese Weise als „integrale[r] Bestandteil eines aktiven Lernprozesses" (Krauthausen & Scherer, 2007, S. 121) verstanden. Es ist damit im Wesentlichen eine „Wiederaufnahme eines (entdeckenden) Lernprozesses, das Nocheinmalnachbilden, Nocheinmalnachbauen von Lernsituationen" (Winter, 1984, S. 10).

„Üben erhält somit im Prozess des aktiv-entdeckenden Lernens eine neue, eine umfassendere und alle Phasen des Lernprozesses durchdringende Aufgabe und Funktion; es ist mehr als das Trainieren vorgegebener Fertigkeiten." (Krauthausen, 2018, S. 190)

Bevor die Befunde der kognitiven Neurowissenschaften zum automatisierenden Üben in Abschn. 4 beschrieben werden, gehen wir im nachfolgenden Abschnitt zunächst noch einleitend auf die Methodik und Auswahl der Studien für unsere literaturbasierte Diskussion ein.

3   Material und Methode

Zur Auswahl der Veröffentlichungen für unsere literaturbasierte Diskussion haben wir exemplarisch die Plattform „ScienceDirect" für geprüfte wissenschaftliche Fachliteratur von Elsevier genutzt (Bezug zu Schritt 2, siehe unten). Diese Plattform enthält relativ ergiebige Suchfunktionen um tatsächlich passende peerreviewte Artikel ausfindig zu machen. Der dabei gewählte Zugang erhebt keinen Anspruch auf Vollständigkeit, sondern ist im Sinne einer Erkundung bzw. eines thematischen Erstzugangs zum Thema, neurowissenschaftliche Befunde zum „automatisierenden Üben" beim Mathematiklernen, zu sehen. Hier besteht sicherlich weiteres systematisches Forschungspotenzial.

Die Plattform „ScienceDirect" enthält wissenschaftliche Forschung zu aktuellen Themengebieten und neuen Erkenntnissen und zeichnet sich z. B. durch eine Fülle an wissenschaftlichen Publikationen im Gesundheitswesen aus. Auch im Bereich „neurowissenschaftlicher Forschung" zum Mathematiklernen, die in diesem Artikel die Basis bildet, kann hier aktuelle Literatur gefunden werden. Dabei wurde die Literaturrecherche im Jahr 2020 durchgeführt und war ausschließlich auf englischsprachige Beiträge begrenzt. Unsere literaturbasierte Diskussion erfolgte dabei in drei Schritten:

1) *Planung der Recherche anhand vorbestimmter Kategorien,*
2) *Durchführung der Recherche und Auswahl,*
3) *Diskussion ausgewählter Publikationen anhand eines festen Schemas.*

Für Schritt 1) galten dabei folgende Kategorien i.-iv. und Einschränkungen: Da es sich um Studien handeln soll, die vor dem Hintergrund mathematikdidaktischer Konzepte und Prinzipien beschreibbar sind, sollten die Studien mathematische Items beinhalten. Dazu wurde untersucht, ob

  i. *die ausgewählten Studien Items mit mathematischen Inhalten verwendeten.*
 ii. *in den Ergebnissen Aussagen über Mathematiklernen (wie bspw. zu Rechenverfahren wie der Multiplikation, zu Verfahren wie bspw. dem Gleichungslösen oder Algorithmen) getroffen werden.*
iii. *das automatisierende Üben bzw. in den englischsprachigen Studien, „drill", „practice" oder „training" thematisiert wird. Methodisch und inhaltlich gesehen sollten die Items damit einen Bezug zum automatisierten Üben erkennen lassen.*
 iv. *ein integrativer kognitions- und neurowissenschaftlicher Zugang miteinbezogen wird. Dieser beinhaltet für diesen Beitrag, dass die gewählten Publi-*

kationen Funktionsweisen des Gehirns untersuchen und weiterhin fMRI als bildgebendes Verfahren für die Datenerhebung und -darstellung genutzt haben.

Diese vier Kategorien i.-iv. waren entscheidend für die Durchführung unserer Recherche (vgl. Schritt 2). Als Stichworte für die Recherche selbst wurden genutzt: „fMRI", „practice*", „training*", „math*". Anschließend wurden zunächst die Abstracts und das Fazit der Studien gelesen und letztlich die Artikelauswahl nach einem vollständigen Lesen der Studien getroffen. Durch dieses Vorgehen konnten fünf relevante Artikel identifiziert werden, die einer Analyse in Schritt 3) zugeführt wurden. Dies ermöglicht im hier geschilderten literaturbasierten Zugang ein erstes Bild von Möglichkeiten, Potenzialen und Herausforderungen mit Blick auf neurowissenschaftliche Befunde zum „automatisierenden Üben" beim Mathematiklernen.

Für die literaturbasierte Diskussion (Schritt 3) unserer Auswahl haben wir uns für eine vergleichende Darstellung auf die folgende Struktur zur Beschreibung gestützt:

a. Fragestellung/Hypothese
b. Setting
c. Output/Outcome
d. Mathematikdidaktische Sicht auf die mathematischen Items
e. Ableitung relevanter Indizien aus mathematikdidaktischer Perspektive

Nachfolgend, in Abschn. 4, werden steckbriefartig die ausgewählten Studien diskutiert und im Sinne unseres obigen Schemas (a.–e.) beschrieben und dargestellt.

---

4   Ergebnisse und Diskussion

Für unseren Beitrag wollen wir nachfolgend neurowissenschaftliche Befunde zum automatisierenden mathematischen Üben im Überblick in Beziehung zueinander beschreiben und mathematikdidaktisch zugänglich machen. In der nachfolgenden Tab. 2 werden zunächst die ermittelten Studien und deren Ergebnisse skizziert. Im Anschluss daran werden die Studien ausführlicher beschrieben und dargestellt.

Dabei folgt die Diskussion der Studien keiner alphabetischen Reihenfolge und keiner Rangordnung o. ä. Der jeweilige „Steckbrief" über die Studien ist entsprechend unseres obigen Schemas (a.–e. des Schritt 3 unserer literaturbasierten Diskussion) aufgebaut.

Tab. 2 Die ermittelten Studien zur literaturbasierten Diskussion

Studien	Ergebnisse
Anderson et al. (2008): A central circuit of the mind	Nach einer Übungsphase zum Lösen linearer Gleichungen konnte am Prüfungstag unter fMRI festgestellt werden, dass sich die Teilnehmer*innen alle im Vergleich zum Ausgangsbefund zeitlich deutlich verbessert hatten. Auch bei steigendem Schwierigkeitsgrad der Aufgaben
Delazer et al. (2005): Learning by strategies and learning by drill evidence from an fMRI study	Neu akquiriertes arithmetisches Wissen wurde in bereits bestehende arithmetische Prozesse implementiert. Übung führt zu einer Veränderung kognitiver Prozesse in mentaler Arithmetik. Dabei sind sowohl die Hirnaktivität sowie auch die teilnehmenden Hirnareale in einem mathematischen Netzwerk abhängig von der Lernmethode
Ischebeck et al. (2009): Flexible transfer of knowledge in mental arithmetic	Die Studie lässt den Schluss zu, dass der linke Gyrus angularis beim Abrufen gespeicherter arithmetischer Fakten, sowie beim Transfer zwischen arithmetischen Operationen (Multiplikation, bspw. 17 · 7 und Division, bspw. 371 : 7) aktiviert wird. Die Studie legt nahe, dass der Transfer von Wissen zwischen arithmetischen Operationen (Multiplikation und Division) begleitet ist durch Veränderungen hinsichtlich der Aktivierung in einem mathematischen Netzwerk[1]
Klein et al. (2019): White matter neuroplasticity in mental arithmetic: Changes in hippocampal connectivity following arithmetic drill training	Es wurde gezeigt, dass nach kurzem und extensivem Üben (verschiedenen Multiplikationsaufgaben der Form 36 × 8) durch fMRI-Analyse ein signifikanter Anstieg von Konnektivität im Bereich von Nervenfasern des linken Gyrus hippocampalis festgestellt werden konnte, während im Bereich des Gyrus angularis kaum eine Aktivitätssteigerung stattfand. Klein et al. (2019) konnten zeigen, dass durch Üben mit Automatisierung und Wiederholung der Gyrus angularis nicht mehr direkt an Rechenprozessen beteiligt ist, sondern vielmehr eine mediative Netzwerkfunktion (Vermittlerfunktion zu anderen Zentren im Netzwerk) einnimmt
Popescu et al. (2019): The brain-structural correlates of mathematical expertise	Die Hauptaussage ist, dass die Densitätsanalyse hinsichtlich der Verhaltensebene der grauen Substanz bei Mathematikern*innen im linken oberen Frontalgyrus dichter war als bei Nicht-Mathematikern*innen. Dies legt den Schluss nahe, dass Üben und ein gezieltes Beschäftigen mit einem Thema tatsächlich zu einer Vermehrung und Vergrößerung der sogenannten Speichereinheit im zuständigen Areal des Cortex des Großhirnes führt

[1]Zentren sind Orte, die sich auf bestimmte Fähigkeiten spezialisiert haben und diese auch hauptsächlich durchführen. Sie liegen im Bereich definierter Hirnregionen und vernetzen sich in der Regel in der Form eines Netzwerkes untereinander

Anderson, Fincham, Qin und Stocc (2008): A central circuit of the mind

Fragestellung/Hypothese

Mithilfe des entwickelten Modells, das von den Autor*innen als „cognitive architecture which are formalisms for modeling the mental interactions that occur in the performance of complex tasks" (Anderson et al., 2008, S. 136) bezeichnet wird, werden die Daten über den Lösungsprozess komplexer (mehrstufiger) Aufgaben (Inhaltsbereich: lineare Gleichungen) ausgewertet, um Vorhersagen darüber zu treffen, welche Hirnregionen aktiviert werden.

Setting

Untersucht werden Kinder (im Alter von 11 bis 14 Jahren). Es werden in der Studie keine (!) Angaben zum Vorwissen der Kinder gemacht. Das Lösen von linearen Gleichungen wird an 5 aufeinanderfolgenden Tagen geübt. Am Tag 0 wird zunächst eine gezielte Lerneinheit zum Lösen von Gleichungen eingesetzt. Anderson et al. beschreiben den Charakter dieser Lerneinheit mit „private tutoring on solving equations" (2008, S. 140). An den Tagen 1 bis 5 folgt dann jeweils eine Stunde das Üben von Gleichungen mit ansteigendem Schwierigkeitsgrad – nach Aussage von Anderson et al. – (0-step bis 2-step) am Computer. Darauf nehmen wir in d. noch einmal Bezug. Im Detail finden sich im Artikel keine weiteren Informationen zur Ausgestaltung der Übungssequenzen.[1]

0-step: e.g. $1x + 0 = 4$
1-step: e.g. $3x + 0 = 12$ or $1x + 8 = 12$
2-step: e.g. $7x + 1 = 29$ (Anderson et al., 2008, S. 140)

Die Daten werden im Forschungssetting der Studie mithilfe des Kernspintomografen erhoben. Zunächst wird unter dem Kernspintomografen am Tag 0 überprüft, wie lange alle Teilnehmer*innen einzeln zum Lösen der jeweiligen Gleichungen (0-step bis 2-step) brauchen. Es wird somit ein Ausgangbefund erhoben. An den

---

[1] In einer späteren Studie von Anderson (2012) finden sich Hinweise zum Gleichungslösen am Computer. Da sich diese spätere Studie mit dem Problemlösen beschäftigt, fand sie für unseren Beitrag keine Berücksichtigung, lässt aber gewisse Rückschlüsse auf die Vorgehensweisen in der zitierten Studie aus 2008 zu. Gleichungen werden auf dem Bildschirm angezeigt. Anschließend können Teilnehmer*innen zwischen unterschiedlichen Umformungen wählen, Werte eingeben, sich einen Hinweis anzeigen lassen, das Ergebnis evaluieren lassen oder eine neue Gleichung anfordern.

darauffolgenden Tagen 1–5 folgt eine solche Überprüfung der jeweiligen Gleichungen (0-step bis 2-step) nach einer Stunde Üben.

Output/Outcome

Abb. 1 zeigt die Lösezeit über die Tage 0–5, über die die Studie durchgeführt worden ist. Vor der Durchführung der fMRI und der Erfassung der Lösezeiten wurde
mit den Probanden eine Stunde lang an jedem Testtag geübt. Als Ergebnis der Studie konnte am Prüfungstag (Day 5, Abb. 1) festgestellt werden, dass sich die Teilnehmer*innen im Vergleich zum Ausgangsbefund ähnliche Aufgaben schneller
lösen konnten. Auch bei steigendem Schwierigkeitsgrad nach der Einteilung 0-Step
bis 2-Step.

„Data" (bzw. die Datenpunkte und gestrichelten Linien) in Abb. 1 bezieht sich
auf gemittelte Lösungszeiten der Kinder unter fMRI. „Theory" stellt eine theoretische Vorhersage mit Hilfe eines durch die Autor*innen entwickelten Modells dar.

Mathematikdidaktische Sicht auf die mathematischen Items

Aus mathematikdidaktischer Sicht ist die Skalierung der ansteigenden Schwierig-
keitsstufen kritisch zu hinterfragen (0-Step bis 2-Step). Hier wird das kognitive

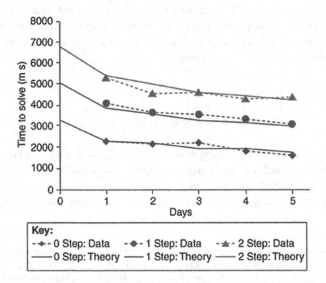

Abb. 1 Erfassung der Lösungszeiten an jedem Testtag für die jeweiligen Gleichungen
(0-step bis 2-step) und Vorhersage auf Grund der theoretischen Überlegungen der Autor*innen. (Reprinted from Trends in Cognitive Sciences, Vol. 12, Anderson, Fincham, Qin, &
Stocco, A central circuit of the mind, p. 140, Copyright (2021), with permission from Elsevier)

Anforderungsniveau als korrespondierend mit einer Anzahl von Lösungsschritten bei Äquivalenzumformungen bei einfachen Gleichungen in einer Variablen aufgefasst. Dies stellt nach unserer Auffassung eine deutliche Verkürzung mathematikdidaktischer Schwierigkeitsmodelle (Neubrand et al., 2002) dar. Alternativ zur Anzahl der benötigten Lösungsschritte erscheinen bspw. begriffliche epistemologische Hürden: So ist das Vorkommen der Null als eigentlich theoretischem Begriff (Burscheid & Struve, 2020) in der Schulmathematik eine wesentliche Hürde, d. h., das Lösen von einer Gleichung wie $1x + 0 = 4$ kann auf einer semantischen Ebene ungleich schwieriger sein als das Lösen von $7x + 1 = 29$.

Es fand kein Pretest zu mathematischen Kenntnissen der Teilnehmer*innen statt, es wird implizit davon ausgegangen, dass sich alle Schüler*innen zu Beginn der Untersuchung auf dem gleichen Stand befinden. Es bleibt aus mathematikdidaktischer Sicht fragwürdig, worin der Mehrwert einer Verkürzung von Automatisierungsvorgängen bspw. von 1 min auf 50 sec. liegt. Im Sinne des Anwendens von Mathematik ist dies als wenig bemerkenswert zu bezeichnen.

Ableitung relevanter Indizien aus mathematikdidaktischer Perspektive

Die Studie erbringt an einem Fallbeispiel einen neurowissenschaftlichen Beleg für die These, dass repetitive Übungsformate zu Automatisierungsprozessen führen und das Gehirn hinsichtlich notwendiger Aktivierungsprozesse nachweislich entlastet werden kann. Diese Vermutung ist mit Blick auf mathematikdidaktische Erkenntnisse sicherlich nicht überraschend, dennoch kann ein integrativer kognitions- und neurowissenschaftlicher Zugang hier zur Begründung beitragen und weitere Erklärungsebenen eröffnen.

Delazer, Ischebeck, Domahs, Zamarian, Koppelstaetter, Siedentopf, Kaufmann, Benke und Felber (2005): Learning by strategies and learning by drill – evidence from an fMRI study

Fragestellung/Hypothese

In dieser Studie werden zwei Aspekte betrachtet

1) *Die Auswirkungen von Übung auf kognitive Prozesse (Vergleich neuer und trainierter Items auf der Grundlage desselben Algorithmus),*
2) *Auswirkungen verschiedener Übungstypen auf kognitive Prozesse (Vergleich der Items, die mit unterschiedlichen Methoden gelernt wurden).*

Dabei wird die Hypothese verfolgt, numerical training leads to a shift of activation within parietal areas (Delazer et al., 2005, S. 845).

Setting

Die Items stammen aus dem Teilgebiet der Arithmetik. Für die Auswahl werden explizit zwei Gründe angegeben: Erstens sei die Arithmetik ein ideales Feld, um den Erwerb neuer Fachkenntnisse zu untersuchen, da Lernbedingungen und Lerninhalte leicht definiert und kontrolliert werden können. Zweitens ist der Aufbau arithmetischer Kompetenzen von entscheidender Bedeutung für ein Zurückfinden in ein selbstständiges Leben bei Patient*innen mit Hirnschädigung.

Insgesamt nahmen an der Studie 16 Teilnehmer*innen (9 weiblich) im Alter von 26 Jahren teil. Für den fMRI Test blieben 9 (4 weiblich) Teilnehmer*innen (Studenten*innen oder Teilnehmer*innen mit anderem akademischen Grad). In der Studie wird festgehalten, dass alle Teilnehmer*innen gute arithmetische Fähigkeiten haben (Delazer et al., 2005). Dabei wird nicht näher spezifiziert, was unter guten arithmetischen Fähigkeiten zu verstehen ist.

Zunächst wurden die Teilnehmer*innen in zwei Rechenoperationen geschult. Ein Teil der Rechenoperationen wurde durch Drill und Wiederholung geübt. Die anderen Rechenoperationen werden durch einen gegebenen Algorithmus (was die Autor*innen der Studie unter Strategielernen fassen) gelernt. Es fanden 5 Sitzungen à 45 min statt (Montag bis Freitag). Die täglichen Sitzungen enthielten jeweils eine Sitzung zu Drill und Wiederholung einer Rechenoperation und eine Sitzung zum Strategielernen einer anderen Rechenoperation. Zwischen den beiden Sitzungen gab es eine kurze Pause für die Teilnehmer*innen.

Über die fünf Sitzungen gab es 90 Übungsblöcke für jede der Rechenoperationen (insgesamt also 180 Übungsblöcke). In der Untersuchung werden die Reaktionszeit und die Genauigkeit registriert. Die Items selbst wurden auf einem Bildschirm präsentiert und die Teilnehmer*innen gaben die Lösung, eine zweistellige Zahl, über die Zifferntastatur rechts am Computer ein. Dabei erhielten die Teilnehmer*innen sowohl positive als auch negative Rückmeldungen sofort nach Eingabe. Bei einem Fehler wurde das (gleiche) Item bis zur richtigen Lösung wiederholt.

Für ein sogenanntes „Strategielernen (learning by strategies)" wird durch die Autor*innen der Studie festgehalten, dass Teilnehmer*innen bei der ersten Übungseinheit ein Beispielblatt mit einer Beschreibung des Algorithmus erhalten und weiterhin gleichzeitig sechs Beispielproblemen. Dabei handelt es sich nach Rickard (1997), auf den sich die Studie hinsichtlich der Items bezieht, um einen 3-schrittigen arithmetischen Algorithmus. Diese sind absichtlich willkürlich formuliert, damit die Teilnehmer*innen nicht bereits bekannte Algorithmen aktivieren. Im Folgenden findet sich ein Beispiel eines solchen Algorithmus:

„#" steht für eine Operation/ein Zeichen.

Zum Beispiel 4 # 17 = ?

1. Schritt: $17 - 4 = 13$ (Zahl links von Zahl rechts abgezogen)
2. Schritt: $13 + 1 = 14$ (1 zum Ergebnis addiert)
3. Schritt: $17 + 14 = 31$ (Ergebnis von Schritt 2 zur rechten Zahl addieren)

Danach wurde dieses Blatt für die weiteren Übungseinheiten entfernt. Anschließend wurde ein Problem dargestellt, dieses sollte bei der wiederholten Darstellung des Problems dann gelöst werden und die Teilnehmer*innen gaben ihre Lösung mit der Tastatur ein. Das Problem blieb nun sichtbar, bis die Proband*innen ihre Lösungen eingegeben haben. Dabei gab es jedoch keine zeitliche Beschränkung.

In der dritten und fünften Übungseinheit wurden die Teilnehmer*innen untersucht und festgehalten, welche Strategien sie angewendet haben. „How did you solve the preceding operation? a = algorithm, g = retrieval, s = other" (Delazer et al., 2005, S. 840).

Für die Übung zu Drill und Wiederholung wurden die Teilnehmer*innen angewiesen, sich die Drill-Items zu merken. Auch hier wurden die Items zweimal präsentiert. Beim ersten Mal wurden das Item und die korrekte Lösung präsentiert. Beim zweiten Mal sollte die Lösung von den Proband*innen über die Tastatur eingegeben werden.

Für den fMRI Test beschreiben die Autor*innen der Studie, dass drei Bedingungen an die Items im Erhebungssetting unterschieden wurden:

„Drill" (zuvor durch Drill und Wiederholung erlernte Items), „Strategie" (die Items wurden zuvor durch die Anwendung von Strategien gelernt) und „Neu" (neue Items, die mit demselben Algorithmus beantwortet werden können, wie bei den Strategie-Items). Die Items erschienen auf dem Bildschirm und die richtige von zwei Zahlen musste per Knopfdruck angegeben werden. Dabei lagen die richtige Zahl und die falsche Zahl in einer Range von 18 bis 35.

Für „Drill" und „Strategie" wurden bereits die bekannten Probleme genutzt, für „Neu" wurden neue Items, aber beispielsweise mit ähnlichem Schwierigkeitslevel generiert.

Output/Outcome

Das Erlernen neuer arithmetischer Operationen verursacht einen Wechsel der zerebralen Aktivierung[2] abhängig vom Verständnis und vom wiederholten Einüben. Es

---

[2] Das Hirn änderte seine hirnarealbezogene Aktivität und das Hirnareal selbst.

wird festgehalten, dass neu akquiriertes arithmetisches Wissen in bereits bestehende arithmetische Prozesse implementiert wurde („Reduced brain activation would then reflect decreasing reliance on general purpose processes, while increasing activation in specific regions would indicate increased engagement of an existing system or, alternatively, the development of new representations or processes. Results [...] show more focused activation patterns for trained items as compared to untrained items. As suggested by the specific activation patterns, new acquired expertise was implemented in previously existing networks of arithmetic processing and memory" Delazer et al., 2005, S. 847). Ebenso soll die Untersuchung zeigen, dass sowohl die Hirnaktivität als auch die teilnehmenden Hirnareale in einem mathematischen Netzwerk[1] abhängig von den gewählten Aufgaben zu „Drill", „Strategie" und „Neu" (vgl. Setting) sind.

Mathematikdidaktische Sicht auf die mathematischen Items

Für die Studie wurden künstliche Algorithmen kreiert, welche es den Proband*innen ermöglichen vorgegebene Aufgaben in einer bestimmten Anzahl von Schritten zu „lösen". Die gewählten Items wirken aus mathematikdidaktischer Sicht zunächst etwas befremdlich. Mit Blick auf das Design der Studie erscheint die Auswahl aber nachvollziehbar, da in der Studie eine Unterscheidung in „Drill", „Strategie" und „Neu" vorgenommen wurde und die Auswirkungen dieser drei Bedingungen erhoben werden. Für die Bedingungen „Neu", sollte z. B. untersucht werden, inwiefern neue Items mit demselben Algorithmus beantwortet werden können, wie die Strategie-Items. Dazu brauchte es entsprechend der Studie einen (künstlichen, neuen) Algorithmus, den die bereits erwachsenen Teilnehmer*innen (durchschnittliches Alter von 26 Jahren) noch nicht während ihrer Schullaufbahn kennengelernt hatten. Dadurch, dass wohl neue Sets von Regeln vorgegeben werden, kann nicht direkt auf bestehendes bereits automatisiertes Wissen zurückgegriffen werden. Wobei natürlich auch hinsichtlich des implizit verfügbaren prozeduralen Wissens (Moormann, 2009) große Unterschiede bestehen können. Auch hier wäre ein Pretest aus mathematikdidaktischer Sicht mit Blick auf die gewählten Items eigentlich notwendig gewesen. Zudem bleibt zu bemerken, dass rein syntaktisch-schematische Fähigkeiten trainiert werden und eine semantische Ebene, beispielsweise die flexible Aktivierung von Rechentechniken, (bewusst?) ausgeblendet wird.

Ableitung relevanter Indizien aus mathematikdidaktischer Perspektive

In der vorliegenden Studie wird automatisierendes Üben (vgl. Abschn. 2.2), das für uns gewisse Parallelen zum sogenannte „Schema-Aspekt" (Grigutsch et al., 1998) aufweist, welchen man im verständnisorientierten Mathematikunterricht zumindest nicht überbetonen will, systematisch in den Vordergrund gerückt. Dabei liegt der Fokus in dieser fMRI-Studie darauf, dass spezielle Methoden und Strategien dazu führen, dass das mathematische Wissen auf grundsätzlich unterschiedliche Weisen verarbeitet und abgespeichert wird (Wechsel der zerebralen Aktivierung[3]). Dies deutet darauf hin, dass Menschen ihr (mathematisches) Wissen auch beim Üben eigenständig und kontextspezifisch individuell konstruieren (Bauersfeld, 1983; von Glasersfeld, 1998). Aus der mathematikdidaktischen Perspektive gibt die Studie einen starken Impuls, Üben auch (weiterhin) fachbereichsspezifisch zu untersuchen.

Ischebeck, Zamarian, Schocke und Delazer (2009): Flexible transfer of knowledge in mental arithmetic

Fragestellung/Hypothese
Ziel der vorliegenden fMRI-Studie ist zu untersuchen, ob und wie neu erworbenes arithmetisches Wissen von trainierten Multiplikationsproblemen auf verwandte Divisionsprobleme übertragen werden kann.

Setting
Insgesamt haben 17 Teilnehmer*innen (7 weibliche), 25 Jahre alt und Rechtshänder*innen an der Untersuchung teilgenommen. Es handelte sich dabei um Studenten*innen der Universität Innsbruck (keine neurologischen oder psychiatrischen Krankheiten bekannt). Es wird beschrieben, dass als Items 50 Multiplikationsprobleme mit vergleichbarem Schwierigkeitsgrad erstellt worden sind. Für die Form wird dabei festgehalten, dass zweistellige Zahlen, multipliziert mit einer einstelligen Zahl, ein dreistelliges Ergebnis ergeben. Dabei wurden Divisionsaufgaben mit Bezug zu den Multiplikationsaufgaben erstellt (Umkehraufgaben). Also bei $17 \times 7(= 119)$ dann $119:7(= 17)$. Weiterhin wird festgehalten, dass 10 der 50 Aufgaben mit den Teilnehmer*innen geübt wurden. Jede der 10 von 50 Aufgaben wird 72-mal[3] gelöst. Die Übung wurde in Einzelsitzungen am Computer vollzogen und dauerte höchstens 2 h. Nach jedem Lösungsprozess einer Aufgabe wurde sofort eine Rückmeldung (in welcher Form wird durch die Autor*innen der Studie nicht ausgeführt) zur Lösung gegeben. Dabei wurde die Aufgabe so lange

---

[3] Wir konnten keine Hinweise erkennen, warum die Aufgaben 72-mal wiederholt wurden. Von den Autor*innen der Studie heißt es dazu: man wollte sichergehen, dass diese Ergebnisse aus der Erinnerung abgerufen werden können.

Abb. 2 Präsentierte Aufgaben für den fMRI Scan.
(Ischebeck et al., 2009)

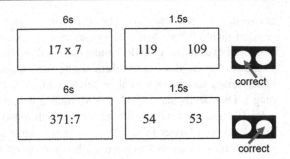

wiederholt, bis die richtige Antwort gegeben wurde. Dabei wurden die Multiplikation und die Division getrennt voneinander und mit jeweils 20 Aufgaben getestet. Auch der Pre- und Post-Test wurde am Computer geprüft, dabei aber kein Feedback gegeben. Die Autor*innen der Studie geben an, dass der fMRI Scan einen Tag nach der Übung durchgeführt wurde. Die folgende Abb. 2 soll zeigen, wie die Übungsaufgaben den Teilnehmer*innen für die Erhebung mit fMRI Scan präsentiert wurden. Es musste ein Ergebnis ausgewählt werden, wobei die Reaktionszeit gemessen wurde.

Output/Outcome

Das Autor*innenteam Ischebeck et al. hatte durch die erhobenen Daten Anlass zur Interpretation, dass der linke Gyrus angularis (vgl. Tab. 1) nicht nur beim Abrufen gespeicherter arithmetischer Fakten involviert ist, sondern auch beim Transfer zwischen arithmetischen Operationen (Multiplikation, bspw. 17 × 7 und Division, bspw. 371:7) entscheidend aktiviert wird.

Während nicht geübte Aufgaben der Multiplikation mehrere frontale und parietale Hirnareale stärker aktivierten als geübte Aufgaben der Multiplikation, fand man heraus, dass geübte Aufgaben der Multiplikation fast nur den linken Gyrus angularis aktivierten und weniger das übrige frontoparietale Netzwerk.[4] Das bedeutet, dass das Üben von Aufgaben der Multiplikation dazu führt, dass sich Aktivitäten im Netzwerk reduzieren und auf wenige Zentren[5] fokussieren. Auf diese Weise

---

[4] Das frontoparietale Netzwerk besteht aus dem dorsolateralen präfrontalen Kortex und dem posterioren parietalen Kortex und befindet sich in direkter Lagebeziehung zum intraparietalen Sulcus. Hier finden höhere Gedächtnisleistungen statt wie z. B. Mathematik, das Lösen komplexer Probleme im Verein mit dem Arbeitsgedächtnis.

[5] Zentren sind Orte, die sich auf bestimmte Fähigkeiten spezialisiert haben und diese auch hauptsächlich durch-führen. Sie liegen im Bereich definierter Hirnregionen und vernetzen sich in der Regel in der Form eines Netzwerkes untereinander.

kann – so die integrative kognitions- und neurowissenschaftliche Interpretation des Befundes – Energie (Aktivität) eingespart werden und diese Zentren werden gewissermaßen „frei" für parallele Aktivitäten hinsichtlich anderer kognitiver Funktionen. Die Aktivierung des linken Gyrus angularis war auch bei Teilnehmer*innen höher, die einen Transfereffekt bei einer Division zeigten, also Bezug zur vorherigen Multiplikationsaufgabe hatten. Die Untersuchung zeigt somit, dass der Transfer von Wissen zwischen arithmetischen Operationen (Multiplikation und Division) begleitet ist durch Veränderungen hinsichtlich der Aktivierung in einem mathematischen Netzwerk. Ein solcher Transfer ist auch begleitet von veränderter Arealbeteiligung im Netzwerk im Sinne einer optimierenden Reduktion hinsichtlich von Anzahl, Größe und Aktivierungsgrad.

Mathematikdidaktische Sicht auf die mathematischen Items

Die verwendeten Items stammen aus der Arithmetik und weisen Bezüge zum in der Mathematikdidaktik weithin beforschten Operationsverständnis bei Grundschüler*innen (Bönig, 1995; Padberg & Benz, 2011) auf. Diese sogenannten Umkehraufgaben bieten beispielsweise Bezüge zum entwicklungspsychologischen Begriff der Reversibilität von Jean Piaget (1971). Auch wenn der Erwerb eines Verständnisses von Umkehraufgaben charakteristisch für den Arithmetikunterricht ist, beschreibt man ein Erkennen des Phänomens der Reversibilität – was in der vorliegenden Studie mit dem Begriff des „Transfers" verbunden wird – nicht mehr als logische Notwendigkeit (Seiler, 1968; Struve, 1990; Schlicht & Witzke, 2015). Diese Zusammenhänge müssen vielmehr im konventionellen Sinne „erlernt" werden. Insofern handelt es sich um Items, die aus mathematikdidaktischer Sicht in der Tat geeignet sind, um Lernfortschritt zu zeigen; wohl aber mit Blick auf Grundschulkinder, nicht mit Blick auf Erwachsene, denen diese Zusammenhänge unter normalen Umständen wohlbekannt sein müssten. Jedenfalls scheinen die neurowissenschaftlichen Befunde darauf hinzudeuten, dass ein gewisser Übungseffekt in der vorliegenden Studie dazu führt, dass sich Netzwerke beteiligter Hirnareale im Sinne einer optimierenden Reduktion hinsichtlich von Anzahl, Größe und Aktivierungsgrad verschieben – aber eben keine mathematischen „Fertigkeitenzentren" erkennbar sind, jedenfalls bei nicht-spezialisierten und intellektuell auf bestimmte Fachrichtung fixierten Probanden.

Ableitung relevanter Indizien aus mathematikdidaktischer Perspektive

Der (linke) Gyrus angularis tritt – als ein höheres Assoziationsareal der Großhirnrinde vernetzt mit den Seh- und Hörzentren, sowie mit höheren sensorischen und motorischen kortikalen Arealen – genau dann zentral und funktional in der Studie in Erscheinung, wenn explizit von den Proband*innen ein Zusammenhang zwischen den verwendeten Umkehraufgaben gedacht werden konnte. Eine Beschreibung solcher sich stetig neu organisierender Netzwerke beim Mathematiklernen, sollten daher in interdisziplinären Settings, bspw. im Abgleich mit Erkenntnissen von Entwicklungspsychologen wie Marvin Minsky (1988) diskutiert werden und auf diese Weise für die Mathematikdidaktik relevant werden. Des Weiteren werden beim Erlernen arithmetischer Operationen (Multiplikation und Division – Umkehraufgaben) nach Interpretation der bildgebenden Verfahren durch die Autor*innen Ischebeck et al. mehrere frontale und parietale Hirnareale schwerpunktmäßig aktiviert und nach Üben durch Automatisierung und Wiederholung „nur noch" der linke Gyrus angularis. Mithin liegt der Schluss nahe, dass Übungseffekte in Verbindung mit Transferleistungen des Gehirns als kognitiv entlastend interpretiert werden können. Hier bieten sich aus mathematikdidaktischer Perspektive Anlässe für differenziertere Betrachtungsweisen. So wäre bspw. interessant, in geeigneten Settings zu eruieren, wie sich strukturierte produktive Übungsformate im Vergleich (Wittmann, 1990; Bruder, 2008; Leuders, 2005, vgl. Abschn. 5) auf die Aktivierung von Hirnarealen bzw. neuronalen Netzen auswirken. Insbesondere wäre es spannend, wenn auch hinsichtlich der eingeschränkten technischen Möglichkeiten herausfordernd, auf dieser Grundlage mathematische Problemlöseprozesse in den Blick zu nehmen.

Klein, Willmes, Bieck, Bloechle und Moeller (2019): White matter neuro-plasticity in mental arithmetic: Changes in hippocampal connectivity following arithmetic drill training

Fragestellung/Hypothese
In der Studie war erwartet worden, dass die strukturelle Konnektivität[6] des Hippocampus durch umfangreiche Übung mit Automatisierung und Wiederholung zunimmt. Zudem wurde erwartet, dass die Änderung der Konnektivität des Hippocampus erheblich größer sei als die Änderung der Konnektivität des Gyrus angularis, was seine wichtigere Rolle bei der Suche nach arithmetischen Fakten widerspiegelt.

Setting
Insgesamt nahmen 32 Teilnehmer*innen (im Alter von 18 bis 25 Jahren) an der Untersuchung teil. Dabei gab es bei den Teilnehmer*innen keine Berichte oder

---

[6]Anatomische Nervenfaserverbindungen.

Vorgeschichten über Schwierigkeiten beim Rechnen. Die Autor*innen beschreiben, dass, nach einer kurzen Übungphase durch Drill von 34 verschiedenen Multiplikationsaufgaben der Form 36 × 8 (eine Einheit dauerte ca. 30 bis 60 min) mit fünf aufeinanderfolgenden Sitzungen, jede*r Teilnehmer*in der Studie zwei Sitzungen unter Kernspintomografie absolvierte. Die 34 Multiplikationsprobleme wurden so lange geübt, bis jede von ihnen einmal richtig gelöst wurde. FMRI- und DWI-gewichtete Scans[7] wurden vor und nach der Übung, also nach Abschluss der Multiplikationsübung und zur immer gleichen Tageszeit und mit wöchentlichem Abstand durchgeführt. Im fMRI mussten die Teilnehmer*innen zwischen zwei Ergebnissen einer bestimmten Multiplikationsaufgabe so schnell wie möglich, das Richtige wählen.

Output/Outcome

Die Autor*innen Klein et al. kommen zu dem Ergebnis, dass nach kurzer Übungsphase durch Drill im fMRI ein signifikanter Anstieg von Konnektivität im Bereich von Nervenfasern des linken Gyrus hippocampalis umfassend festgestellt werden konnte, während im Bereich des Gyrus angularis kaum eine Aktivitätssteigerung stattfand. Dies wurde so gedeutet, dass eine hohe Neuroplastizität[8] perihippocampal im Bereich der weißen Substanz als Reaktion auf das Üben durch Drill (fünf Übungseinheiten zu komplexen Multiplikationsaufgaben) entstanden ist. Der Hintergrund der Studie ist besonders spannend hinsichtlich der Einschätzung der Rolle und der Aufgaben des bereits oben mehrfach erwähnten Gyrus angularis. Klein et al. (2019) konnten zeigen, dass durch Üben mit Automatisierung und Wiederholung der Gyrus angularis nicht mehr direkt an Rechenprozessen beteiligt ist, sondern vielmehr eine mediative Netzwerkfunktion (Vermittlerfunktion zu anderen Zentren im Netzwerk) einnimmt.

Mathematikdidaktische Sicht auf die mathematischen Items

Auch in dieser Studie wird ein automatisierendes Üben angelegt, d. h. eine intensive Multiplikationsübung, wobei eine Einheit ca. 30 bis 60 min dauerte und in fünf aufeinanderfolgenden Sitzungen durchgeführt wurde. 34 Multiplikationsaufgaben der Form 36 × 8 wurden geübt, bis jede der Aufgaben einmal richtig gelöst worden war. Aus mathematikdidaktischem Blick heraus wäre es interessant zu erfahren,

---

[7] DWI-gewichtete Scans sind Scans, die die Diffusionsbewegung von Wassermolekülen im Körpergewebe messen und in drei Raumebenen berechnen können. Das Diffusionsverhalten im Gewebe ist insbesondere im Zentralnervensystem von besonders hohem Interesse.

[8] Vereinfacht: Neubildung und Veränderung von Nervenfasern und Nervenzellen und Steigerung ihrer Funktion.

wie die Aufgaben gelöst wurden. Insbesondere, ob bspw. ausschließlich im Kopf gerechnet wurde oder auch halbschriftliche Rechenstrategien angewendet werden konnten (dabei werden Zwischenschritte und -lösungen schriftlich notiert). Auf diese Weise wäre es möglich Informationen zu verschiedenen strategischen Vorgehensweisen (bspw. stellenweises Rechnen: Wo beide Zahlen in ihre Stellenwerte zerlegt, einzeln ausgerechnet und anschließend miteinander verknüpft werden) der Teilnehmer*innen zu erhalten (Padberg & Benz, 2011).

Die Auswahl der Items ist, mit Blick auf ihre mathematikdidaktische Qualität und mit Bezug auf die Forschungsfrage, kritisch zu hinterfragen. Zunächst ist zu erwähnen, dass eigentlich bereits gefestigte (mit großer Wahrscheinlichkeit bereits automatisierte) Fertigkeiten „eingeübt" werden. Es stellt sich also die Frage, ob die Items und das Testdesign nicht vielmehr Aussagen zum Erinnern an bereits bekanntes Wissen, als zum Lernen von neuem Wissen, ermöglicht. Damit wäre der spezifische Erkenntnisgewinn für mathematische Lehr-Lernprozesse als eher gering einzuschätzen und es würde eher die Verfügbarkeit bereits konsolidierten (Fakten-)Wissens geprüft. Spannend und gesichert erscheint hingegen, dass sich dieses (aus mathematikdidaktischer Sicht) sehr basale Erinnern tatsächlich schon messbar in einer Neuroplastizität beschreiben lässt. Fraglich ist, ob dies einfach eine Reaktion auf beliebige kognitive Aktivität darstellt (gepaart mit einem besonderen Aufmerksamkeitsaspekt in einem für die Probanden sehr außergewöhnlichen Setting) oder tatsächlich spezifische Rückschlüsse auf die neurologische Dimension arithmetischer Übungsprozesse zulässt.

Ableitung relevanter Indizien aus mathematikdidaktischer Perspektive

Prinzipiell ist die Studie von Klein et al. (2019) hinsichtlich der gemessenen neurologischen Ergebnisse interessant. Die Autor*innen Klein et al. können tatsächliche physische Veränderungen im Gehirn im direkten zeitlichen Zusammenhang eines Übens durch Automatisieren zeigen. Aus mathematikdidaktischer Sicht wäre nun, auch mit Blick auf die Erkenntnisse aus ähnlichen Studien, herauszuarbeiten, inwiefern diese, auf mathematische Lehr-Lernprozesse spezifiziert, gedeutet werden können. Dazu erscheint es gewinnbringend (wie zu Ischebeck et al. (2009) an gleicher Stelle geäußert), mit Blick auf die beschreibbaren neurologischen-physiologischen Wachstumsprozesse, bereits in vergleichsweise kognitiv wenig herausfordernden Settings, darüber nachzudenken, wohin denn tatsächlich produktive lernprozessbegleitende mathematische Übungsformate führen würden. Diese Beobachtungen könnten wiederum Erkenntnisse und Impulse darüber liefern, wie produktive Übungsformate konzipiert werden könnten, die auch physiologische Aspekte berücksichtigen. Schon jetzt darf man behaupten, dass der Hippocampus Informationen aus unterschiedlichen sensorischen Systemen verarbeitet (fachunspezifisch) und zum Cortex übermittelt, unter der Prämisse der Überführung dieser Inhalte in die unterschiedlichen Gedächtnisqualitäten (z. B. Kurzzeit-, Intermediär- und Langzeitgedächtnis). Dabei erscheint es selbstverständlich, dass auch hier Mathematik verarbeitet wird und dass ein entsprechendes Üben durch Automatisieren und Wiederholen eine erhöhte Neuroplastizität im Bereich der elektrischen Leitungen und im Bereich der Speicher- und Arbeitszellen des Hippocampus selbst anregt.

Popescu, Sader, Schaer, Thomas, Terhune, Dowker, Mars und Kadosh (2019): The brain-structural correlates of mathematical expertise

Die fMRI-Studie von Popescu et al. (2019) hat auf den ersten Blick eine etwas anders gelagerte Ausrichtung als die bisherigen Studien (Abschn. „Anderson, Fincham, Qin und Stocc (2008): A central circuit of the mind", „Delazer, Ischebeck, Domahs, Zamarian, Koppelstaetter, Siedentopf, Kaufmann, Benke und Felber (2005): Learning by strategies and learning by drill – evidence from an fMRI study", „Ischebeck, Zamarian, Schocke und Delazer (2009): Flexible transfer of knowledge in mental arithmetic" und „Klein, Willmes, Bieck, Bloechle und Moeller (2019): White matter neuro-plasticity in mental arithmetic: Changes in hippocampal connectivity following arithmetic drill training"). Die Studie lässt den Schluss zu, dass ein gezieltes Beschäftigen mit einem Thema zu einer Vermehrung und Vergrößerung einer so gedeuteten Speichereinheit im zuständigen Areal des Cortex des Großhirnes führt. Es werden dafür in der Studie Mathematiker*innen und Nicht-Mathematiker*innen untersucht. Bei den Mathematiker*innen handelt es sich dabei z. B. um Teilnehmer*innen aus den Fachbereichen Algebra, Logik und Zahlentheorie, welche bereits auf eine ausgiebige Beschäftigung mit Mathematik zurückblicken können. Betrachten wir dieses „sich Beschäftigen" als ein Beinhalten von Lern- und Übungseffekten, so verändern diese funktionell und strukturell neurologische Strukturen.

Fragestellung/Hypothese
Den Autor*innen der Studie geht es darum, zu untersuchen, was charakteristische *mathematische* Hirnstrukturen sind. Dazu wurden Mathematiker*innen im Vergleich zu Nicht-Mathematikern*innen betrachtet.

Setting
Insgesamt wurden in der Untersuchung 19 Mathematiker*innen (davon 5 weiblich) und 19 Nicht-Mathematiker*innen (davon 14 männlich), Doktorand*innen

oder Post-Doktorand*innen (alle Rechtshänder*innen) untersucht. Dabei handelte es sich um Mathematiker*innen der Universität Oxford (Fachbereiche wie Algebra, Logik und Zahlentheorie) und Nicht-Mathematiker*innen der Universität Oxford (Fachbereiche wie Englisch und weitere Sprachen, Kultur und Geschichte – Geisteswissenschaften). Getestet wurde das kognitive Arbeitsgedächtnis, die Aufmerksamkeit, der IQ, numerische Fertigkeiten und soziale Kompetenzen.

Die Autor*innen Popescu et al. (2019) haben für ihre Analyse verschiedene kognitive Kategorie (z. B. Intelligence, Working memory, Logic, Verbal reasoning and Social skills) festgelegt und mit verschiedenen Tests (z. B. IQ test (PIQ section), IQ test (VIQ section), Digit span (forward), Digit span (backward), Letter span (forward), Wason logic task, Verbal reasoning task, Emotional recognition task and Gaze task, um nur einige zu nennen) untersucht. Dabei wurde sich in Bezug auf die kognitiven Kategorien und zugehörigen Tests auf verschiedene Quellen gestützt. Beispielsweise wurde sich zur Kategorie „including intelligence (IQ test)" an Wechsler (1999) und zur Kategorie „Working memory" an Wechsler (1997) orientiert. Für die Kategorie „various numerical and logical skills" wurde sich z. B. für „numerical Stroop" auf Henik und Tzelgov (1982) und für „number line" auf Siegler und Opfer (2003) gestützt.

Output/Outcome

Die Hauptaussage ist, dass die Densitätsanalyse hinsichtlich der Verhaltensebene der grauen Substanz bei Mathematiker*innen im linken oberen Frontalgyrus dichter war als bei Nicht-Mathematiker*innen. Dies lässt den Schluss zu, dass gezieltes Beschäftigen mit einem Thema zu einer Vermehrung und Vergrößerung der sogenannten Speichereinheit im zuständigen Areal des Cortex des Großhirnes führt. Damit können die Autor*innen der Studie festhalten, dass eine thematische Spezialisierung zu selektiver Neuroplastizität führt und damit zu selektiver Erhöhung der Fähigkeiten und Möglichkeiten im Fachgebiet. Dabei konnten an verschiedenen anatomischen Orten (rechter oberer Parietallobus, rechter intraparietaler Sulcus, linker inferiorer Frontalgyrus) bei Mathematiker*innen im Vergleich zu Nicht-Mathematiker*innen erhöhte Densitäten und Aktivitäten festgestellt werden. Aus der Analyse folgern Popescu et al., dass Lern- und Übungseffekte funktionell und strukturell neurologische Strukturen verändern, sowohl die graue wie auch die weiße Substanz betreffend (im vorliegenden Beispiel vorwiegend den Cortex involvierend). Das heißt, dass fachliche Spezialisierungen bewirken können, dass sich Hirnfunktionen auf völlig andere Hirnareale verlagern können und damit auch in den Bereichen anderer Netzwerke und Assoziationszentren. Das spricht für eine funktionale Dynamik und Flexibilität des Gehirns und seiner Zentren und für die

Ausbaufähigkeit durch Lern- und Übungseffekte. Die Autor*innen nehmen an, dass die Verlagerung der Aufgaben in andere Zentren durch das Gehirn vorgenommen wird, weil hier eine höhere Speicherkapazität, Vernetzung und Beanspruchungsmöglichkeit unabhängig von anderen Einflüssen vorliegen dürfte.

Mathematikdidaktische Sicht auf die mathematischen Items

Im Vergleich zu den anderen vorliegenden Studien ist der Ansatz deutlich ganzheitlicher – es werden viele verschiedene Aspekte über bekannte kognitionspsychologische Instrumente wie IQ-Tests in den Blick genommen. Hier könnten mit Blick auf den Stand der mathematikdidaktischen Diskussion weitere spezifische Aspekte, z. B. zu prädikativem und funktionalem Denken (Schwank, 2003), berücksichtigt werden. Zudem findet sich eine statistisch gut begründete Vorgehensweise im angelegten Untersuchungssetting. Die Auswahl der Proband*innen in einem vergleichenden Kontrollgruppendesign erscheint zielführend mit Blick auf die beschriebenen Forschungsfragen der Untersuchung. Die Studie bildet aus dieser Sicht eine gute Möglichkeit, die sehr punktuellen Ergebnisse der zuvor beschriebenen Studien vor dem Hintergrund eines weiter gefassten ganzheitlicheren Rahmens einzuordnen. Auch hier stellt sich gleichwohl die Frage, inwiefern die Ergebnisse von erwachsenen Spezialist*innen auf mathematische Lehr-Lernprozesse von Kindern übertragen werden können.

Ableitung relevanter Indizien aus mathematikdidaktischer Perspektive

Die Ergebnisse der Studien legen nahe, dass der kontinuierliche Umgang mit (herausfordernder) Mathematik im Vergleich zu Kontrollgruppen zu speziellen Veränderungen und Anpassungen im Gehirn führt. Der fortdauernde Umgang mit diesem Fach (in einem professionellen Umfeld) bewirkt außergewöhnliche neuroplastische Anpassungen. Aber auch hier bleibt die Frage der Spezifität: Welche spezifischen mathematischen Wissensentwicklungsprozesse (bspw. problemlösender Natur) sind verantwortlich für diese Anpassungen, und welche Rückschlüsse können daraus für „nicht-professionelle" Mathematiker*innen gezogen werden? Inwiefern sind die Ergebnisse also übertragbar und mathematikspezifisch oder andersherum betrachtet: Wie kann Mathematikdidaktik dafür sorgen, spezifische mathematische Zentren auszuprägen und zu fördern? Dazu bietet die vorliegende Studie auf Grund der State-of-the-Art Auswahl der Items, des Designs und der Durchführung viel Anknüpfungspotenzial für spezifische mathematikdidaktische Forschungsprojekte mit ganzheitlichen Perspektiven auf das Lernen durch (produktives) Üben, vielleicht sogar Problemlösen.

5   Zusammenfassende Diskussion

Mithilfe der Prozesse, die beim automatisierenden Üben und Wiederholen von Mathematikaufgaben in den Bereichen Arithmetik und Algebra mithilfe von fMRI sichtbar werden, wird in obigen Studien auf funktionale und strukturelle Prozesse im Gehirn geschlossen.

Zusammenfassend lässt sich mit Blick auf die besprochenen Studien die These formulieren, dass automatisierendes Üben wohl zu (plastischen) Restrukturierungsprozessen führt, welche sich bei Wiederholung ähnlicher Problemstellungen in der Interpretation von Neurowissenschaftler*innen als Entlastungsprozesse im Gehirn deuten lassen. Hinweis darauf geben Befunde wie z. B., dass repetitive und automatisierende Übungsmechanismen zum selben Thema eine kontinuierliche zeitliche Beschleunigung der Lösezeiten erreichen (Anderson et al., 2008). Auch, dass ungeübte Aufgaben der Multiplikation mehrere frontale und parietale Hirnareale stärker aktivierten als geübte Aufgaben der Multiplikation und daher davon ausgegangen wird, dass das Üben von Aufgaben der Multiplikation dazu führt, dass sich Aktivitäten im Netzwerk reduzieren und auf wenige Zentren fokussieren (Ischebeck et al., 2009). Die zuletzt genannte Studie kommt zu dem Schluss, dass beispielsweise beim Erlernen arithmetischer Operationen (Multiplikation und Division – Umkehraufgaben) mehrere frontale und parietale Hirnareale stärker aktiviert sind, während nach einem Üben durch Automatisieren und Wiederholen hauptsächlich der linke Gyrus angularis (Ischebeck et al., 2009) aktiviert wird. Die Studie von Klein et al. (2019) kommt zu dem Schluss, dass bei einem automatisierenden Üben der Gyrus angularis nicht mehr direkt an Rechenprozessen beteiligt ist, sondern vielmehr eine mediative Netzwerkfunktion (Vermittlerfunktion zu anderen Zentren im Netzwerk) einnimmt. Mit der Studie von Klein et al. (2019) können wir beschreiben, dass nach automatisierendem Üben und Wiederholen das übergeordnete verschaltende Zentrum zwischen dem Occipitallappen, Temporallappen und Parietallappen, nämlich der Gyrus angularis nicht oder kaum noch Aktivität aufweist und damit als koordinierendes und organisierendes Zentrum beansprucht wird. Im Umkehrschluss heißt das, dass automatisierende Übung zu gesteigerter Autonomie in den untergeordneten Zentren führt, die dann reflektorisch nach Maßgabe und Automatisierung, Aufgaben autonom bearbeiten lernen, ohne dass noch große gleichgeschaltete oder übergeordnete Netzwerke in den Einsatz gehen müssen. Dies bringt einen außergewöhnlichen Rationalisierungsprozess mit sich. Dieser Vorgang entspricht einer neuroplastischen Anpassung, die eine Rationalisierung bewirkt. Entsprechend der Studie von Popescu et al. (2019) kann festgehalten werden, dass Neuroplastizität nicht nur in den Leitungsbahnen der weißen Substanz, sondern auch im Bereich der Speicherzentren kortikal, im Bereich der grauen Hirnsubstanz, stattfindet. Volumetrisch haben wir hier eine Gewebezunahme im Bereich spezialisierter Nervenzellen, die alle Gedächtnisarten beherbergen. Somit erhöht sich mit einer selektiven Beschäftigung zu einem Thema (z. B. Mathematik) auch selektiv die Speicher- und Arbeitskapazität im übergeordneten Cortex. Auch hier ist es so, dass bei neuen Problemen dann das basale (kleinere) Netzwerk (rechter oberer Parietallobus, rechter intraparietaler Sulcus, linker inferiorer Frontalgyrus) aktiviert und beansprucht wird, da auf vorbestehendes Wissen zurückgegriffen wird. Dies weist Ähnlichkeiten zu der Studie von Klein et al. (2019) und der Untersuchung des übergeordneten Koordinierungszentrums Gyrus angularis (vgl. 4) auf. Nach automatischem Üben und Wiederholen laufen die Prozesse autonom auf der Basis eines (kleineren) Netzwerkes ohne Involvierung übergeordneter Koordinativzentren und assoziierter Zentren wie Sprache, optische Arbeit und Motorik ab.

An dieser Stelle wollen wir noch darauf aufmerksam machen, dass die Aussagen der Studien von Ischebeck et al. (2009) und Klein et al. (2019) hinsichtlich der Aktivität des Gyrus angularis zunächst antagonistisch zu sein scheinen. Dieser Befund kann mithilfe des Versuchsaufbaus erklärt werden. Bei Klein et al. (2019) wurden die Multiplikationsaufgaben so lange geübt, bis alle Aufgaben richtig gelöst wurden. Daher wurde das übergeordnete Koordinationszentrum linker Gyrus angularis (Rechtshänder*innen) nicht mehr gebraucht. Bei Ischebeck et al. (2009) wurden 10 von 50 Aufgaben (Multiplikation und Division – Umkehraufgaben) geübt (72-mal). Die übrigen 40 Aufgaben wurden nicht automatisiert und forderten damit, wie neue Aufgaben, das übergeordnete Zentrum des linken Gyrus angularis (Rechtshänder*innen) und sorgten somit für Aktivität. Ischebeck et al. (2009) differenzieren leider nicht, die Aktivität bei den 10 automatisierten Aufgaben (von 50) im Vergleich zu den 40 nicht-automatisierten und exponierten Aufgaben (von 50).

Einüben entlastet (z. B. durch neuroplastische Anpassungen) das Gehirn für Handlungen in ähnlichen Situationen – es scheint, so die Interpretation, als zeige das Gehirn eine Tendenz dazu, Handlungsabfolgen zu automatisieren, um Kapazitäten für Problemlöseprozesse zu schaffen.

> „As a task to be learned is practiced, its performance becomes more and more automatic; as this occurs, it fades from consciousness, the number of brain regions involved in the task becomes smaller" (Edelman & Tononi, 2000, S. 51).

Dies erscheint anschlussfähig an mathematikdidaktische Erkenntnisse. Winter (1984, S. 8) formuliert beispielsweise, dass Üben eine „Entlastungsfunktion für das geistige Arbeiten" erfüllt. Gleichzeitig betont er aber, dass ein Üben mathematischer Fertigkeiten, welche

„so angeeignet werden, daß ihr Sinnverständnis dabei nicht nur nicht verloren geht, sondern verbessert wird [...] [auch wieder] als Instrumente des Problemlösens fungieren" (Winter, 1984, S. 8)

können und damit gewissermaßen wieder als Grundlage zur weiteren Wissensentwicklung bereitstehen.

Zusammenfassend können wir für die literaturbasierte Diskussion dieses Beitrags einige Grenzen festhalten. Es ist zum einen auffällig, dass die betrachteten Studien hauptsächlich Erwachsene in den Blick nehmen (eine Ausnahme bildet Anderson et al., 2008). Dies scheint mit Blick auf die Mathematikdidaktik überraschend, hat aber wohl insbesondere mit den Herausforderungen der Erhebung zu tun. Schaut die Mathematikdidaktik selbstredend zumeist auf die Entwicklungsprozesse von Kindern und trifft diese betreffende Aussagen, so greifen die Neurowissenschaften für ihre wissenschaftlichen Fragestellungen im Bereich des Lernens häufig auf Ergebnisse in Studien mit Erwachsenen zurück (wie bspw. in der Studie von Popescu et al., 2019). Eventuell hat dies auch ethische Gründe. Weiterhin fällt auf, dass die für diesen Beitrag kennzeichnenden Studien für eine Analyse der anatomischen Struktur und Funktion des Gehirns mithilfe bildgebender Verfahren häufig auf das mathematische Teilgebiet der Arithmetik zurückgreifen, um die Inhalte der zu nutzenden Items zu designen. Delaezer und weitere Autor*innen nennen zwei Gründe dafür, dass das Teilgebiet der Arithmetik im Bereich kognitiver Neurowissenschaften häufig Teil des Untersuchungsinstrumentes ist:

„first, simple arithmetic is an ideal field to study the acquisition of new expertise, since learning conditions and learning contents can be easily defined. Second, the acquisition of arithmetic facts is of crucial importance for young students, as well as for patients after acquired brain damage." (Delazer et al., 2005, S. 839)

Damit können wir an dieser Stelle festhalten, dass die neurowissenschaftlichen Befunde und damit auch unsere mathematikdidaktische Einordnung zum automatisierenden Üben verstärkt auf das Teilgebiet der Arithmetik begrenzt sind.

Zudem ist auffällig, dass das Forschungssetting und die Items bei einigen Studien sehr detailliert beschrieben werden (z. B. bei Delazer et al., 2005), in anderen Studien jedoch einige Fragen dazu offenbleiben. Die diskutierten Studien und die genutzten Items scheinen zudem von einem Mathematikbild geprägt, in welchem eine Schemaauffassung von Mathematik (Davis & Hersh, 1994) dominiert. Dieser Eindruck wird aber vermutlich durch die Betrachtung des automatisierenden Übens verstärkt.

Beachten sollte der Leser hinsichtlich der literaturbasierten Diskussion dieses Beitrags, dass eine systematische Ausweitung der Recherche auf weitere

Plattformen und Verlage vermutlich eine höhere Anzahl von Studien hervorbringen würde. Zudem sorgt weiterhin die Exemplarität, 1. dass automatisierendes Üben in Bezug auf Mathematikaufgaben betrachtet wurde und 2. dass fMRI als bildgebendes Verfahren für die Datenerhebung und Untersuchung genutzt sein sollte, für eine Einschränkung. Dennoch besteht hier noch weiterer Forschungsbedarf.

Kritisch anzumerken ist sicherlich für alle Studien (mit Ausnahme von Delazer et al. (2005)), dass eigentlich bereits gefestigte (mit großer Wahrscheinlichkeit bereits automatisierte) Fertigkeiten „eingeübt" werden. Es stellt sich also die Frage, ob die Items und das Testdesign nicht vielmehr Aussagen zum Erinnern an bereits bekanntes Wissen als zum Lernen von neuem Wissen ermöglicht. Weiterhin wurden die Items hinsichtlich psychologischer und hirnfunktioneller Fragestellungen sehr eng gefasst. Man hat versucht eindeutige Aufgabenstellungen zu konzipieren oder auszuwählen, damit man dem, was man messen wollte, auch möglichst nahekam, insbesondere auch um verfälschende Nebeneffekte außenvorzuhalten. Dies ist, dadurch, dass das Gehirn in der Form eines Netzwerks funktioniert und nie ein „reiner Gedanke" gemessen werden kann, besonders schwierig.

Dennoch ergeben sich durchaus interessante Zugänge und Anknüpfungspunkte für die Praxis, auch wenn sich der in den Studien teilweise angedeutete direkte „Ursache-Wirkungszusammenhang" oftmals als zu optimistisch erweist – eine systematische Erweiterung der Literaturbasis wäre hier sicherlich geboten. Wie bereits in Abschn. „Automatisierendes Üben aus mathematikdidaktischer Perspektive" angedeutet, hat Automatisierung aus mathematikdidaktischer Sicht in bestimmten Phasen (aber z. B. nicht zu Beginn von Übungsprozessen) eine wichtige Rolle und seinen Platz (Krauthausen & Scherer, 2007) und darf nicht „weitgehend ignoriert" (Wittmann, 2008, S. 30) werden. Mithilfe einer integrativen kognitions- und neurowissenschaftlichen Erkenntnisdimension können wir an dieser Stelle festhalten, Einüben entlastet (z. B. durch neuroplastische Anpassungen) das Gehirn für Handlungen in ähnlichen Situationen und das Gehirn zeigt eine Tendenz dazu, Handlungsabfolgen zu automatisieren, um Kapazitäten für neue mathematische Problemstellungen zu schaffen. Jedoch sind neurowissenschaftliche Befunde, die differenziert den Nutzen einzelner Übungsformen aus ebenjener Perspektive aufzeigen, einerseits wohl noch rar und andererseits trotz eines gewissen Fokus auf Mathematiklernen bisher weder mathematikdidaktisch unterfüttert noch ausreichend in der Mathematikdidaktik rezipiert.

Üben ist integraler Bestandteil des Mathematiklernens und hat

„integrativen Charakter in dem Sinne […], daß jeweils vielfältige Beziehungen zum früher Gelernten hergestellt werden." (Winter, 1984, S. 10)

Üben wird in der Mathematikdidaktik eine lernprozessbezogene Funktion zugeschrieben. Auch Scherer (2006) betont, in Verbindung mit produktiven Übungsformen, operativ strukturierte Übungen, da sie zum beweglichen Denken anregen und ein Anwenden von Strategien und Strukturen in operativen Übungen gefördert werden kann. Der Anspruch sollte dann sein, dass „entdeckend geübt und übend entdeckt" wird (Winter, 1984, S. 6 f.). Damit erscheint es aus mathematikdidaktischer Perspektive sinnvoll, Konzepte wie ein produktives Üben zu betrachten. Nach Prediger, Leuders, Barzel und Hußmann (2013) gehören sowohl das Üben als auch ein Vernetzen in den Kernprozess des Vertiefens. Als Merkmale von mathematischen Übungsaufgaben werden dabei eine

> „Förderung von Automatisierung und Reflexion, Erhöhen von Wissensqualität, Transfer und Vernetzung" (Leuders, 2015, S. 439)

genannt.

Konzepte des Übens spielen eine entscheidende Rolle beim Mathematiklernen und werden vielfach diskutiert. Denn wer Mathematik betreibt, übt – und wer übt, betreibt Mathematik (Wittmann, 1992). Können nun bereits nach automatisierendem Üben Befunde über Neuroplastizität (und plastische Restrukturierungsprozesse) nachgewiesen werden, wäre es interessant zu beobachten, welche Effekte bspw. ein produktives und lernprozessbezogenes Üben im Sinne von Winter (1984) und Wittmann und Müller (1990), ein intelligentes Üben (Leuders, 2009) oder Formate wie ein operativ strukturiertes Üben (Krauthausen, 2018) erbringen können. Natürlich werden in einer solchen Schnittstellenforschung entsprechende Forschungssettings benötigt, die entsprechende (mathematikdidaktische) Forschungsarbeiten zu lernprozessbezogenen Übungen einbeziehen. Dabei haben die Aushandlungsprozesse im Autor*innenteam gezeigt, dass es dafür z. B. auch einer Diskussion von Grundbegriffen bedarf.

Anders als zunächst vermutet, steckt auch die Forschung zur Beschreibung direkter Ursache-Wirkungszusammenhänge für Lernprozesse bisher noch in den Kinderschuhen. Hier braucht es dringend mathematikdidaktische Expertise beim Formulieren der Items – insbesondere mit Blick auf die reichhaltige mathematikdidaktische Forschungsarbeit. Intelligent konstruierte gemeinsame Studien könnten aber durchaus zu neuen Erkenntnissen und belastbaren neuen Begründungen für Lernprozesse führen.

Impulsgebende Forschungsfragen wären dann, ob ein produktives und lernprozessbezogenes Üben zu wesentlichen funktionalen und strukturellen Entlastungsprozessen im Gehirn führt und ob sich daraus auch im Sinne Winters (1984) positive Effekte auf die Problemlösekompetenz feststellen lassen (mit Blick auf die Ausbildung neuer Netzwerkverbindungen oder der Reduktion auf ein neues Problemlösezentrum). Eine weitere interessante Fragestellung wäre, inwiefern produktives und lernprozessbezogenes Üben zu höherer Neuroplastizität führen kann als zum Beispiel Üben durch Automatisieren und Wiederholen? Aussagen hierüber sind aktuell hauptsächlich über das Verfahren der Kernspintomografie und der funktionellen Kernspintomografie zu gewinnen.

Zusammenfassend wollen wir festhalten, dass sich die von uns betrachteten Studien in ihren mathematischen Items vornehmlich an isoliertem Einpauken und Üben über Automatisieren und Wiederholen orientieren. Dies führt im Gehirn bereits zu strukturellen Anpassungen (Befunde über Neuroplastizität). Interessant wäre es zukünftig Übungsformate zu wählen, welche einer mathematikdidaktischen Sicht auf Übung bzw. einer Theorie der Übung (Krauthausen & Scherer, 2007) Rechnung tragen. Können auch durch ein beziehungsreiches Denken, welches beim produktiven, vernetzenden Üben angeregt werden soll, strukturelle und funktionale Anpassungen im Gehirn beobachtet und beschrieben werden? Können in Anschlussforschungen sogar Unterschiede bzgl. der Übungsformate festgestellt werden? Unter dieser Perspektive ergeben sich mannigfache Forschungspotenziale für lernprozessorientierte Übungen.

Literatur

Anderson, J. R. (2012). Tracking problem solving by multivariate pattern analysis and hidden Markov model algorithms. *Neuropsychologia, 50*(4), 487–498. https://doi.org/10.1016/j.neuropsychologia.2011.07.025

Anderson, J. R., Fincham, J. M., Qin, Y., & Stocco, A. (2008). A central circuit of the mind. *Trends in Cognitive Science, 12*(4), 136–143. https://doi.org/10.1016/j.tics.2008.01.006

Bähr, M., & Frotscher, M. (2009). *Neurologisch-topische Diagnostik. Anatomie – Funktionen – Klinik.* Thieme.

Bauersfeld, H. (1983). Subjektive Erfahrungsbereiche als Grundlage einer Interaktionstheorie des Mathematiklernens und -lehrens. In H. Bauersfeld (Hrsg.), *Lernen und Lehren von Mathematik* (S. 1–56). Aulis.

Bauersfeld, H. (1998). Neurowissenschaften und Fachdidaktik – diskutiert am Beispiel Mathematik. *mathematica didactica, 21*(2), 3–25.

Bönig, D. (1995). *Multiplikation und Division. Empirische Untersuchungen zum Operationsverständnis bei Grundschülern.* Waxmann.

Bruder, R. (2008). Üben mit Konzept. *Mathematiklehren, 147*, 4–11.

Burscheid, H. J., & Struve, H. (2020). *Mathematikdidaktik in Rekonstruktionen. Grundlegung von Unterrichtsinhalten.* Springer. https://doi.org/10.1007/978-3-658-29452-6

Das, H., Dey, N., & Balas, V. E. (2019). *Real-time data analytics for large scale sensor data. Volume 6 in advances in ubiquitous sensing applications for healthcare.* Academic Press. https://doi.org/10.1016/C2018-0-02208-2

Davis, P. J., & Hersh, R. (1994). *Erfahrung Mathematik.* Birkhäuser. https://doi.org/10.1007/978-3-0348-5040-7

Dehaene, S. (1997). *The number sense. How the mind creates mathematics.* University Press.

Delazer, M., Ischebeck, A., Domahs, F., Zamarian, L., Koppelstaetter, F., Siedentopf, C. M., Kaufmann, L., Benke, T., & Felber, S. (2005). Learning by strategies and learning by drill-evidence from an fMRI study. *Neuroimage, 25*(3), 838–849.

Edelman, G. M., & Tononi, G. (2000). *Consciousness: How matter becomes imagination.* Basic Books.

Grigutsch, S., Raatz, U., & Törner, G. (1998). Einstellungen gegenüber Mathematik bei Mathematiklehrern. *Journal für Mathematikdidaktik, 19*(1), 3–45.

Henik, A., & Tzelgov, J. (1982). Is three greater than five: The relation between physical and semantic size in comparison tasks. *Memory & Cognition, 10*(4), 389–395.

Ischebeck, A., Zamarian, L., Schocke, M., & Delazer, M. (2009). Flexible transfer of knowledge in mental arithmetic – An fMRI Study. *Neuroimage, 44*(3), 1103–1112.

Kandel, E. R., Koester, J. D., Mack, S. H., & Siegelbaum, S. A. (2013). *Principles of neural Science.* McGraw-Hill Companies.

Klein, E., Willmes, K., Bieck, S. M., Bloechle, J., & Moeller, K. (2019). White matter neuroplasticity in mental arithmetic: Changes in hippocampal connectivity following arithmetic drill training. *Cortex, 114*, 115–123.

Krauthausen, G. (2018). *Einführung in die Mathematikdidaktik – Grundschule.* Springer. https://doi.org/10.1007/978-3-662-54692-5_1

Krauthausen, G., & Schere, P. (2007). *Einführung in die Mathematikdidaktik.* Spektrum.

Leuders, T. (2005). Intelligentes Üben selbst gestalten! Erfahrungen aus dem Mathematikunterricht. *Pädagogik, 57*(11), 29–32.

Leuders, T. (2009). Intelligent üben und Mathematik erleben. In T. Leuders, L. Hefendehl-Hebeker, & H.-G. Weigand (Hrsg.), *Mathemagische Momente* (S. 130–143). Cornelsen.

Leuders, T. (2015). Aufgaben in Forschung und Praxis. In R. Bruder, L. Hefendehl-Hebeker, B. Schmidt-Thieme, & H.-G. Weigand (Hrsg.), *Handbuch der Mathematikdidaktik* (S. 435–460). Springer. https://doi.org/10.1007/978-3-642-35119-8

Minsky, M. (1988). *The society of mind.* Simon & Schuster Paperbacks.

Moormann, M. (2009). *Begriffliches Wissen als Grundlage mathematischer Kompetenzentwicklung – Eine empirische Studie zu konzeptuellen und prozeduralen Aspekten des Wissens von Schülerinnen und Schülern zum Ableitungsbegriff.* https://edoc.ub.uni-muenchen.de/10887/1/moormann_marianne.pdf. Zugegriffen am 04.03.2021.

Neubrand, M., Klieme, E., Lüdtke, O., & Neubrand, J. (2002). Kompetenzstufen und Schwierigkeitsmodelle für den PISA-Test zur mathematischen Grundbildung. *Unterrichtswissenschaft, 30*(2), 100–119.

Obersteiner, A., Dresler, T., Bieck, S. M., & Moeller, K. (2019). Understanding fractions: Integrating results from mathematics education, cognitive psychology, and neuroscience. In A. Norton & M. Alibali (Hrsg.), *Constructing number: Merging perspectives from psychology and mathematics education* (S. 135–162). Springer. https://doi.org/10.1007/978-3-030-00491-0_7

Padberg, F., & Benz, C. (2011). *Didaktik der Arithmetik. Für Lehrerausbildung und Lehrerfortbildung.* Spektrum.

Piaget, J. (1971). *Psychologie der Intelligenz.* Walter.

Pielsticker, F., & Witzke, I. (2022). Eine kognitions- und neurowissenschaftliche Erkenntnisdimension für die Mathematikdidaktik. *Beiträge zum Mathematikunterricht, 2022.* 56, 1089–1092. https://doi.org/10.37626/GA9783959872089.0

Popescu, T., Sader, E., Schaer, M., Thomas, A., Terhune, D. B., Dowker, A., Mars, R. B., & Kadoshab, R. C. (2019). The brain-structural correlates of mathematical expertise. *Cortex, 114,* 140–150.

Prediger, S., Leuders, T., Barzel, B., & Hußmann, S. (2013). Anknüpfen, Erkunden, Ordnen, Vertiefen – Ein Modell zur Strukturierung von Design und Unterrichtshandeln. *Beiträge zum Mathematikunterricht 2013,* 47, 769–772.

Radatz, H., & Schipper, W. (1983). *Handbuch für den Mathematikunterricht an Grundschulen.* Schroedel.

Reusser, K. (1991). Plädoyer für die Fachdidaktik und für die Ausbildung von Fachdidaktiker/innen für die Lehrerbildung. *Beiträge zur Lehrerbildung, 9*(2), 193–215.

Rickard, T. C. (1997). Bending the power law: A CMPL theory of strategy shifts and the automatization of cognitive skills. *Journal of Experimental Psychology General, 126,* 288–311.

Röhr, M. (1992). „Alle Teller sind 4 × 6" – Ein Bericht über die ganzheitliche Einführung des Einmaleins. *Die Grundschulzeitschrift, 6,* 26–28.

Scherer, P. (2006). *Produktives Lernen für Kinder mit Lernschwächen: Fördern durch Fördern. Band 2: Addition und Subtraktion im Hunderterraum.* Persen.

Schlicht, S., & Witzke, I. (2015). Invarianz – Kindersichtweisen wertschätzen und begleiten. *Sache – Wort – Zahl, 152,* 39–44.

Schwank, I. (2003). Einführung in prädikatives und funktionales Denken. *ZDM, 35*(3), 70–78. http://subs.emis.de/-journals/ZDM/zdm033a2.pdf

Seiler, T. (1968). *Die Reversibilität in der Entwicklung des Denkens.* Klett.

Siegler, R. S., & Opfer, J. E. (2003). The development of numerical estimation: Evidence for multiple representations of numerical quantity. *Psychological Science, 14*(3), 237–250. https://doi.org/10.1111/1467-9280.02438

Struve, H. (1990). *Grundlagen einer Geometriedidaktik.* BI-Wiss.-Verlag.

Susac, A., & Braeutigam, S. (2014). A case for neuroscience in mathematics education. *Front. Hum. Neurosci, 8*(314), 1–3. https://doi.org/10.3389/fnhum.2014.00314

Tall, D. (2000). Biological brain, mathematical mind & computational computers (how the computer can support mathematical thinking and learning). In W.-C. Yang, S.-C. Chu, & J.-C. Chuan (Hrsg.), *Proceedings of the fifth Asian technology conference in mathematics, Chiang Mai, Thailand* (S. 3–20). ATCM Inc.

von Glasersfeld, E. (1998). *Radikaler Konstruktivismus: Ideen, Ergebnisse, Probleme.* Suhrkamp.

Wechsler, D. (1997). *WAIS-III/WMS-III technical manual.* The Psychological Corporation.

Wechsler, D. (1999). *Manual for the Wechsler abbreviated intelligence scale (WASI).* The Psychological Corporation.

Winter, H. (1984). Begriff und Bedeutung des Übens im Mathematikunterricht. *Mathematiklehren, 84,* 4–16.

Wittmann, E. C. (1990). Wider die Flut der „bunten Hunde" und der „grauen Päckchen": Die Konzeption des aktiv-entdeckenden Lernens und des produktiven Übens. In E. C. Wittmann & G. N. Müller (Hrsg.), *Handbuch produktiver Rechenübungen. Bd. 1: Vom Einspluseins zum Einmaleins* (S. 152–166). Klett.

Wittmann, E. C. (1992). Üben im Lernprozeß. In E. C. Wittmann & G. N. Müller (Hrsg.), *Handbuch produktiver Rechenübungen, Bd. 2: Vom halbschriftlichen zum schriftlichen Rechnen* (S. 175–182). Klett.

Wittmann, E. C. (2008). Vom Sinn und Zweck des Kopfrechnens. *Die Grundschulzeitschrift, 211*, 30–33.

Wittmann, E. C., & Müller, G. N. (1990). *Handbuch produktiver Rechenübungen. Bd. 1: Vom Einspluseins zum Einmaleins.* Klett.

Darstellung neurowissenschaftlicher Ergebnisse zu besonderen Schwierigkeiten beim Mathematiklernen – eine theoriegeleitete Diskussion

Felicitas Pielsticker, Christoph Pielsticker und Ingo Witzke

Eine vieldiskutierte Herausforderung in der Mathematikdidaktik ist der Umgang mit besonderen Schwierigkeiten beim Mathematiklernen (Rechenschwierigkeiten, Rechenschwäche, Rechenstörung und Dyskalkulie). Dies bezieht sich zum einen auf die Trennschärfe der verwendeten Begrifflichkeiten als auch die daraus resultierenden Handlungen. Denn Mathematiklernende mit besonderen Schwierigkeiten brauchen nicht nur eine individuelle Anfangsdiagnostik, sondern auch eine gezielte und personenspezifische (Langzeit-)Förderung. Aktuelle neurowissenschaftliche Forschungsergebnisse (mit fMRT erhoben) werden in Zusammenhang mit aus unserer Sicht für die Mathematikdidaktik interessanten Aspekten zur Diskussion gestellt. Auf diese Weise können weitere Erkenntnisse zum Umgang mit besonderen Schwierigkeiten beim Mathematiklernen mit einbezogen werden. Ziel des vor-

F. Pielsticker (✉)
Didaktik der Mathematik, Universität Siegen, Siegen, Deutschland
E-Mail: pielsticker@mathematik.uni-siegen.de

C. Pielsticker
Radiologie, Krankenhaus (wechselnder Standort), Schwedt, Deutschland

I. Witzke
Didaktik der Mathematik, Universität Siegen, Siegen, Deutschland
E-Mail: witzke@mathematik.uni-siegen.de

© Der/die Autor(en), exklusiv lizenziert an Springer Fachmedien Wiesbaden GmbH, ein Teil von Springer Nature 2024
F. Dilling et al. (Hrsg.), *Interdisziplinäres Forschen und Lehren in den MINT-Didaktiken*, MINTUS – Beiträge zur mathematisch-naturwissenschaftlichen Bildung, https://doi.org/10.1007/978-3-658-43873-9_10

liegenden Artikels ist es damit, aktuelle Befunde der kognitiven Neurowissenschaften zu mathematischen Lernschwierigkeiten darzustellen und als Denkanstöße in die derzeitige (mathematikdidaktische) Diskussion zu bringen. Dieses Beitragsziel verfolgen wir mit einer (deskriptiven) theoretischen Diskussion und einem interdisziplinären Autor*innen Team aus Mathematikdidaktiker*innen und Radiolog*innen.

---

1   Einleitung und Theoretische Aspekte

Umgang mit besonderen Schwierigkeiten beim Mathematiklernen

Mit diesem Artikel wollen wir etwas zum Verständnis von besonderen Schwierigkeiten beim Mathematiklernen (Kaufmann & Wessolowski, 2006; Gaidoschik et al., 2021) beitragen. Langfristiges Ziel ist es dabei gewissermaßen ein weiteres Puzzleteil für eine gute Diagnose und Förderung zu identifizieren (Gaidoschik, 2014). Eine Möglichkeit für weiterführende Diskussionsimpulse zu besonderen Schwierigkeiten beim Mathematiklernen in der mathematikdidaktischen Community bietet die Betrachtung von Ergebnissen aus Studien aus den kognitiven Neurowissenschaften. Da die mathematischen Lernschwierigkeiten häufig eine Lerngeschichte aufweisen (Gaidoschik et al., 2021), soll eine einseitige Betrachtung vermieden und eine breite aufgestellte und interdisziplinäre Perspektive eingenommen werden. Insbesondere auch, weil mathematische Lernschwierigkeiten unterschiedlicher (individueller) Ausprägung sind und einige Kinder und Jugendliche eigene Kompensationsmöglichkeiten entwickeln. Gründe, warum sich einige Kinder im (arithmetischen) Anfangsunterricht schwerer tun als andere Kinder und besondere Schwierigkeiten beim Erlenen des Rechnens (Schipper, 2005) zeigen, sind vielfältig. Genauso vielfältig ist das mathematikdidaktische Angebot an konkretem Diagnose- und Fördermaterial (beispielsweise Förderung nach der Konzeption von „Mathe sicher können", Selter et al., 2014). Die mathematikdidaktische Community entwickelt dieses Diagnosematerial, um eine gezielte und individuelle Förderung möglichst bereits im Rahmen des Regelunterrichts anzubieten. Dabei geht es häufig um eine Überwindung inhaltlicher Hürden beim Mathematiklernen (Häsel-Weide & Nührenbörger, 2013). Ziel einer Förderung ist die Entwicklung nachhaltiger und tragfähiger (Grund-)Vorstellungen zu Zahlen, Operationen und dem Stellenwertsystem (Häsel-Weide & Prediger, 2017) und das rechtzeitige Ablösen vom zählenden Rechnen. In den genannten Inhaltsbereichen ergeben sich bei Mathematiklernen häufig Schwierigkeiten, welche dann auch für eine weiterführende Entwicklung in den Sekundarstufen hinderlich sein können (Moser Opitz, 2007). „Ziel ist es, Denkwege von Kindern besser nachvollziehen zu können, ihr Zustandekommen zu hinterfragen und zu verstehen, um individuell im eigenen oder zukünftigen Unterricht darauf eingehen zu können" (Kira, 2021a). Nach dem Grundsatz „Fokussierte Förderung braucht zielgerichtete Diagnose" (Häsel-Weide & Prediger, 2017, S. 7), wird dabei zunächst viel Wert auf eine Anfangsdiagnose mit standardisierten Tests (z. B. Deutscher Mathematiktest, der sogenannte DEMAT für unterschiedliche Jahrgangsstufen; Eine Übersicht findet sich bei Fischer et al., 2017) gelegt, um mathematische Kompetenzen festzustellen. Leuders und Prediger (2016) halten für eine fokussierte Förderung die zentralen Qualitätskriterien der fachdidaktischen Treffsicherheit und der Adaptivität fest („sie verweist auf die Bedeutsamkeit, die fachlich relevanten Förderinhalte systematisch und empiriebasiert zu spezifizieren" Prediger, 2016, S. 361). Dazu braucht es neben einer fachlichen Expertise eine angemessene fachdidaktische Deutungsfähigkeit (Girulat et al., 2013). Handlungsleitend für eine gute Förderung bei besonderen Schwierigkeiten beim Mathematiklernen erscheinen Häsel-Weide und Prediger (2017) auch in Bezug auf Lorenz (2013) dann folgende Punkte zu sein,

- *„Schwerpunkt auf die Verstehensgrundlagen legen*
- *Aufbau von Vorstellungen in den Mittelpunkt stellen, statt Fertigkeiten und Lösungen, auch beim Vertiefen prozessbezogener Kompetenzen*
- *Veranschaulichungen und Materialien als Gegenstände zum Nachdenken nutzen, anstelle als Hilfsmittel zur reinen Ergebnisermittlung" (S. 5).*

Für eine Anfangsdiagnose, insbesondere aber auch bei Langzeitdiagnosen, sind die Wissensentwicklungsprozesse betroffener Lernender zu beschreiben. Ein nützliches Werkzeug dazu bietet der kognitionspsychologische Ansatz der Theory theory (Gopnik, 2010) und der Beschreibungsansatz Subjektiver Erfahrungsbereiche (Bauersfeld, 1983) welche Lernprozesse in Theoriendynamik beschreiben. Eine weitere Beschreibungsmöglichkeit bietet der für die Mathematikdidaktik gewonnene Ansatz empirischer Theorien (Burscheid & Struve, 2018, 2020), der sich durch mittlerweile vielseitige empirische Erprobung (Schlicht 2016; Schiffer, 2019; Pielsticker, 2020; Stoffels, 2020) als adäquater Ausgangspunkt für eine präzise Beschreibung von Wissensentwicklungsprozessen in erfahrungswissenschaftlichen Kontexten bewährt hat. Im Umgang mit Rechenschwierigkeiten wird häufig auf einen Einsatz an Arbeitsmitteln und damit auch auf erfahrungswissenschaftliche Phänomenbereiche zurückgegriffen. Eine individuelle Diagnose und adäquate Beschreibung der Wissensentwicklungsprozesse von Lernenden mit besonderen Schwierigkeiten beim Mathematiklernen ist mit den oben beschriebenen wissenschaftstheoretischen Instrumenten möglich und kann zu einer adäquaten Beschreibung beitragen, auf die dann eine auf den Lernenden abgestimmte spezialisierte Förderung im Sinne von Häsel-Weide und Prediger (2017) erfolgen kann.

Rechenschwäche, Rechenstörung und Dyskalkulie – Besondere Schwierigkeiten beim Mathematiklernen

Mit dieser Thematik ist gleich eine erste Herausforderung, nämlich eine Abgrenzung der Begrifflichkeiten Rechenschwäche, Rechenstörung und Dyskalkulie und besondere Schwierigkeiten beim Mathematiklernen verbunden. Ein Unterschied für die Definition lässt sich aus den daraus ableitbaren Folgen beschreiben. In der Diskussion ist auffällig, dass die wissenschaftliche Position, die Dyskalkulie als physiologisches Krankheitsbild definiert, daraus langfristige Fördermöglichkeiten ableitet. Die andere wissenschaftliche Position, die temporäre Schwierigkeiten sieht, leitet daraus Fördermaßnahmen im Sinne eines temporären Förderbedarfs ab. Die Begriffe an sich und ihr Verhältnis zueinander sind noch umstritten.

Die Begriffe Rechenschwäche und Rechenstörung werden häufig so verwendet, dass „Kindern vor allem in der Schule selbst geholfen werden muss und kann. Rechenstörungen sind schulische Herausforderungen, die in der Mehrzahl der Fälle mit einem guten, präventiven Mathematikunterricht sowie mit geeigneten Fördermaßnahmen bewältigt werden können" (Klewitz et al., 2008, S. 7). Dahinter steht vor allem auch der „pädagogische Grundsatz, dass alle Kinder ein Recht auf Förderung haben" (Klewitz et al., 2008, S. 7). Dabei ist zu bemerken, dass es dann nicht ganz einfach ist, eine Grenze zwischen noch typischen und normalen Fehlern und besonders auffälligen Fehlern beim Rechnen zu ziehen (Klewitz et al., 2008). Eine tatsächlich fixierte Definition findet man bei der Weltgesundheitsorganisation WHO. Auch wenn diese Definition nicht von allen Positionen geteilt wird, ist sie für viele Zusammenhänge faktisch handlungsleitend. Dabei beruft man sich auf die internationale Klassifikation ICD-11 (ICD-11 for Mortality and Morbidity Statistics) der WHO, wo die „6A03.2 Developmental learning disorder with impairment in mathematics" den „6A03 Developmental learning disorder" zugeordnet ist (in ICD-10: F81.2) und beschrieben wird mit: „Developmental learning disorder with impairment in mathematics is characterised by significant and persistent difficulties in learning academic skills related to mathematics or arithmetic, such as number sense, memorization of number facts, accurate calculation, fluent calculation, and accurate mathematic reasoning. The individual's performance in mathematics or arithmetic is markedly below what would be expected for chronological or developmental age and level of intellectual functioning and results in significant impairment in the individual's academic or occupational functioning. Developmental learning disorder with impairment in mathematics is not due to a disorder of intellectual development, sensory impairment (vision or hearing), a neurological disorder, lack of availability of education, lack of proficiency in the language of academic instruction, or psychosocial adversity" (WHO, 2021). Dabei ist zu bemerken, dass es nicht um eine allgemeine Intelligenzminderung geht, sondern es wird eine isolierte Einzelschwäche für mathematische Fertigkeiten und Fähigkeiten ausgewiesen. Das Niveau der mathematischen Leistung wird je nach Alter durch einen standardisierten Rechentest (bspw. die DEMAT-Reihe) bestimmt (bei Betroffenen liegen die Ergebnisse im untersten Zehntel). Die mathematische Leistung wird in Bezug zu einem Intelligenztest gesetzt (IQ muss mindestens 70 betragen) und weiterhin werden andere Kriterien wie bspw. eine emotionale Störung oder neuronale Krankheiten ausgeschlossen.

Diese Definition enthält die Diskrepanz, dass eine Rechenstörung und Dyskalkulie nur vorliegen, wenn ein bestimmter IQ-Wert aufgewiesen wird und auch z. B. Kinder mit zugleich Lese- und/oder Rechtschreibschwierigkeiten ausgeschlossen werden.

Da wir in unserem Artikel neurowissenschaftliche Ergebnisse in Zusammenhang zur Mathematikdidaktik darstellen möchten, nutzen wir im Folgenden den Sammelbegriff „besondere Schwierigkeiten beim Mathematiklernen" (Kaufmann & Wessolowski, 2006; Gaidoschik et al., 2021) und nutzen damit eine Umschreibung („gravierende und anhaltende Schwierigkeiten beim Erwerb zentraler Inhalte im Fach Mathematik" Gaidoschik et al., 2021, S. 4), um einer Vorabpositionierung zu entgehen. Besondere Schwierigkeiten beim Mathematiklernen ist dabei rein deskriptiv zusammenfassend gemeint und nicht normativ mit Blick auf bestimmte Fördermaßnahmen. Der Artikel ist daher vor allem durch einen informierenden Charakter geprägt. Als Gemeinsamkeit kann aber festgehalten werden, dass auf eine Diagnose von besonderen Schwierigkeiten beim Mathematiklernen bei Kindern besonders viel Wert gelegt wird.

Die Studien unserer theoretischen Diskussion nutzen hauptsächlich den Begriff Dyskalkulie (vor allem da es sich um englischsprachige Literatur handelt und es dann „dyscalculia" genannt wird). Manchmal kann als Synonym auch „specific math disability" oder „specific learning disability in math" gefunden werden. Zum Zweck einer inhaltstreuen Darstellung wird in der Zusammenfassung der Einzelstudien in diesem Artikel dann der Begriff Dyskalkulie genutzt. Gleichzeitig beziehen wir den für die Mathematikdidaktik eher ungewöhnlichen Begriff der Dyskalkulie mit ein, da wir in der Datenbanksuche (siehe Abschn. 2) möglichst viele Beitragstreffer erhalten wollten, die wir entlang des Beitragsziels weiter eingrenzen konnten.

Neben einer Betrachtung des arithmetischen Anfangsunterrichts gibt es auch Bestrebungen des Sekundarstufenbereichs, Rechenschwierigkeiten von Kindern in den Blick zu nehmen. Es gibt auch Ansätze und Bemühungen von Mathematikdidaktikern der Sekundarstufen, jene Kinder mit Schwierigkeiten und Problemen in elementarmathematischen Bereichen besonders zu berücksichtigen (Gaidoschik, 2008; Moser Opitz, 2013; Moser Opitz et al., 2017). Denn die Schwierigkeiten im Umgang mit Zahlen, Stellenwerten und Grundrechenarten können gewissermaßen nach der Grundschule mit in den Mathematikunterricht der weiterführenden Schulen genommen werden (Gaidoschik et al., 2021). Bisher gibt es in Bezug auf mathematische Fertigkeiten und Fähigkeiten nur wenige Schnittstellen zwischen neurowissenschaftlichen Ergebnissen und individueller Diagnose und Förderung (Gössinger, 2020). 2010 wurde dieses Forschungsdesiderat erkannt und mit einer ZDM-Ausgabe adressiert (Grabner et al., 2010). 2016 wurde es retrospektive wieder in einer ZDM-Ausgabe aufgegriffen (Grabner & De Smedt, 2016). Es konnte festgestellt werden, dass die Forschungslage mit Schnittstellen zur Mathematikdidaktik derzeit überschaubar bleibt.

2   Methode und Artikelauswahl – Theoretische Diskussion

Für die Auswahl der Veröffentlichungen für unsere theoretische Diskussion haben wir die Plattform „ScienceDirect" für geprüfte wissenschaftliche Fachliteratur von Elsevier genutzt (Bezug zu Schritt 2, siehe unten). „ScienceDirect" enthält wissenschaftliche Forschung zu aktuellen Themengebieten und neuen Erkenntnissen und zeichnet sich insbesondere durch eine Fülle an wissenschaftlichen Publikationen im medizinischen Bereich aus. Da in unsere Literaturrecherche zudem ausschließlich Zeitschriftenartikel (peer-reviewed) eingehen, ist „ScienceDirect" eine gute Möglichkeit. Insbesondere im Bereich der kognitiven Neurowissenschaften, die in diesem Artikel die Basis bilden, kann hier aktuelle Literatur gefunden werden. Dabei wurde die Literaturrecherche in den Jahren 2020–2021 durchgeführt. Unsere literaturgeleitete Diskussion erfolgte dabei in drei Schritten:

1) *Planung der Recherche anhand vorbestimmter Kategorien,*
2) *Durchführung der Recherche und Auswahl,*
3) *Diskussion ausgewählter Publikationen anhand eines systematischen Schemas.*

Für Schritt 1) galten dabei folgende Kategorien:

a. *Da es sich um Studien handeln soll, die vor dem Hintergrund mathematik-didaktischer Konzepte und Prinzipien beschreibbar sind, müssen die Studien Ergebnisse zu mathematischen Lernschwierigkeiten beinhalten. Dazu wurde untersucht, ob die ausgewählten Studien Items mit mathematischen Inhalten verwendeten, um zu Ergebnissen bzgl. besonderer Schwierigkeiten beim Mathematiklernen zu gelangen. Die Ergebnisse sollten somit Aussagen über mathematische Lernschwierigkeiten treffen. Dabei konnten die mathematischen Items durchaus unterschiedlich und auch aus verschiedenen Grundoperationen (wie bspw. Addition, Multiplikation, Subtraktion) gewählt sein. Eine Ausnahme bildet hier die Studie von Fias et al. (2013). Es handelt sich um einen Review-artikel und die Items werden nicht explizit ausgewiesen. Als eine weitere Kategorie wurde*

b. *die Perspektive der kognitiven Neurowissenschaften ausgewählt. Diese beinhaltet, dass die gewählten Publikationen Funktionsweisen des Gehirnes untersuchen und weiterhin fMRI als bildgebendes Verfahren für die Datenerhebung und -darstellung genutzt haben. Diese Kategorie war uns wichtig, da es ein Anliegen des Artikels ist, diese mathematikdidaktische Diskussion, um weitere interdisziplinäre Impulse zu erweitern.*

Diese beiden Kategorien a. und b. waren entscheidend für die Durchführung unserer Recherche (Schritt 2). Als Stichworte für die Recherche der Artikel aus den Jahren 2010–2021 selbst wurden genutzt: „fMRI", „dyscalculia" (durch den Fokus auf eine neurowissenschaftliche Perspektive). Auf diese Weise wurden 250 Artikel erhalten. Da nur „review articles" und „research articles" eine Rolle spielen sollten, reduzierte sich die Recherche auf 142 Artikel. Anschließend wurden zunächst die Abstracts und das Fazit der Studien durch die Autor*innen auf einen Beitrag hinsichtlich der Kategorien a. und b. gelesen, wodurch zwanzig Artikel selektiert werden konnten. Die Artikelauswahl wurde nach einem vollständigen Lesen der Studien getroffen. Nur wenn eine Studie mathematische Items nutzt, fMRT zur Datenerhebung und -darstellung wichtig ist und Ergebnisse für mathematische Lernschwierigkeiten festhält, wurde diese für unseren 3. Schritt der theoretischen Diskussion genutzt. In der nachfolgenden Tab. 1 sind die acht gewählten Artikel aufgelistet und skizziert, bevor wir diese im Abschn. „Ergebnisse" diskutieren. Dabei folgen die gelisteten Studien keiner Reihenfolge oder Rangordnung.

Im folgenden Abschnitt fassen wir die Ergebnisse der ausgewählten Studien für unsere theoretische Diskussion zusammen. Dabei möchten wir an dieser Stelle da-

Tab. 1 Eckdaten der ermittelten Studien

Studie	Journal	Verwendeter Begriff und Ziel der Studie	Fazit	Beispielhafte Items
Ashkenazi et al. (2012)	Developmental Cognitive Neuroscience	*Developmental dyscalculia (DD)* Eine Vergleichsstudie zwischen typisch entwickelten Kindern und Kindern mit Dyskalkulie (Alter 7–9) um Veränderung in für die Mathematik relevanten Hirnregionen beschreiben zu können	Die Gruppe der Kinder mit Dyskalkulie zeigen eine signifikant schwächere Aktivierung, sowie fehlende Aktivitätsreaktions- muster des Gehirnes im Vergleich der Lösungen einfacher gegen- über komplexeren Aufgaben der Addition	Einfache Additionsaufgaben (immer mit „1" enthalten): 3 + 1 = 4 Additionsaufgaben (Range mit 2–9): 3 + 4 = 8
Cappelletti & Price (2014)	NeuroImage: Clinical	*Developmental dyscalculia* Ziel war es Unterschiede zwi- schen Menschen mit Dyskalkulie und Kontrollpersonen zu finden. Dazu haben sich die Autoren der Studie auf eine Untersuchung von Hirnregionen konzentriert	Die Ergebnisse der Autoren er- brachten zwei frontale Hirn- regionen, die eine Zahlenver- arbeitung bei Dyskalkulie unter- stützen	Semantic quantity task: Numbers and Object names *Larger number?* 23.07 + 10.02 *Larger object?* Jacket + Flip flops

| Szücs et al. (2013) | SciVerse ScienceDirect | *Developmental dyscalculia*
In der Vergleichsstudie mit Kindern (9–10 Jahre) wurden fünf alternative Theorien aus der Verhaltensforschung zu Dyskalkulie ("magnitude representation, working memory, inhibition, attention and spatial processing" Szücs et al., 2013, S. 2674) gegenübergestellt | Es wurde über eine schwächere IPS Aktivierung berichtet bzw. auch über eine verringerte Dichte der grauen Substanz, nicht nur im IPS sondern im Bereich der Gyri fusiformes, lingual, parahippocampal und hippocampal. Dies sind insgesamt Bereiche, die sich mit der Kodierung komplexer visuell-räumlicher Stimuli beschäftigen. Die Ergebnisse in der vorliegenden Studie legen nahe, dass dieser wichtige allgemeine visuell-räumliche Arbeitsbereich bei Kindern mit Dyskalkulie nicht richtig funktioniert | 16 Tests und 9 Experimente |
| Schwartz et al. (2018) | NeuroImage: Clinical | *Math learning difficulty (MLD)*
Die vorliegende Vergleichsstudie testet die Hypothese, dass transitives Denken ("i.e., the ability to integrate relations such as A > B and B > C to infer that A > C" Schwartz et al., 2018, S. 1255, ir Regionen in und um den IPS gelegen) bei Kindern mit Rechenschwierigkeiten beeinträchtigt ist | Es wird festgehalten, dass Kinder mit Rechenschwierigkeiten weniger "treffsicher" waren als typisch entwickelte Gleichaltrige. Defizite im transitiven Denken (in und um die IPS-Region) können zu Problemen von Kindern mit Rechenschwierigkeiten beitragen | Transitive relations & Set-inclusion relations
1.
"You are going on vacation to the countryside." "You are planning to stay in a farm for a few days." "There are farms uphill and downhill." "All old farms are made of stone." "All farms that are made of stone are uphill." "You have to find an old farm." Reasoning question: "Are you going uphill (response 1) or downhill (response 2)?" (vgl. auch Tab. 3) |

(Fortsetzung)

Tab. 1 (Fortsetzung)

Studie	Journal	Verwendeter Begriff und Ziel der Studie	Fazit	Beispielhafte Items
Michels, O'Gorman & Kucian (2018)	Developmental Cognitive Neuroscience	*Developmental dyscalculia* In dieser Studie wurde untersucht, ob ein 5-wöchiges Training zum Zahlenstrahl zu funktionalen neuronalen Konnektivitätsmustern führt, bei Kindern mit Dyskalkulie im Vergleich zu typisch entwickelten Kindern, die die gleiche Intervention erhielten. Ziel war, zu beurteilen, ob die Gehirnaktivität vor und nach der Intervention mit dem Zahlenstrahl bei typisch entwickelten Kindern und bei Kindern mit Dyskalkulie unterschieden werden kann. Die Hypothese war: Üben mit dem Zahlenstrahl führt zu einer neuronalen Normalisierung (d. h. vergleichbare funktionelle Konnektivität zu typisch entwickelten Kindern) von fronto-parietalen Hirnregionen und einer erhöhten Aufgabenleistung bei Kindern mit Dyskalkulie	Die Intervention kam zu dem Ergebnis, dass die vorbeschriebene ungewöhnlich hohe funktionale Konnektivität bei Kindern mit Dyskalkulie durch intensives Training mit dem Zahlenstrahl normalisiert (d. h. vergleichbare funktionelle Konnektivität zu typisch entwickelten Kindern) werden kann	Additions- und Subtraktionsaufgaben: (z. B. 7+15, 36+42). Die Items reichten von 1 bis 100 mit sowohl einstelligen als auch zweistelligen Aufgaben. Markierung auf einem Zahlenstrahl (0–100). Schätzung von Punktmustern

| Fias et al. (2013) | Trends in Neuroscience and Education | *Developmental dyscalculia* Die Studie konzentriert sich in ihrer Untersuchung auf das Finden weiterer erklärender Faktoren für die Schwierigkeiten bei Dyskalkulie. Es wird argumentiert, dass es einen neuro-kognitiven Rahmen braucht, der mehrere funktionale Komponenten einbezieht | Es wird festgehalten, dass regelhaft immer mehrere Zentren Funktionseinbußen aufweisen und bei Personen mit Dyskalkulie betroffen sind. Damit liegt neurologisch eine multifaktorielle und multilokuläre Insuffizienz vor. Diese Aussage steht im Kontrast zu Untersuchungen, die z. B. eine isolierte, monolokuläre Problematik als Ursache für die Dyskalkulie suchen | Nicht ausgeführt da es sich um einen Review Artikel handelt |
| Bulthé et al. (2019) | NeuroImage | *Dyscalculia* Es werden zwei Hypothesen untersucht: Einmal die Funktionsstörungen von Hirnregionen und ihren kognitiven Repräsentationen, sowie eine gestörte Konnektivität mit der sekundären Beeinträchtigung des Zuganges zu diesen Repräsentationen bei Erwachsenen mit Dyskalkulie. Die Stichprobe umfasste dabei 24 Erwachsene mit Dyskalkulie und 24 sorgfältig angepasste Kontrollpersonen | In den Ergebnissen werden Schwierigkeiten bei Erwachsenen mit Dyskalkulie bei nicht-symbolischen Größenrepräsentationen (in parietalen, temporalen und frontalen Regionen) sowie eine Hyperkonnektivität in visuellen Hirnregionen beschrieben. Es wird festgehalten, dass Dyskalkulie sowohl mit gestörten Zahlenrepräsentationen als auch mit einem veränderten Zugang zu diesen Repräsentationen zusammenhängt | Größenvergleichsaufgaben mit 2, 4, 6, 8: Präsentiert in Zifferndarstellung oder als Punktansammlung (weiße Punkte auf schwarzem Hintergrund). Es sollte entschieden werden, ob die präsentierte Zahl kleiner (Antwort mit dem linken Zeigefinger) oder größer (Antwort mit dem rechten Zeigefinger) als fünf sei |

(Fortsetzung)

Tab. 1 (Fortsetzung)

Studie	Journal	Verwendeter Begriff und Ziel der Studie	Fazit	Beispielhafte Items
Ranpura et al. (2013)	Trends in Neuroscience and Education	*Developmental dyscalculia (DD)* In dieser Vergleichsstudie sollen Erklärungen für an Dyskalkulie beteiligte kortikale Veränderungen untersucht werden. Betrachtet werden Kinder im Alter von 8–14. Von einem zeitlichen Ablauf gedacht, soll gezeigt werden, dass die posterioren-parietalen und fronto-parietalen Systeme bei Dyskalkulie eine abnorme Entwicklung während des Vor-Teenager- und Teenager-Alters durchlaufen	Als Ergebnis der Vergleichsstudie wurde die zugrunde liegende neuronale Basis der Dyskalkulie klarer charakterisiert	Zwei Testverfahren: 1. WOND (Development of the Wechsler Objective Numerical Dimensions): Mit den Subtests „Numerical Operations" wo Fähigkeiten, wie das Erkennen und Schreiben von Zahlen und das Zählen überprüft werden und „Mathematical Reasoning", wo die Fähigkeit des mathematischen Denkens (Zählen, das Erkennen von Formeln und das formulieren von algebraischen Ausdrücken) überprüft werden. 2. Dot enumeration: Felder von zwei und neun Punkten wurden auf einem Computerbildschirm dargestellt und die Teilnehmer*innen sollten zählen

rauf hinweisen, dass es sich Nachfolgend um Interpretationen der Studienautor*innen handelt und wir diese Ergebnisse darstellen, um sie der mathematikdidaktischen Community zuzuführen.

3   Ergebnisse

Betrachtung der Studie von Ashkenazi, Rosenberg-Lee, Tenison & Menon (2012)

Ashkenazi und Kollegen*innen (2012) untersuchten die aufgabenbezogene Modulation und Stimulusrepräsentation[1] während der Lösung von Additionsaufgaben bei Kindern mit Dyskalkulie, in der funktionellen Kernspintomografie. Hierbei führten siebzehn Kinder der Klassen zwei und drei (Alter 7–9) mit Dyskalkulie, im Vergleich zu siebzehn Kindern mit typischer Entwicklungsphysiologie einfachere und schwierigere Additionsaufgaben durch, die sich hinsichtlich Komplexität unterschieden

> „(two types of two-operand addition problems: Complex problems, where one operand ranged from 2 to 9, the other from 2 to 5 and simple problems, where one of the operands was always '1'" Ashkenazi et al., 2012, S. 153).

Weiterhin wird zu den Aufgaben festgehalten:

> „In the Complex addition task, participants were presented with an equation involving two addends and asked to indicate, via a button box, whether the answer presented was correct or incorrect (e. g. '3 + 4 = 8'). One operand ranged from 2 to 9, the other from 2 to 5 (tie problems, such as '5 + 5 = 10', were excluded), and answers were correct in half of the trials " (Ashkenazi et al., 2012, S. 155).

Die

> „Simple addition task was identical except one of the addends was always '1' (e. g. 3 + 1 = 4)" (Ashkenazi et al., 2012, S. 155).

---

[1] Mit zunehmendem Schwierigkeitsgrad nimmt die Aktivität und die Anzahl der Zentren (Zentren sind Orte, die sich auf bestimmte Fähigkeiten spezialisiert haben und diese auch hauptsächlich durchführen. Sie liegen im Bereich definierter Hirnregionen und vernetzen sich in der Regel in der Form eines Netzwerkes untereinander.), die bemüht werden müssen im Lösungsweg zu. Dabei gibt die Stimulusrepräsentation an, welche Hirnareale mit der Aufgabe befasst werden (lokal) – zeitperiodenbezogen mit Fortschritt des Lösungsverhaltens.

Die Studie hält fest, die Gruppe mit traditioneller, normaler neurologischer Entwicklung zeigte eine starke Modulation[1] der Gehirnreaktionen mit zunehmender Komplexität der Aufgaben, sowie eine starke Stimulusräpresentation[1] im traditionellen neurofunktionellen mathematischen Netzwerk im intraparietalen Sulcus (IPS), im lobus parietalis superior, im Gyrus supramaginalis, sowie im bilateralen dorsolateralen präfrontalen Cortex (Hirnregionen in denen mathematische Zentren und mathematische Neurofunktionalität beheimatet sind). Die Gruppe an Kindern mit Dyskalkulie zeigte eine signifikant schwächere Aktivierung, sowie fehlende Aktivitätsreaktionsmuster des Gehirnes im Vergleich der Lösungen einfacher gegenüber komplexeren Additionsaufgaben. Die Studie hält fest, dass Kinder mit Dyskalkulie entscheidende für die Mathematik relevante Hirnregionen nicht ausreichend aktivieren und auch keine eindeutigen neuronalen Antworten und Darstellungen für verschiedene arithmetische Aufgaben erzeugen (nicht ausreichend aktivierte Hirnareale meint an dieser Stelle, dass das angesprochene mathematische Hirnareal nicht in ein Lösungsverhalten eingestiegen ist oder einsteigen kann und dass somit auch keine lösungsbezogene Antwortaktivität in der Kernspintomografie abgegriffen werden kann). In der Hauptsache betroffen sind: Einbußen bei der präfrontalen Cortex(PFC)-Aktivierung, was bedeutet, dass es Schwierigkeiten im visuell-räumlichen Arbeitsgedächtnis gibt, für das die PFC Region auf beiden Seiten eine allgemeine Domänenfunktion ausübt. Darüber hinaus betroffen ist der linke mittlere temporale Gyrus (MTG). Hierdurch ist das verbale Abrufen semantischer Informationen betroffen. Der linke MTG ist z. B. zuständig für den Umgang mit Größenvergleichen (Pinel et al., 2001; Wood et al., 2009). Darüber hinaus wird der linke MTG auch bei Multiplikations- und diskreter auch bei Subtraktionsaufgaben aktiviert (Prado et al., 2011). Des Weiteren konnte eine fehlende Aktivierungssteigerung im posterioren parietalen Cortex (PPC) und PFC beobachtet werden, in Abhängigkeit zu komplexer werdenden Aufgabenstellungen. Zudem konnten Schwierigkeiten im Bereich aller drei Subregionen (hIP1, hIP2 und hIP3, Choi et al., 2006; Scheperjans et al., 2008) des rechten IPS beobachtet werden und damit Beeinträchtigungen in für ein Mathematiktreiben wichtigen Zentrum. Dies betraf alle Teile zytoarchitektonisch (der unterschiedliche mikroskopische gewebliche Aufbau einer anatomischen Struktur) und kann als bedeutsam für die hier vorliegende unterschiedliche Konnektivität für mindestens drei unterschiedliche weiterverarbeitende nachgeschaltete Netzwerke angesehen werden. Diese Beeinträchtigungen betrafen sowohl die verringerte Aktivierung (wenig Aktivität hinsichtlich der Durchblutung, des Saustoffverbrauchs, des Verbrauchs hinsichtlich des Zuckerstoffwechsels, gemessen durch die Kernspintomografie), sowie die komplexitätsbezogene Modulation[1] und Aktivitätssteigerung. Darüber hinaus konnten Schwierigkeiten im Bereich der funktionellen und strukturellen

Konnektivität mit anderen Hirnregionen mit der Auswirkung auf beeinträchtigte nachgeschaltete Netzwerke festgestellt werden. Insgesamt hält die Studie von Ashkenazi et al. (2012) fest, dass Kinder mit Dyskalkulie im mathematischen Netzwerk eine verringerte Funktion aufweisen. Dies auch im übergeordneten tertiären Zentrum des rechten IPS hinsichtlich der Aktivierungsmöglichkeit, der Verschaltungsmöglichkeit mit nachgeschalteten Netzwerken, der Involvierung des visuell-räumlichen Arbeitsgedächtnisses, sowie der Fähigkeit der Fokussierung auf die eigentliche Aufgabenstellung durch Kognition beeinflussende Zentren frontal und parietal. Weiterhin erscheint die Fähigkeit zur Leistungssteigerung bei zunehmendem Schwierigkeitsgrad der Aufgabenstellung beeinträchtigt. Es konnten im fMRT sowohl funktionelle wie auch strukturelle Probleme in der Substanz der betroffenen Zentren[1], wie auch im Bereich der Konnektivitätsstrukturen beobachtet und rekonstruiert werden.

Betrachtung der Studie von Cappelletti & Price (2014)

Cappelletti und Price (2014) untersuchten in ihrer Studie „Residual number processing in dyscalculia" das Zahlen- und Mengenverständnis bei Erwachsenen (alle weiblich, im Alter von 25–70) mit Dyskalkulie (bereits diagnostiziert, bevor die Personen an der Studie teilnahmen).

Als Stimuli erhielten die Teilnehmerinnen Zahlenpaare oder Objektnamen, die sie in Form von Zwei-Wort-Fragen präsentiert bekamen. Bei jedem Versuch sollten die Teilnehmerinnen via Tastendruck (Zwei-Tasten-Tastatur: z. B. obere Taste für oberen Stimulus) angeben, welcher Stimulus der richtigen Antwort auf die gestellte Aufgabe entsprach. Aufgaben, bei denen die richtige Antwort der obere oder der untere Stimulus war, wurden zu gleichen Teilen gezeigt.

Die Aufgaben zum Zahlenverständnis („number semantic tasks" Cappelletti & Price, 2014, S. 20) enthielten Stimuli zu (1) Mengen, (2) Daten, oder (3) Zeiten. Für jeweils (1), (2), und (3) wurden vier verschiedene Aufgaben vorgelegt. Bei der Mengenaufgabe („quantity task" Cappelletti & Price, 2014, S. 20) waren die Fragen: (i) größere Zahl? (ii) kleinere Zahl? (iii) mehr Zahlen? (vi) weniger Zahlen? Bei den Mengenaufgaben sollten weiterhin das größere/kleinere Objekt zwischen zwei Objekten (z. B. ‚Bett vs. Stuhl') oder das mehr/weniger zahlreiche Objekt (z. B. ‚Sterne vs. Mond' oder ‚Schneeflocken vs. Schneemann') gewählt werden (mit ‚größer' gleichbedeutend mit ‚mehr' und ‚kleiner' mit ‚weniger' gleichzusetzen). Bei einer „category task" (Cappelletti & Price, 2014, S. 20) lauteten die vier Fragen: (i) Sommermonat? (ii) Wintermonat? (iii) Arbeitszeit? (vi) Schlafenszeit? Bei den größeren/kleineren und mehr/weniger Fragen wurde den Teilnehmerinnen gesagt, dass sich die Zahlen auf einen Betrag beziehen und dass sie die größere (oder kleinere) Zahl in jedem Paar wählen sollten, unabhängig vom Wortlaut der Frage (d. h. „größer" oder „mehr" und „kleiner" oder „weniger"). Bei Sommer/Winterfragen wurde den Teilnehmerinnen gesagt, dass jede Zahl entweder einen Sommer- oder einen Wintermonat in der nördlichen Hemisphäre angibt (Sommermonate „Juni", „Juli" und „August", Wintermonate „Dezember", „Januar" und „Februar" und durch einen Punkt (13.07) getrennt). Es sollte entweder der Sommer- oder der Wintermonat ausgewählt werden. Bei den Aufgaben zum Thema Arbeiten/Schlafen sollten z. B. keine Nachtschichten beachtet werden. Die Arbeitszeiten lagen zwischen 8 Uhr und 18 Uhr und die Schlafzeiten zwischen 22 Uhr und 7 Uhr. Bei der Aufgabe zur Farbwahrnehmung wählten die Teilnehmerinnen den Stimulus, dessen Schrift in einer von 4 vordefinierten möglichen Farben war (gelb, grün, rot und blau).

Die Teilnehmerinnen absolvierten auch eine Übungssitzung um sich mit dem Ablauf und dem fMRT-Einsatz vertraut zu machen (Tab. 2).

Cappelletti und Price (2014) halten in der Studie fest, dass bei den Teilnehmerinnen mit Dyskalkulie, durchaus Fähigkeiten zum Zahlen- und Mengenverständnis vorhanden sind. Sie stellten typsicherweise fest, dass eine angeborene Beeinträchtigung beim Verständnis von Zahlen und Mengen vor dem Hintergrund einer hypotrophen Abnormalität (minder ausgebildet) des Parietallappens zu sehen ist. Weiterhin wird gesagt, dass es jedoch zu einer kompensierenden, höheren Aktivierung in frontalen Arealen kommen kann, insbesondere im rechten obe-

Tab. 2 Beispielhafte Darstellung der Aufgaben

	Numbers	Object names
Semantic	Larger number?	Larger object?
	23.07	Jacket
quantitiy task	+	+
	10.02	Flip flops
Semantic	Summer month?	Summer object?
	23.07	Jacket
category task	+	+
	10.02	Flip flops
Perceptual color	Yellow item?	Yellow item?
	23.07	Jacket
task	+	+
	10.02	Flip flops

ren frontalen Cortex und im linken unteren frontalen Sulcus. Die Aktivierungen an dieser Stelle waren besonders auffällig bei den Teilnehmerinnen mit Dyskalkulie, die eher schnelle als langsamere numerische Entscheidungen treffen mussten. Somit unterstützten diese Hirnareale eine effiziente Zahlenverarbeitung bei der Dyskalkulie. Diese Aktivitätsmuster werden beim Normalkollektiv nicht beobachtet.

Betrachtung der Studie von Szűcs, Devine, Soltesz, Nobes, & Gabriel (2013)

Szűcs et al. (2013) stellten in ihrer Studie „Developmental dyscalculia is related to visuo-spatial memory and inhibition impairment" fest, dass Dyskalkulie, mit dem visuell-räumlichem-Gedächtnis und einer Störung im Bereich der Hemmung bzw. Unterdrückung der sogenannten „interference suppression" (Szűcs et al., 2013, S. 2674) verbunden ist.[2] In ihrer Studie wurden Kinder mit Dyskalkulie getestet, die keine Komorbiditäten, z. B. Legasthenie, aufwiesen. Dazu wurden zunächst 1004 Kinder mit MaLT (Williams, 2005) auf ihren Umgang mit Mathematik und mit HFRT-II (Vincent & Crumpler, 2007) auf ihre Lesefähigkeiten getestet („Groups were perfectly matched on age (DD vs Control: 110 vs 109" Szűcs et al., 2013). Es konnte festgestellt werden, dass bei Kindern mit Dyskalkulie eine entscheidende Beeinträchtigung im Bereich des visuell-räumlichen Arbeitsgedächtnisses und/oder des Kurzzeitgedächtnisses vorliegt. Diese Ergebnisse bestätigen frühere Analysen von Rotzer et al. (2009), Rykhlevskaia et al. (2009) und Davis et al. (2009). Das bedeutet: Es wurde über eine schwächere IPS-Aktivierung, sowie auch über eine verringerte Dichte der grauen Substanz nicht nur im IPS sondern im Bereich der Gyri fusiformes, lingual, parahippocampal und hippocampal berichtet. Dies sind insgesamt Bereiche, die sich mit der Kodierung komplexer visueller-räumlicher Stimuli beschäftigen. Die Ergebnisse in der vorliegenden Studie legen nahe, dass sich gerade im wichtigen allgemeinen visuell-räumlichen Arbeitsbereich bei den Kindern mit Dyskalkulie Schwierigkeiten ergeben. Das ist insofern interessant, dass doch viele Studien den Fokus ihrer Analyse auf arithmetische Schwierigkeiten legen.

---

[2] Im Zusammenhang mit mathematischen Lernschwierigkeiten werden häufiger auch räumliche Aspekte und Größenrepräsentation diskutiert (Dehaene et al., 2003; Jacobs & Petermann, 2005). Insgesamt werden räumlichen Fähigkeiten eine große Bedeutung für die Mathematikleistung beigemessen (Büchter, 2011) und mathematikdidaktisch diskutiert (Obersteiner, 2012).

Darüber hinaus wird mit Blick auf die Interpretation der Daten formuliert, dass nicht nur das visuelle Kurzzeitgedächtnis beeinträchtigt ist, sondern zusätzlich auch das Arbeitszeitgedächtnis. Frühere Studien hatten sich ausschließlich mit Kurzzeitgedächtnisaufgaben beschäftigt und damit die integrierte Beeinträchtigung des Arbeitsgedächtnis nicht überprüft und erfasst. Darüber hinaus konnte beobachtet werden, dass Kinder mit Dyskalkulie erheblich häufiger auch unrelevante Informationen aufnahmen bzw. relativ ungehemmt waren, hinsichtlich der kognitiven Selektions- und Inhibitionsmechanismen. Diese Hemmungsstörungen (Inhibitionsmechanismen sorgen dafür, dass das Gedächtnis sich auf die relevante Aufgabenstellung fokussiert und nicht durch Nebeneinflüsse überfrachtet und abgelenkt wird) führen zu einer Beeinträchtigung des visuell-räumlichen Arbeitsgedächtnisses. Somit kam die Studie von Szűcs et al. (2013) zu der Erkenntnis, dass bei Kindern mit Dyskalkulie das Kurzzeitgedächtnis beeinträchtigt ist (für alle Aufgaben u. a. auch für Mathematik), hier insbesondere der Fokussierungsmechanismus und damit auch seine inhibitorische Funktion. Hinsichtlich des Arbeitsgedächtnisses waren korrespondierend zum Arbeitsgedächtnismodell nach Baddeley (1986) der räumlich-visuelle Notizblock sowie die zentrale Exekutive beeinträchtigt. Eine Überprüfung der phonologischen Schleife wurde nicht durchgeführt, da nur Kinder mit Dyskalkulie getestet wurden. Ebenso nicht der episodische Puffer. Daher traten bei Kindern mit Dyskalkulie eine Beeinträchtigung des (mathematischen) Kurzzeitgedächtnisses auf, eine Beeinträchtigung der kurzfristigen Speicherung visuell-räumlicher Eindrücke und Vorstellungen, sowie Schwierigkeiten bei der koordinierenden zentralen Exekutivfunktionen. Letztgenannte verwaltet die unterschiedlichen Funktionen des Arbeitsgedächtnisses und überführt Informationen und Lösungen des Arbeitsgedächtnisses in das Langzeitgedächtnis bzw. reaktiviert und holt ins Arbeitsgedächtnis zurück. Die Autor*innen der Studie haben weiter festgestellt, dass sich die mathematikassoziierten Hirnareale volumetrisch in der grauen Substanz schlecht ausgebildet haben, unter Beteiligung der Hippocampus und Parahippocampusregion, was die fokussierten mathematikassoziierten Insuffizienzen in der Gedächtnisstruktur und in der funktionalen Bearbeitung erklärt.

Die Studie kommt zu der Einschätzung, dass die Funktionseinbußen bei der Dyskalkulie insbesondere im Bereich des visuell-räumlichen-Kurzzeitgedächtnisses und des Arbeitsgedächtnisses mit der Beeinträchtigung der Hemmfunktion, insbesondere von Dysfunktion des IPS abhängen, der hier das Format eines tertiären übergeordneten Zentrums für mathematisch assoziierte Gedächtnisleistungen einnimmt („Our data suggests that the most robust dysfunction in DD [developmental dyscalculia] is that of visuo-spatial STM [short-term memory] and WM [working memory] with the impairment of inhibitory function (interference suppression). Both of these functions have been linked to the IPS" Szűcs et al., 2013, S. 2685). Entscheidend ist als Schlussfolgerung aus der Studie, dass räumlich-visuelle Wahrnehmung mit mathematikdidaktischen Lernstrategien gefördert werden sollen. Ebenso sollte eine mathematische Fokussierung im Kurzzeitgedächtnis trainiert werden, durch strenge Konzentrationsübungen auf mathematische Inhalte. Darüber hinaus müssen zentrale Exekutivfunktionen als Brücke zum Langzeitgedächtnis immer wieder angesprochen werden. Aus mathematikdidaktischer Perspektiver erscheint vor Durchführung von Fördermechanismen eine exakte individuelle Diagnose entscheidend zu sein, insbesondere Kurzeit- und Arbeitsgedächtnisschwächen betreffend, um problemfokussierte individuelle Förderstrategien mathematikspezifisch festlegen zu können.

Betrachtung der Studie von Schwartz, Epinat-Duclosa, Léonea, Poissonb & Pradoa (2018)

Schwartz et al. (2018) untersuchten und analysierten in ihrer Studie „Impaired neural processing of transitive relations in children with math learning difficulty" die Verarbeitung transitiver und nicht-transitiver Relationen bei 34 Kindern (Rechtshänder, im Alter von 8–12) mit Dyskalkulie und typisch entwickelten Kindern. Unter fMRT hörten sich die Teilnehmer*innen 4 Geschichten an, die jeweils eine Serie von 12 kurzen Szenarien enthielt (Tab. 3). Jedes Szenario endete mit einer Frage, die das Kind beantworten sollte.

Die fMRT Ergebnisse zeigen bei typisch entwickelten Kindern während der Verarbeitung transitiver Relationen eine deutliche Erhöhung der Aktivität des IPS bilateral. Kinder mit Dyskalkulie zeigten eine signifikant reduzierte Aktivität. Somit stellt sich bei Kindern mit Dyskalkulie die Beschäftigung mit transitiven Relationen als Herausforderung heraus und eine Verknüpfung mathematischer Aussagen wie $A > B \land B > C \Rightarrow A > C$ fällt Kindern mit Dyskalkulie schwer. In einigen Studien (siehe auch Handley et al., 2004) wird deutlich „that numeracy and arithmetic skills are positively correlated with logical (including transitive) reasoning performance in 10-year-olds" (Schwartz et al., 2018, S. 1263). Damit wird auf eine intensive Verbindung zwischen Mathematik und transitivem Denken bei Kindern hingewiesen. Transitives Denken bezieht sich jedoch nicht nur auf numerische und arithmetische Inhalte, sondern auch auf verbale und phonologische Logik. Somit wurde durch die vorliegende Studie gezeigt, dass nicht nur numerische und arithmetische Beeinträchtigungen im Kurzzeitgedächtnis, Arbeitsgedächtnis, in zentralen Exekutivfunktionen maßgeblich im IPS rechts und teilweise auch links ana-

Tab. 3 Beispielhafte Darstellung der Szenarien (übersetzt aus dem Französischen). Die Zahlen 1–4 geben die Reihenfolge der Darstellung innerhalb des Versuchslaufs an

	Transitive relations	Non-transitive relations
Set-inclusion relations	1. "You are going on vacation to the countryside." "You are planning to stay in a farm for a few days." "There are farms uphill and downhill." "All old farms are made of stone." "All farms that are made of stone are uphill." "You have to find an old farm." *Reasoning question: "Are you going uphill (response 1) or downhill (response 2)?"*	2. "You are going uphill and you find the old farm." (response 1)/"You are going downhill and the famers pick you up" (response 2) "The farmers invite you in." "You need to bring your bag to your bedroom on the 2nd floor." "All bedrooms with a red door are next to the children coop." "All bedrooms with a green door are next to the barn." "The farmers' house is very big." *Memory question: "Are you taking your bag to the 3rd floor (response 1) or to the 2nd floor (response 2)?"*
Linear-order relations	4. „You are taking the pastries out of the oven." (response 1)/"You let the pastries in the oven and they are overbaked" (response 2). "You would like some milk for your breakfast." "You are going to milk cows with the farmer." "White cows give more milk than black cows." "Black cows give more milk than brown cows." "You need to milk the cows giving the most milk." *Reasoning question: "Are you milking the brown cows (response 1) or the white cows (response 2)?"*	3. "You are going to the 2nd floor and bring your bag in." (response 2)/"You are going to the 3rd floor and the farmers tell you to go down to the 2nd floor." (response 1) "The next morning, the farmer is baking pastries." "The farmer is asking you to take them out of the oven now." "The chocolate cake is baking faster than the apple pie." "The strawberry pie is baking faster than the cheesecake." "It is very hot in the kitchen." *Memory question: "Are you taking the pastries out of the oven now (response 1) or later (response 2)?"*

tomisch-strukturell lokalisiert bei Kindern mit Dyskalkulie zu Schwierigkeiten führen, sondern auch Beeinträchtigungen beim transitiven Denken zu Rechenschwierigkeiten. Damit tragen nicht nur arithmetische Funktionen, sondern auch nicht arithmetische Funktionen zu Schwierigkeiten im Umgang mit Mathematik bei Kindern mit Dyskalkulie bei.

Betrachtung der Studie von Michels, O'Gorman & Kucian (2018)

Michels, O'Gorman und Kucian (2018) untersuchten in ihrer Studie „Functional hyperconnectivity vanishes in children with developmental dyscalculia after numerical intervention", die Änderung der funktionalen Hyperkonnektivität bei Kindern mit Dyskalkulie nach einer Intervention – einem 5-wöchigem Üben (5 Tage, 15 min pro Tag) zum Zahlenstrahl. Die aktuelle Studie bezieht sich zunächst auf vorangegangene Ergebnisse, welche den Ursachen von Dyskalkulie auf den Grund gehen. Hier wurden Pathologien in der primären Struktur und Substanz des mathematischen Netzwerkes festgestellt, mit sekundärer Beeinträchtigung im mathematischen Kurzzeitgedächtnis, Arbeitsgedächtnis und übergeordneten zentralen Exekutivfunktionen. Nur wenig Analysen gab es hinsichtlich der funktionalen Hyperkonnektivität des primären Mathematiknetzwerkes mit verbundenen Zentren frontoparietal, temporoparietal und occipitoparietal. In der vorliegenden Studie wurden diesbezüglich insbesondere die funktionalkonnektiven Leitungsbahnen hinsichtlich ihrer Aktivität untersucht, vor und nach einem 5-wöchigem Üben mit dem Zahlenstrahl. In der Intervention sollten die Kinder auf einem Zahlenstrahl (0–100) von links nach rechts orientiert, 20 arabische Ziffern angeben. Weiterhin sollten die Ergebnisse von 20 Additions- und 20 Subtraktionsaufgaben (jede Aufgabe wurde sowohl verbal als auch auf einer Karte dargestellt) und die geschätzte Anzahl von 10 verschiedenen Punktemustern auf dem Zahlstrahl markiert werden (die Fehlerquote wurde in Prozent angegeben). Das Kind musste die Lösung verbal angeben und das Genannte wurde auf einem Auswertungsbogen notiert. Für diesen Test gab es kein Zeitlimit. Die Items reichten von 1 bis 100 mit sowohl einstelligen als auch zweistelligen Aufgaben (z. B. 7+15, 36+42). Die Items waren hinsichtlich Ziffernhäufigkeit und Zehnerüberbrückung ausgeglichen. Die Anzahlen der richtig gelösten Items wurden gezählt. Während der 5-wöchigen Übungsphase führten die Kinder verschiedene dieser Aufgaben durch, um domänenspezifische Effekte des Zahlenstrahls zu untersuchen. Der IPS auf der rechten Seite wurde als übergeordnetes Zentrum hinsichtlich seiner Hyperkonnektivität in parietale, frontale, visuelle und temporale Regionen vor der Intervention exploriert. Es konnte eine signifikante funktionelle ungehemmte Hyperkonnektivität vor der Übungsphase bei Kindern mit Dyskalkulie in Bezug zur Vergleichsgruppe festgestellt werden. Dies spricht für eine Beeinträchtigung der Signalhemmungsinhibierung mit sekundärer unkoordinierter Impulsüberflutung. Nach der Übungsphase konnten die Autor*innen feststellen, dass die vorbeschriebene ungewöhnlich hohe funktionale Konnektivität bei Kindern mit Dyskalkulie durch das 5-wöchige Üben mit dem

Zahlenstrahl normalisiert werden konnte. Die Konnektivität entsprach in der vorliegenden Metrik (das Messverfahren MRT) der, der Kinder ohne Dyskalkulie. Die Autor*innen kommen zu dem Schluss, dass gezielte individuelle Übungsphasen zu einer Neuorganisation der interregionalen Aufgabenverteilung im Netzwerk führen, die dem Normkollektiv angepasst wird. Dies geschieht durch eine durch Üben induzierte Steigerung der funktionellen Gehirnplastizität (Neuroplastizität), die zu einer direkten Verschaltung der beteiligten Zentren[1] im Netzwerk führt und damit zu einer Verringerung der aberranten funktionellen Hyperkonnektivität. Somit haben auch schon kurzzeitige gezielte Übungsphasen einen positiven Einfluss auf die Verbesserung arithmetischer Fähigkeiten bei Kindern mit Dyskalkulie gezeigt.

Als Impuls können wir aus dieser Studie festhalten: Die fehlende Fähigkeit der Fokussierung von Kindern mit Dyskalkulie auf arithmetische Aufgaben – vor dem Hintergrund einer funktionalen Hyperkonnektivität – scheint eine der Schwierigkeiten von Kindern mit Dyskalkulie zu sein. Die vorliegende Studie konnte zeigten, dass das konsequente Üben von Mathematikaufgaben am Zahlenstrahl eine funktional-neuroplastische Neuausrichtung im Gehirn auslöste, mit dem Effekt des Erreichens einer typischen Entwicklung im Bereich der arithmetischen Fokussierbarkeit. Damit ist davon auszugehen, dass strukturelle Defizite im Bereich der Mathezentren zum Teil durch neuronale Plastizität kompensiert werden können und gezielte Förderung zielführend erscheint. Als vielversprechend für einen raschen neuronal-plastischen Effekt und damit für einen raschen Fördererfolg erscheint die standardisierte Konzentration auf regelmäßige und konkrete Übungsvorgänge mathematischer Inhalte.

Betrachtung der Studie von Fias, Menon & Szűcs (2013)

Die Autor*innen der Studie stellen in ihrem Reviewartikel aus unterschiedlichen Vorstudien zusammen, dass ein interferierendes komplexes Pathologiegeschehen der Dyskalkulie zugrunde liegt. Dieses verursacht zum Teil auch eine Komorbidität mit anderen neurofunktionalen Beeinträchtigungen, wie der Legasthenie oder des ADHS. Die Autor*innen der Studie sind der Ansicht, dass Zahlenverarbeitung und mathematische Problemlösung auf multiplen neurokognitiven Komponenten basieren, die durch unterschiedliche Gehirnsysteme in der Funktion dargestellt werden. Gehirnsysteme sind z. B. das optische System, das akustische System u. a. Diese sind überlappend beim Umgang mit Mathematik involviert, gehören aber nicht zum eigentlichen mathematischen System, jedoch zum zutragenden peripheren Netzwerk. Diese Gehirnsysteme entsprechen unterschiedlichen Netzwerken, die miteinander kommunizieren und teilweise auch überlappend funktionieren. Dahinter stecken spezialisierte Hirnareale und ihre Verbindungen, die mit der Aufnahme von Informationen, der Informationsselektion, der Informationsweiterleitung betraut sind. Ebenso passiert Informationsverarbeitung, die zu einer Lösung führt, sowie eine Informationsmodellierung durch das Arbeitsgedächtnis und das Langzeitgedächtnis. Vor diesem Hintergrund kommen die Autor*innen zu dem Schluss, dass regelhaft immer mehrere Zentren Beeinträchtigungen der Funktion aufweisen und bei Betroffenen somit eine multifaktorielle und multilokuläre Beeinträchtigung neurologisch vorliegt. Dieses wird in Bezug zu vorherigen Untersuchungen, die eine isolierte, monolokuläre Problematik als Ursache für die Dyskalkulie suchten, kontrovers diskutiert. Die Autor*innen der Studie regen an, dass weitere Untersuchungen den multifaktoriellen Ansatz der Dyskalkuliepathologie bei den Untersuchungen im fMRT analysieren sollten. Z. B. durch eine multivariate oder auch multimodale Untersuchungsstrategie.

Betrachtung der Studie von Bulthé, Prinsen, Vanderauwera, Duyck, Daniels, Gillebert, Mantini, Op de Beeck & De Smedt (2019)

In der Vergleichsstudie „Multi-method brain imaging reveals impaired representations of number as well as altered connectivity in adults with dyscalculia" von Bulthé et al. (2019) wurden uni- und multivariate fMRT Analysen[3] durchgeführt, die das Ziel hatten bei Erwachsenen mit Dyskalkulie und bei Erwachsenen ohne Dyskalkulie (Alter 18–27, drei Linkshänder bei den Teilnehmer*innen mit Dyskalkulie und zwei Linkshänder bei den Teilnehmer*innen ohne Dyskalkulie) folgende zwei Hypothesen zu überprüfen: Nach ihrer Ansicht liegt eine Funktionsstörung von Hirnregionen und ihren kognitiven Repräsentationen vor und es liegt eine gestörte Konnektivität mit der sekundären Beeinträchtigung des Zuganges zu diesen Repräsentationen als auslösende Ursache vor. Für die Testung der Hypothesen wurden Konnektivitätsanalysen durchgeführt. Weiterhin wurde festgestellt, ob eine Mischpathologie[4] aus Repräsentations- und Zugangsstörungen vorliegt.

---

[3] Univariate fMRT Analysen messen nur eine Variable hinsichtlich der Datenerhebung, während multivariate fMRT Analysen sowohl die Aufgabenstellung durch mehrere Variablen erweitern können wie auch die Art der Messung durch Ausweitung der Messparameter erweitern können.

[4] Kombinierte Erkrankungen die gemischt auftreten können und in der Regel den pathologischen Effekt erhöhen.

Bei ihren Hypothesen stützt sich die aktuelle Studie auf neue Erkenntnisse der Neurowissenschaften, nach denen die neuronalen Störungen häufig in zwei Kategorien eingeteilt werden können: Einmal die Beeinträchtigung von Funktionen von Hirnregionen und den ihnen zugeschriebenen kognitiven Repräsentationen, sowie eine geringere Konnektivität mit der sekundären Beeinträchtigung des Zuganges zu diesen Repräsentationen. In wissenschaftlichen Untersuchungen werden Repräsentations- und Zugangshypothesen häufig kombiniert und damit als gemischte neurofunktionale Beeinträchtigung zusammengefasst. Die vorliegende Studie wendete genau diesen Ansatz hinsichtlich der aktuellen Untersuchung an.

In der Untersuchung erhielten die Teilnehmer*innen Größenvergleichsaufgaben mit 2,4,6 und 8. Diese wurden in Zifferndarstellung oder als Punktsammlung (weiße Punkte auf schwarzem Hintergrund) präsentiert („Stimuli in the experimental runs consisted of the numerical magnitudes 2, 4, 6 or 8, displayed as either symbolic numbers or collections of white dots on a black background (non-symbolic numbers)" Bulthé et al., 2019, S. 292). Die Teilnehmer*innen sollten entscheiden, ob die präsentierte Zahl kleiner (Antwort mit dem linken Zeigefinger) oder größer (Antwort mit dem rechten Zeigefinger) als fünf sei.

Die Studie kommt zu dem Schluss, dass bei Erwachsenen mit Dyskalkulie ein Defizit in der Fähigkeit der nicht-symbolischen Größenrepräsentationen vorliegt. Dies ist ein Unterschied zu vorherigen Studien (z. B. De Smedt & Gilmore, 2011; Rousselle & Noël, 2007) in denen Kinder mit Dyskalkulie betrachtet wurden („behavioral studies show […] that children with dyscalculia were only impaired in the processing symbolic but not non-symbolic magnitudes" Bulthé et al., 2019, S. 290), und weiterhin differente Analyseansätze und Methoden angewendet wurden. Darüber hinaus konnte eine Hyperkonnektivität im Bereich des visuellen Kortex beobachtet werden, die die Hypothese des überforderten und eingeschränkten Zugangs unterstreicht. Weiterhin konnten die Schwierigkeiten bei der Dyskalkulie nicht mit definierten Hirnregionen assoziiert werden. Somit erbrachten die multibezogenen Untersuchungsstrategien einen insgesamt erweiterten Erkenntnisgewinn gegenüber den monomethodischen Untersuchungs- und Analyseansätzen, mit der Hauptaussage, dass neurologische Beeinträchtigungen in Bezug auf Dyskalkulie im Bereich der betroffenen Hirnareale, der Struktur und der Funktionalität, unterschiedliche Ursachen haben können und von daher eben keiner einheitlichen strukturellen Pathologie folgen. „For example, the impaired neural magnitude representations in dyscalculia were not only located in the IPS and parietal regions" (Bulthé et al., 2019, S. 300).

Betrachtung der Studie von Ranpura, Isaacs, Edmonds, Rogers, Lanigan, Singhal, Clayden, Clark & Butterwortha (2013)

Die Autor:innen untersuchen Beeinträchtigungen hinsichtlich Substanz und damit verbunden hinsichtlich Funktionen im Bereich der grauen und weißen Hirnsubstanz bei Kindern mit Dyskalkulie (Alter 8–14, Anzahl 21) gegen eine Vergleichsgruppe. Dabei wurden in der Untersuchung auch unterschiedliche Entwicklungsperioden bei Kindern mit typischer Hirnreifung berücksichtigt. In ihrer Untersuchung nutzten die Autor:innen zwei Herangehensweisen. Zum einen wurde der Test WOND (Development of the Wechsler Objective Numerical Dimensions) genutzt. Dieser beinhaltet die beiden Subtests „Numerical Operations" wo Fähigkeiten, wie das Erkennen und Schreiben von Zahlen und das Zählen überprüft werden und „Mathematical Reasoning", wo die Fähigkeit des mathematischen Denkens (Zählen, das Erkennen von Formeln und das Formulieren von algebraischen Ausdrücken) bewertet wird. Eine zweite Herangehensweise bildeten „Dot enumeration" (Ranpura et al., 2013, S. 8) tasks. Felder von zwei und neun Punkten wurden auf einem Computerbildschirm dargestellt und die Teilnehmer*innen sollten diese zählen.

Ein großer Unterschied konnte im Bereich der bilateralen subzentralen Gyri (BA 43) festgestellt werden. Hier waren Oberfläche und Volumen bei den Kindern mit Dyskalkulie deutlich reduziert gegenüber dem Normkollektiv. Das Volumen war besonders reduziert im linken Temporallappen (BA 22) und in den rechtsinferioren Frontallappen (BA 44). Darüber hinaus hatten Kindern mit Dyskalkulie große Volumenreduktionen im Bereich der grauen Hirnsubstanz des rechten Gyrus parahipocampalis (BA 36), sowie des rechtsinferioren und posterioren Parietallappens (BA 39, BA 40). Die weiße Substanz war bei Kindern mit Dyskalkulie ebenfalls volumenreduziert in Assoziation zu den Beeinträchtigungen im Bereich der grauen Substanz im rechten unteren Parietallobus, dem rechten temporal Pol, dem transversen Temporallobus und der rechten Pars orbitalis. Diese Ergebnisse bestätigen Voruntersuchungen, die zu ähnlichen Ergebnissen kamen, z. B. Kaufmann et al. (2011). Die Untersuchungen ergaben in der funktionellen MRT darüber hinaus, dass in den betroffenen Arealen auch eine reduzierte Aktivität und damit Funktionalität zu finden ist. Essenziell betroffen sind damit alle relevanten bei Rechenprozessen beteiligten Hirnareale.

Damit dürfte eine genetisch determinierte Entwicklungsanomalie der grauen und weißen Hirnsubstanz vorliegen mit funktioneller Sekundäreinbuße, die einer hereditären Neuropathologie entspricht. Dies würde bedeuten, dass Dyskalkulie unter dem fMRT messbar ist.

4 Diskussion

Aus der Studie von Ashkenazi et al. (2012) geht hervor, dass es sich um eine primäre Neuropathologie handelt. In der Untersuchung zeigten die Kinder mit besonderen Schwierigkeiten beim Mathematiklernen eine signifikant schwächere Aktivierung, sowie fehlende Aktivitätsreaktionsmuster des Gehirnes. Ashkenazi et al. (2012) halten fest, dass entscheidende für die Mathematik relevante Hirnregionen nicht nur nicht ausreichend aktiviert wurden, sondern auch keine eindeutigen neuronalen Antworten und Darstellungen für verschiedene arithmetische Aufgaben erzeugt wurden (betroffen sind bspw. der präfrontalen Cortex (PFC), die PFC Region auf beiden Seiten, der linke mittlere temporale Gyrus (MTG), der posteriore parietale Cortex (PPC) und PFC, alle drei Subregionen (hIP1, hIP2 und hIP3) des rechten IPS – bedeutsam hinsichtlich der hier vorliegenden unterschiedlichen Konnektivität für mindestens drei unterschiedliche weiterverarbeitende nachgeschaltete Netzwerke). Mit Ashkenazi et al. (2012) kann beschrieben werden, dass sich eine Beeinträchtigung der Funktion im mathematischen Netzwerk, sowie im übergeordneten tertiären Zentrum des rechten IPS hinsichtlich der Aktivierungsmöglichkeit, der Verschaltungsmöglichkeit mit nachgeschalteten Netzwerken, der Involvierung des visuell-räumlichen Arbeitsgedächtnisses, sowie der Fähigkeit der Fokussierung auf die eigentliche Aufgabenstellung durch Kognition beeinflussende Zentren frontal und parietal ergeben. Schwierigkeiten ergeben sich auch hinsichtlich einer Leistungssteigerung bei zunehmendem Schwierigkeitsgrad der Aufgabenstellung. Es konnten im fMRT sowohl funktionelle wie auch strukturelle Schwierigkeiten in der Substanz der betroffenen Zentren, wie auch im Bereich der Konnektivitätsstrukturen beschrieben werden. Ähnliches beschreibt auch die Untersuchung von Ranpura et al. (2013), in der festgehalten wird, dass bei Kindern mit Schwierigkeiten beim Mathematiklernen korrelierende Substanzdefizite in Hirnarealen festgestellt wurden, die im Mathematiknetzwerk wichtige Funktionen übernehmen. Ranpura et al. (2013) stellten fest, dass genetische oder sekundär neuropathologische primär kausale Rechenschwierigkeiten zu Grunde liegen können, was dazu führt, dass eine Neuropathologie postuliert werden kann. Wichtig ist dann eine differenzierte Diagnose der Rechenschwierigkeiten, um eine optimale Förderung für die Betroffenen zu gewährleisten. Aus den verschiedenen Studien wird deutlich, dass es sinnvoll erscheint auch neurowissenschaftliche Erkenntnisse einzubeziehen. Ob und in welchem Maße bleibt einer weitergehenden mathematikdidaktischen Diskussion überlassen. Insbesondere, da mit der Studie von Schwartz et al. (2018) festgehalten werden kann, dass Schwierigkeiten beim Mathematiklernen auf der Basis unterschiedlicher Beeinträchtigungen im IPS zu sehen sind. Eine Beeinträchtigung sollte daher vor gezielter Förderung genau detektiert werden, um die für ein Mathematiklernen passenden Impulse zu setzen. Damit wird dem Umstand Rechnung getragen, dass sich Schwierigkeiten beim Mathematiklernen unterscheiden und durchaus unterschiedliche Pathologie-Profile intraindividuell vorliegen können. In eine ähnliche Richtung lässt sich auch mit der Untersuchung von Michels, O'Gorman und Kucian (2018) argumentieren. Diese Studie hat eine funktionale Hyperkonnektivität als wichtige Grundproblematik bei Betroffenen ausgemacht. Diese führt in der Regel dazu, dass keine fokussierte kognitive Bearbeitung von mathematischen Problemen möglich ist. Dies ist auf eine aberrante Reizüberflutung durch nicht relevante Inhalte zurückzuführen, die die Lösung des Grundproblems (bspw. arithmetische Aufgaben) hemmen. Im Gegensatz zu anderen Studien geht diese Untersuchung nicht von Schwierigkeiten bei der Verarbeitung symbolischer Darstellungen im Vergleich zu nicht-symbolischen Darstellungen aus. Sondern, im Sinne der Untersuchung ist für eine gezielte Förderung entscheidend, eine Neuorganisation der Konnektivität über neuronale Plastizität anzuregen. Hierdurch wird eine deutliche Verbesserung der Fokussierbarkeit mathematischer Zentren im primären Netzwerk erreicht, auf die aufgebaut werden kann. Die Studie ist ein wichtiger Beitrag in der Darstellung des polyätiologischen (plurikausal) Charakters möglicher Ursachen für Schwierigkeiten beim Mathematiklernen und daraus ableitbarer möglicher Impulse für mathematikdidaktische Fördermechanismen. Die Aspekte Hyperkonnektivität und symbolische und nicht-symbolische Darstellungen spielen auch in der Untersuchung von Bulthé et al. (2019) eine Rolle. Die Autor*innen haben festgestellt, dass in ihrer Untersuchungsgruppe ein Umgang mit symbolischen Darstellungen beim Rechnen größtenteils vorhanden war, während ein Umgang mit nicht-symbolischen Darstellungen beim Rechnen beeinträchtigt war. Weiterhin konnte eine Hyperkonnektivität im Bereich des visuellen Kortex beobachtet werden, was die Hypothese eines überforderten visuell-räumlichen Gedächtnis begründete. Somit konnte eine Misch-Pathologie aus Repräsentations- und Zugangsschwierigkeiten festgestellt werden, die als Impulse für eine mathematikdidaktische Fördersituation mitgenommen werden könnten. Hier muss bemerkt werden, dass die Teilnehmer*innen schon im erwachsenen Alter waren und vermutlich Kompensationsmechanismen entwickelt wurden, sodass eine Gewohnheit mit dem Umgang mit symbolischen Darstellungen beim Rechnen vorlag und die Teilnehmer*innen in den Rechentests nicht pathologisch auffielen.

Ähnlich wie die zuletzt genannten Studien von Bulthé et al. (2019) und von Ashkenazi et al. (2012) hält auch die Untersuchung von Fias et al. (2013) fest, dass es nicht ein mathematisches Hauptzentrum gibt, das die Funktionseinbußen bei Rechenschwierigkeiten verursacht, sondern dass eine Beeinträchtigung verschalteter neurologischer Netzwerke und damit multipler Hirnareale vorliegt. Diese Netzwerke und die damit verbundenen Hirnareale sind interdependent und erfahren die Beeinträchtigung teils primär sowie auch sekundär. Primär durch eine zugrunde liegende Pathologie und sekundär dadurch, dass sie im Netzwerk nicht angesprochen werden, weil die vorgeschalteten Hirnareale beeinträchtigt sind. Von daher ist es wichtig durch gezielte Förderung Umgehungsmechanismen anzuregen, die auch einen Teil der beeinträchtigten Hirnareale wieder ansprechen können und eventuell reaktivieren. Zum Beispiel: Förderung der ersatzweise aktivierten frontalen Zentren oder Förderung der anderen Funktionen des IPS, wie visuell-räumliche Fähigkeiten oder Kurzzeitgedächtnis. Entsprechend der Studie von Cappelletti und Price (2014) scheint es, auch wenn genetisch eine funktionelle und anatomische Minusvariante im parietalen Hauptmathezentrum (IPS) und im nachgeschalteten Netzwerk vorliegt, partielle Kompensationsmechanismen zu geben, die einem Kind oder einem Erwachsenen mit Schwierigkeiten beim Mathematiklernen die Möglichkeit darbieten, (arithmetische) Aufgaben zu bearbeiten und zu verstehen. So scheint eine Restfähigkeit gesichert, was wiederum verdeutlicht, dass eine gezielte fachspezifische und individuelle Förderung wichtig ist, weil unterschiedliche Fertigkeiten und Fähigkeiten vorhanden sind. So sind nach Szűcs et al. (2013) Beeinträchtigungen im Kurzzeitgedächtnis, Arbeitsgedächtnis, Exekutivfunktionen exakt zu erfassen und weil im mathematischen Netzwerk lokalisiert und verankert, mathematikbezogen durch fördernde Aufgaben immer wieder anzusprechen und damit weitergehende Impulse zu setzen. Die Mathematikfokussierung ergibt sich aus der tragenden Funktion des IPS als tertiäres übergeordnetes Zentrum. Eine generalisierte Förderung der visuell-räumlichen Funktion dürfte sich aber auch günstig auf ein Mathematiklernen auswirken, abgesehen, von der Involvierung der Hippocampus- und Parahippocampusformation. Auch hier ergibt sich als Impuls, dass aus mathematikdidaktischer Perspektive vor einer Durchführung von Fördermechanismen eine exakte individuelle Diagnose möglicherweise unter Einbeziehung neurowissenschaftlicher Perspektiven nützlich erscheint, um problemfokussierte individuelle Förderstrategien mathematikspezifisch festlegen zu können und zu diskutieren.

5   Fazit

Genetisch bedingt oder sekundär beeinträchtigt weisen Kinder und Erwachsene mit besonderen Schwierigkeiten beim Mathematiklernen, dies beschreiben die ausgewählten Studien, eine eindeutige Neuropathologie auf – es liegt kernspinthomografisch also mithin tatsächlich eine fassbare Neuropathologie vor. Es ist aus mathematikdidaktischer Sicht heraus zu überlegen, wie diese Ergebnisse mit Blick auf Lernen in schulischen und außerschulischen Kontexten zu berücksichtigen sind. Die Studien geben wichtige – wenn auch nur sehr eingeschränkte – Hinweise auf Fördermöglichkeiten, die es den Betroffenen in der weiteren Entwicklung erlauben eine angemessene Rechenfähigkeit in der täglichen Routine zu erreichen. Hier ist es wichtig die Betroffenen individuell zu betreuen und zu fördern, aber auch zu fordern.

Hinsichtlich unseres Ziels, *Darstellung neurowissenschaftlicher Ergebnisse zu besonderen Schwierigkeiten beim Mathematiklernen* halten wir fest: Nach einer strukturellen Pathologie in der Kernspintomografie fiel auf, dass sowohl die Oberfläche wie auch das Volumen, wie auch die Dicke der Strukturen der grauen und weißen Hirnsubstanz in Hirnarealen pathologisch verringert waren, die essenziell am mathematischen Netzwerk beteiligt sind (Ranpura et al., 2013). Dazu wurden unter fMRT die Funktionalität der betroffenen Hirnareale untersucht, wobei bei Betroffenen Beeinträchtigungen von Funktionen im mathematischen Netzwerk sowie auch den übergeordneten Tertiärzentren festgestellt wurden (Ashkenazi et al., 2012). Schwierigkeiten beim Mathematiklernen ergeben sich danach auch durch eine Beeinträchtigung im Bereich der „interference supression" wegen einer nur schwer möglichen Fokussierbarkeit auf mathematische Aufgaben durch unkontrollierte Reizüberflutung (Szűcs et al., 2013). Untersucht wurden auch die funktionelle Hyperkonnektivität bei Kindern mit Dyskalkulie, die nach 5-wöchigem Üben mit dem Zahlenstrahl normalisiert werden konnte. Gezielte Schulungen können nach Aussage der Autor*innen der Studien zu einer Neuorganisation der interregionalen Aufgabenverteilung im Mathematiknetzwerk beitragen (Michels, O'Gorman & Kucian, 2018). Weiterhin konnten alternative neurologische Konzepte des Gehirnes durch Aktivierung alternativer Hirnareale bei der Lösung von arithmetischen Aufgaben bei Erwachsenen mit Dyskalkulie gefunden werden (Cappelletti & Price, 2014).

Als Diskussionsimpuls für die mathematikdidaktische Community können wir ableiten, dass neurowissenschaftliche Studien zu Schwierigkeiten beim Mathematiklernen bei den betroffenen Kindern (und Erwachsenen) eine strukturelle und auch primäre und sekundäre funktionelle Pathologie beschreiben. Bemerkenswert ist dabei der Schluss, dass eine Dyskalkulie (entsprechend der gewählten Studien) sich nicht nur in Hirnarealen, wo in der Hauptfunktion gerechnet wird, abbildet, sondern auch ein transitives Denken (Schwartz et al., 2018) und visuell-räumliche Funktionen (Szűcs et al., 2013) beeinflussen und beeinträchtigen kann. Kompensatorisch ist mit Blick auf die Studien jedoch das Gehirn wohl in der Lage ausweichende Mechanismen zu entwickeln. Die Diagnose, Förderung und der Umgang mit besonderen Schwierigkeiten beim Mathematiklernen sind überaus komplex. Eine neurowissenschaftlich informierte Position kann, die Forschung dazu bereichern und sicherlich neue Impulse geben. Ein interdisziplinäres, multiperspektivisches Forschen, dass beispielsweise kognitions- und neurowissenschaftliche Perspektiven mit in die Diskussion einbezieht, erscheint dem Autor*innenteam mit Blick auf die dargestellten Studien sinnvoll. Wie diese einzuordnen sind und welche Folgen sich daraus für mathematikdidaktisches Handeln konkret ableiten lassen, ist dann natürlich Sache eines weiteren mathematikdidaktischen Diskurses.

Literatur

Ashkenazi, S., Rosenberg-Lee, M., Tenison, C., & Menon, V. (2012). Weak task-related modulation and stimulus representations during arithmetic problem solving in children with developmental dyscalculia. *Developmental Cognitive Neuroscience, 2*(Suppl 1), 152–166.

Baddeley, A. D. (1986). *Working memory*. Oxford University Press.

Bauersfeld, H. (1983). Subjektive Erfahrungsbereiche als Grundlage einer Interaktionstheorie des Mathematiklernens und -lehrens. In H. Bauersfeld (Hrsg.), *Lernen und Lehren von Mathematik* (S. 1–56). Aulis.

Büchter, A. (2011). *Zur Erforschung von Mathematikleistung. Theoretische Studie und empirische Untersuchung des Einflussfaktors Raumvorstellung*. Technische Universität Dortmund. (Dissertation). http://www.buechter.net/diss_ab.pdf. Zugegriffen am 04.06.2023.

Bulthé, J., Prinsen, J., Vanderauwera, J., Duyck, S., Daniels, N., Gillebert, C. R., Mantini, D., Op de Beeck, H. P., & Smedt, P. (2019). Multi-method brain imaging reveals impaired representations of number as well as altered connectivity in adults with dyscalculia. *NeuroImage, 190*, 289–302.

Burscheid, H. J., & Struve, H. (2018). *Empirische Theorien im Kontext der Mathematikdidaktik*. Springer. https://doi.org/10.1007/978-3-658-23090-6

Burscheid, H. J., & Struve, H. (2020). *Mathematikdidaktik in Rekonstruktionen. Grundlegung von Unterrichtsinhalten*. Springer. https://doi.org/10.1007/978-3-658-29452-6

Cappelletti, M., & Price, CJ. (2014). Residual number processing in dyscalculia. *NeuroImage: Clinical, 4*, 18–28. https://doi.org/10.1016/j.nicl.2013.10.004.

Choi, H. J., Zilles, K., Mohlberg, H., Schleicher, A., Fink, G. R., Armstrong, E., & Amunts, K. (2006). Cytoarchitectonic identification and probabilistic mapping of two distinct areas within the anterior ventral bank of the human intraparietal sulcus. *Journal of Comparative Neurology, 495*, 53–69.

Davis, N., Cannistraci, C. J., Rogers, B. P., Gatenby, J. C., Fuchs, L. S., Anderson, A., & Gore, J. C. (2009). Aberrant functional activation in school age children at-risk for mathematical disability: A functional imaging study of simple arithmetic skill. *Neuropsychologia, 47*, 2470–2479.

De Smedt, B., & Gilmore, C. K. (2011). Defective number module or impaired access? Numerical magnitude processing in first graders with mathematical difficulties. *Journal of Experimental Child Psychology, 108*, 278–292. https://doi.org/10.1016/j.jecp.2010.09.003

Dehaene, S., Piazza, M., Pinel, P., & Cohen, L. (2003). Three parietal circuits for number processing. *Cognitive Neuropsychology, 20,* 487–506.

Die Quelle Szűcs et al., (2012) gibt es nicht. Da war die falsche Jahreszahl angegeben. Das muss Szűcs et al., (2013) sein. Wurde im Text mit einem Kommentar markiert.

Fias, W., Menon, V., & Szücs, D. (2013). Multiple components of developmental dyscalculia. *Trend in Neuroscience and Education, 2,* 43–47.

Fischer, U., Roesch, S., & Moeller, K. (2017). Diagnostik und Förderung bei Rechenschwäche: Messen wir, was wir fördern wollen? *Lernen und Lernstörungen, 6*(1), 25–38. https://doi.org/10.1024/2235-0977/a000160

Gaidoschik, M. (2008). „Rechenschwäche" in der Sekundarstufe: Was tun? *JMD, 29,* 287–294. https://doi.org/10.1007/BF03339065

Gaidoschik, M. (2014). *Rechenschwäche verstehen – Kinder gezielt fördern. Ein Leitfaden für die Unterrichtspraxis* (7. Aufl.). Persen.

Gaidoschik, M., Moser Opitz, E., Nührenbörger, M., & Rathgeb-Schnierer, E. (2021). Besondere Schwierigkeiten beim Mathematiklernen. *GDM Mitteilungen,* 111.

Girulat, A., Nührenbörger, M., & Wember, F. B. (2013). Fachdidaktisch fundierte Reflexion von Diagnose und individueller Förderung im Unterrichtskontext. In S. Hußmann & C. Selter (Hrsg.), *Diagnose und individuelle Förderung in der MINTLehrerbildung* (S. 150–166). Waxmann.

Gopnik, A. (2010, Oktober). Kleinkinder begreifen mehr. *Spektrum der Wissenschaft,* 69–73.

Gössinger, P. (2020). Kognitive Neurowissenschaft meets Mathematikdidaktik Interdis-ziplinäre Forschungsdesigns mit Perspektiven für die Didaktik der Mathematik. *R&E-Source, 14,* 1–15.

Grabner, R. H., & De Smedt, B (Hrsg.). (2016). Cognitive neuroscience and mathematics learning – Revisited after five years. *ZDM, 48*(3).

Grabner, R. H., Ansari, D., Schneider, M., De Smedt, B., Hannula, M. M., & Stern, E (Hrsg.). (2010). Cognitive neuroscience and mathematics learning. *ZDM, 42*(6).

Grabner et al., (2016) wurde im Text verändert zu Grabner & De Smedt, 2016 (bereits im Literaturverzeichnis).

Häsel-Weide, U., & Nührenbörger, M. (2013). Fördern im Mathematikunterricht. In H. Bartnitzky, U. Hecker, & M. Lassek (Hrsg.), *Individuell fördern – Kompetenzen stärken ab Klasse 3. Heft 2.* Arbeitskreis Grundschule e. V.

Häsel-Weide, U., & Prediger, S. (2017). Förderung und Diagnose im Mathematikunterricht – Begriffe, Planungsfragen und Ansätze. In M. Abshagen, B. Barzel, J. Kramer, T. Riecke-Baulecke, B. Rösken-Winter, & C. Selter (Hrsg.), *Basiswissen Lehrerbildung: Mathematik unterrichten mit Beiträgen für den Primar- und Sekundarstufenbereich* (S. 167–181). Friedrich/Klett Kallmeyer.

Handley, S. J., Capon, A., Beveridge, M., Dennis, I., & Evans, J. St B. T. (2004). Working memory, inhibitory control and the development of children's reasoning. *Thinking & Reasoning, 10*(2), 175–195.

Jacobs, C., & Petermann, F. (2005). *Diagnostik von Rechenstörungen.* Hogrefe.

Kaufmann, L., Wood, G., Rubinsten, O., & Henik, A. (2011). Meta-analyses of developmental fMRI studies investigating typical and atypical trajectories of number processing and calculation. *Developmental Neuropsychology, 36,* 763–787.

Kaufmann, S., & Wessolowski, S. (2006). *Rechenstörungen. Diagnose und Förderbausteine.* Kallmeyer.

Kira – Deutsches Zentrum für Lehrerbildung Mathematik. (2021a, März 23). Kira. Kinder rechnen anders. https://kira.dzlm.de/. Zugegriffen am 04.06.2023.

Klewitz, G., Köhnke, A., & Schipper, W. (2008). Rechenstörungen als schulische Herausforderung Handreichung zur Förderung von Kindern mit besonderen Schwierigkeiten beim Rechnen, Landesinstitut für Schule und Medien Berlin-Brandenburg (LISUM), Berlin.

Leuders, T., & Prediger, S. (2016). *Flexibel differenzieren und fokussiert fördern im Mathematikunterricht.* Cornelsen Scriptor.

Lorenz, J. H. (2013). Grundlagen der Förderung und Therapie. Wege und Irrwege. In M. von Aster & J. H. Lorenz (Hrsg.), *Rechenstörungen bei Kindern. Neurowissenschaft, Psychologie, Pädagogik* (S. 181–193). Vandenhoeck & Ruprecht.

Michels, L., O'Gorman, R., & Kucian, K. (2018). Functional hyperconnectivity vanishes in children with developmental dyscalculia after numerical intervention. *Developmental Cognitive Neuroscience, 30,* 291–303. https://doi.org/10.1016/j.dcn.2017.03.005.

Michels, O'Gorman und Kucian (2018) war in der Frage gedoppelt. Siehe oben.

Moser Opitz, E. (2007). *Rechenschwäche/Dyskalkulie. Theoretische Klärungen und empirische Studien an betroffenen Schülerinnen und Schülern.* Haupt.

Moser Opitz, E. (2013). *Rechenschwäche/Dyskalkulie. Theoretische Klärungen und empirische Studien an betroffenen Schülerinnen und Schülern* (2. Aufl.). Haupt.

Moser Opitz, E., Freesemann, O., Grob, U., Prediger, S., Matull, I., & Hussmann, S. (2017). Remediation for students with mathematics difficulties: An intervention study in middle schools. *Journal of Learning Disabilities, 50*(6), 724–736.

Obersteiner, A. (2012). *Mentale Repräsentationen von Zahlen und der Erwerb arithmetischer Fähigkeiten. Konzeptionierung und Evaluation einer Förderung mit psychologisch-didaktischer Grundlegung und Evaluation im ersten Schuljahr.* Waxmann.

Pielsticker, F. (2020). *Mathematische Wissensentwicklungsprozesse von Schülerinnen und Schülern: Fallstudien zu empirisch-orientiertem Mathematikunterricht mit 3D-Druck.* Springer Spektrum. https://doi.org/10.1007/978-3-658-29949-1

Pinel, P., Dehaene, S., Riviere, D., & LeBihan, D. (2001). Modulation of parietal activation by semantic distance in a number comparison task. *Neuroimage, 14,* 1013–1026.

Prado, J., Mutreja, R., Zhang, H., Mehta, R., Desroches, A. S., Minas, J. E., & Booth, J. R. (2011). Distinct representations of subtraction and multiplication in the neural systems for numerosity and language. *Human Brain Mapping, 32,* 1932–1947.

Prediger, S. (2016). Inklusion im Mathematikunterricht: Forschung und Entwicklung zur fokussierten Förderung statt rein unterrichtsmethodischer Bewältigung. In J. Menthe, D. Höttecke, T. Zabka, M. Hammann, & M. Rothgangel (Hrsg.), *Befähigung zu gesellschaftlicher Teilhabe. Beiträge der fachdidaktischen Forschung* (S. 361–372). Waxmann.

Ranpura, A., Isaacs, E., Edmonds, C., Rogers, M., Lanigan, J., Singhal, A., Clayden, J., Clark, C., & Butterwortha, B. (2013). Developmental trajectories of grey and white matter in dyscalculia. *Trend in Neuroscience and Education, 2*(2), 56–64.

Rotzer, S., Loenneker, T., Kucian, K., Martin, E., Klaver, P., & Aster, M. (2009). Dysfunctional neural network of spatial working memory contributes to developmental dyscalculia. *Neuropsychologia, 47*(13), 2859–2865.

Rousselle, L., & Noël, M.-P. (2007). Basic numerical skills in children with mathematics learning disabilities: a comparison of symbolic vs non-symbolic number magnitude processing. *Cognition, 102,* 361–395. https://doi.org/10.1016/j.cognition.2006.01.005

Rykhlevskaia, E., Uddin, L., Kondos, L., & Menon, V. (2009). Neuroanatomical correlates of developmental dyscalculia: Combined evidence from morphometry and tractography. *Frontiers in Human Neuroscience, 3*, 51.

Scheperjans, F., Eickhoff, S. B., Homke, L., Mohlberg, H., Hermann, K., Amunts, K., & Zilles, K. (2008). Probabilistic maps, morphometry, and variability of cytoarchitectonic areas in the human superior parietal cortex. *Cerebral Cortex, 18*, 2141–2157.

Schiffer, K. (2019). *Probleme beim Übergang von Arithmetik zu Algebra*. Springer.

Schipper, W. (2005). Rechenstörungen als schulische Herausforderung. Basispapier zum Modul G 4: Lernschwierigkeiten erkennen – verständnisvolles Lernen fördern. Kiel: IPN. http://www.sinus-grundschule.de/. Zugegriffen am 04.06.2023.

Schlicht, S. (2016). *Zur Entwicklung des Mengen- und Zahlbegriffs*. Springer. https://doi.org/10.1007/978-3-658-15397-7

Schwartz, F., Epinat-Duclosa, J., Léonea, J., Poissonb, A., & Pradoa, J. (2018). Impaired neural processing of transitive relations in children with math learning difficulty. *NeuroImage: Clinical, 20*, 1255–1265.

Selter, C., Prediger, S., Nührenbörger, M., & Hußmann, S (Hrsg.). (2014). Mathe sicher können – Natürliche Zahlen. Förderbausteine und Handreichungen für ein Diagnose- und Förderkonzept zur Sicherung mathematischer Basiskompetenzen. Cornelsen. Teilweise online unter mathe-sicher-koennen.dzlm.de/002. Zugegriffen am 04.06.2023.

Stoffels, G. (2020). *(Re-)konstruktion von Erfahrungsbereichen bei Übergängen von empirisch-gegenständlichen zu formal-abstrakten Auffassungen theoretisch grundlegen, historisch reflektieren und beim Übergang Schule-Hochschule anwenden*. universi.

Szűcs, D., Devine, A., Soltesz, F., Nobes, A., & Gabriel, F. (2013). Developmental dyscalculia is related to visuo-spatial memory and inhibition impairment. *Cortex, 49*, 2674–2688.

Vincent, D., & Crumpler, M. (2007). *Hodder Group Reading Tests 1-3 (II)*. Hodder Education.

WHO (2021, 23. März). 6A03.2 *Developmental learning disorder with impairment in mathematics*. https://icd.who.int/dev11/l-m/en#/http://id.who.int/icd/entity/771231188. Zugegriffen am 04.06.2023.

Williams, J. (2005). *Mathematics Assessment for Learning and Teaching*. Hodder Education.

Wood, G., Ischebeck, A., Koppelstaetter, F., Gotwald, T., & Kaufmann, L. (2009). Developmental trajectories of magnitude processing and interference control: an FMRI study. *Cerebral Cortex, 19*, 2755–2765.

Beschreibung mathematischen Wissens in empirischen Kontexten – Zwei didaktische Erkenntnisansätze

Felicitas Pielsticker und Ingo Witzke

Dieser Artikel diskutiert zwei verschiedene didaktische (Erkenntnis-)Ansätze – den Ansatz des Modellierens und den Ansatz empirischer (Schüler-)Theorien – für die Beschreibung der Entwicklung mathematischen Wissens in empirischen Kontexten; also solchen Kontexten, die auf die uns unmittelbar umgebende (physikalische) Welt (vgl. „physical space" Hempel, 1945, „problems from the real word" Pollak & Garfunkel, 2014) bezogen sind. Lernen lässt sich dann einmal beschreiben als das Anwenden immer differenzierterer „(mathematischer) Modelle" (Modellieren) auf gegebene Sachsituationen und einmal als ein Erschließen und Erklären von Phänomenbereichen durch die Entwicklung empirischer Theorien.

1   Einleitung

Im derzeitigen Mathematikunterricht ist der Bezug zur physikalischen realen Welt zentral; dies äußert sich in der systematischen Verwendung von Arbeits- und Anschauungsmitteln, sowie der kontinuierlichen Bezugnahme auf reale Anwendungen.

F. Pielsticker (✉)
Didaktik der Mathematik, Universität Siegen, Siegen, Deutschland
E-Mail: pielsticker@mathematik.uni-siegen.de

I. Witzke
Didaktik der Mathematik, Universität Siegen, Siegen, Deutschland
E-Mail: witzke@mathematik.uni-siegen.de

© Der/die Autor(en), exklusiv lizenziert an Springer Fachmedien Wiesbaden GmbH, ein Teil von Springer Nature 2024
F. Dilling et al. (Hrsg.), *Interdisziplinäres Forschen und Lehren in den MINT-Didaktiken*, MINTUS – Beiträge zur mathematisch-naturwissenschaftlichen Bildung, https://doi.org/10.1007/978-3-658-43873-9_11

Dies erscheint mit Blick auf lerntheoretische und bildungspolitische Aspekte gerechtfertigt. Hefendehl-Hebeker hält dazu fest:

> „Die Begriffe und Inhalte der Schule haben ihre phänomenologischen Ursprünge überwiegend in der uns umgebenden Realität. […] Die ontologische Bindung an die Realität ist bildungstheoretisch und entwicklungspsychologisch durch Aufgabe und Ziele der allgemeinbildenden Schule gerechtfertigt." (Hefendehl-Hebeker, 2016, S. 16)

Unter der Prämisse, die Hefendehl-Hebeker formuliert, ist es notwendig für (angehende) Lehrkräfte über tragfähige didaktische Konzepte zu verfügen bzw. diese zu entwickeln, welche den Zusammenhang von Realität und Mathematik thematisieren. Mit Blick auf die aktuelle mathematikdidaktische Diskussion hat sich in der Community insbesondere das Konzept des Modellierens durchgesetzt, das als Prämisse ihrer verschiedenen zyklischen Modelle eine analytische Trennung von Mathematik und Realität vornimmt (Borromeo Ferri et al., 2013). Die Dominanz dieser Sicht auf das Verhältnis von Mathematik und empirischer Realität zeigt sich in ihrer Präsenz als Standardmodell in den Lehrplänen (z. B. Kernlehrplan für die Realschule in Nordrhein-Westfalen, 2004, S. 19).

Im Hinblick auf diese Diskussion erscheint uns ein weiterer Blick in die Wissenschaftstheorie und ihre Perspektiven auf die Beschreibung erfahrungswissenschaftlichen Wissens als nützlich; hier hat sich das Konzept des Strukturalismus in besonderer Weise als geeignet erwiesen um erfahrungswissenschaftliches Wissen strukturiert zu beschreiben. Zusammenhängendes Wissen wird dabei charakterisiert durch die Beschreibung einer mathematischen Grundstruktur (mengenlogisches Prädikat) und einer prinzipiell offenen Menge sogenannter intendierter Anwendungen. Diese sogenannte „Rekonstruktion empirischer Theorien" ist dem Grunde nach deskriptiv angelegt, d. h. sie eröffnet (vergleichbar zu sogenannten axiomatischen Methoden) die Möglichkeit Wissen strukturiert zu beschreiben und auf diese Weise z. B. erkenntnistheoretische Hürden für den Wissenserwerb aufzuzeigen. Zu den klassischen rekonstruierten empirischen Theorien zählen naturwissenschaftliche Theorien, wie z. B. die Newtonsche Mechanik und die Maxwellsche Elektrodynamik, aber auch beispielsweise ökonomische oder psychologische Theorien. Das auf das Programm des Strukturalismus (also der systematischen Beschreibung erfahrungswissenschaftlichen Wissens in empirischen Theorien) zurückzuführende Konzept wurde insbesondere von Burscheid und Struve (2018) erfolgreich auf die Mathematikdidaktik übertragen.[1]

---

[1]Vgl. auch Arbeiten von Sneed (1971), Stegmüller (1986) und Balzer, Sneed, Moulines (2000).

Im Unterschied zum Konzept des Modellierens, dass ein Beschreiben und Erklären von realen Phänomenen als das geschickte Anwenden von vorab erworbenen mathematischen Kenntnissen auf Sachsituationen ansieht („weil das entwickelte reale Modell abhängt vom mathematischen Wissen des Modellierers bzw. der Modelliererin", Kaiser et al., 2015, S. 364 ist), geht das Konzept der empirischen Theorien davon aus, dass Schüler*innen neue subjektive Theorien erwerben, um diese Phänomenbereiche zu erschließen. Diese empirischen Schülertheorien können nach Burscheid und Struve (2020) strukturalistisch beschrieben werden.

In unserem Artikel möchten wir den Ansatz der empirischen Theorien mit Bezug zur bestehenden Literatur (Schoenfeld, 1985; Struve, 1990; Burscheid & Struve, 2020; Witzke, 2009; Schlicht, 2016; Schiffer, 2019; Stoffels, 2020; Pielsticker, 2020) erläutern, sowie an einem geeigneten Fallbeispiel aus dem Mathematikunterricht einer 8. Klasse verdeutlichen.[2] Diese Ausführungen diskutieren wir weiterhin im Spiegel des Ansatzes des Modellierens, um Unterschiede in Bezug auf Interpretationen und Deutungen herauszustellen und auf diese Weise der mathematikdidaktischen Diskussion im Umgang mit Mathematik in empirischen Kontexten weitere Diskussionsimpulse geben zu können.

2   Forschungsansinnen

Der Bezug zu empirischen Kontexten spielt im derzeitigen Mathematikunterricht eine entscheidende Rolle. Dies lässt sich bildungstheoretisch u. a. mit den sogenannten Grunderfahrungen von Heinrich Winter rechtfertigen, beispielsweise der Ersten: „Erscheinungen der Welt um uns, die uns alle angehen oder angehen sollten, aus Natur, Gesellschaft und Kultur, in einer spezifischen Art wahrnehmen und zu verstehen" (Winter, 1996, S. 35). Die Einbindung von vielfältigen Sachkontexten im Mathematikunterricht erscheint erstrebenswert. Davon abgeleitet fordern dies auch die Bildungsstandards an zentraler Stelle. So heißt es beispielsweise für den mittleren Schulabschluss (KMK, 2004), dass die „Bedeutung und Funktion der Mathematik für die Gestaltung und Erkenntnis der Welt erfahren" werden soll. Standardmodell in diesem Zusammenhang ist zurzeit das des (mathematischen) Modellierens, dem „[der] ihm gebührende Stellenwert im Unterricht" (Kaiser et al., 2015, S. 379) zukommen sollte. Unter „Modellieren [werden dabei] alle Aspekte von Beziehung zwischen Mathematik und Realität oder (nach Pollak

---

[2] Das gewählte Fallbeispiel dieses Beitrags ist auch bereits in anderen Zusammenhängen diskutiert worden (Pielsticker, 2020; Pielsticker & Witzke, 2022).

1979) dem ‚Rest der Welt'" (Kaiser et al., 2015, S. 357) verstanden. Die Modellierungskompetenz, die Schüler*innen im Unterricht entwickeln sollen, wird dabei mit Modellierungskreisläufen – „ein zyklischer Prozess" (Kaiser et al., 2015, S. 364) – in Verbindung gebracht. Dieses didaktische Konzept des Modellierens ist in der mathematikdidaktischen Community fest verankert und hat Eingang in die aktuellen Lehrpläne gefunden. Eine, vielleicht die entscheidende Prämisse beim Modellieren ist, dass in „allen Darstellungen von mathematischen Modellierungsprozessen […] gleichsam zwischen Realität [Rest der Welt] und Mathematik unterschieden" (Baack, 2014, S. 7) wird und eine analytische Trennung von Mathematik und Realität bzw. „Rest der Welt" (Borromeo Ferri et al., 2013) angenommen wird.

Weiterhin wollen wir mit einem Blick in die Wissenschaftstheorie die Beschreibung erfahrungswissenschaftlichen Wissens nach dem Konzept der empirischen Theorien für den Mathematikunterricht in die Diskussion einbringen. Das aus dem Strukturalismus kommende Konzept geht in seiner mathematikdidaktischen Wendung davon aus, dass Schüler*innen neue Theorien erwerben, um neue Phänomenbereiche zu erschließen. Die neuen (empirischen) (Schüler-) Theorien können dazu bspw. in Subjektiven Erfahrungsbereichen (kurz: SEB) nach Bauersfeld (1983, 1985) beschrieben werden.

Um unsere beiden didaktischen (Erkenntnis-)Ansätze zur Beschreibung mathematischen Wissens in empirischen Kontexten einer detaillierten vergleichenden Diskussion zu führen zu können, strukturieren wir unsere Analyse (das geschieht sowohl auf Objekt-Ebene – einem Fallbeispiel – als auch auf Meta-Ebene – in der Darstellung der beiden Konzepte) hinsichtlich der Aspekte Voraussetzungen, Beschreibungen und Folgerungen. Wir fragen damit im Sinne des hier formulierten Forschungsansinnen wann (I.) und wie (II.) jeweils eines der beiden in den Blick genommenen didaktischen Konzepte verwendet werden kann und schließlich welche Folgerungen sich daraus zum einen für den jeweiligen Wissenskontext (III. a) und zum anderen für die didaktischen Konzepte (auf Meta-Ebene) ergeben (III. b):

(I)   Voraussetzungen (getroffene Grundannahmen des didaktischen Konzepts),

(II) Beschreibungen (welche Beschreibungsmittel und Begrifflichkeiten verwendet werden),

(III) a) Folgerungen, die sich *innerhalb* des jeweiligen didaktischen Konzepts für die Beschreibung von Wissen mit Blick auf den betrachteten empirischen Kontext ergeben.

b) Folgerungen auf Meta-Ebene, die sich *über* die genannten didaktischen Konzepte (auch im vergleichenden Sinne) für deren Verwendung für die Mathematikdidaktik ergeben.

Ziel ist es, auch durch eine exemplarische Diskussion dieser Aspekte an einem Beispiel (vgl. Abschn. 3), charakteristische Merkmale, Strukturgleichheiten und -unterscheide sowie Herausforderungen und Grenzen des jeweiligen didaktischen Konzepts zu identifizieren.

„Modellieren" bzw. der Modellierungskreislauf als didaktisches Konzept

Wesentliche Voraussetzung für die Diskussion von Modellierungsprozessen innerhalb des didaktischen Konzepts des Modellierungskreislaufs ist, wie bereits erwähnt, eine Beschreibung von der „Beziehung zwischen der Mathematik und einem separaten ‚Rest der Welt' [Realität]" (Kaiser et al., 2015, S. 363–364) (vgl. Abb. 1 und 2).

Dabei wird „in nahezu allen Ansätzen [...] der idealisierte Prozess der mathematischen Modellierung als ein zyklischer zu durchlaufender Prozess beschrieben, um reale Probleme durch die Nutzung von Mathematik zu lösen, dargestellt als ein Kreislauf, der unterschiedliche Stufen oder Phasen unterscheidet" (Kaiser et al., 2015, S. 364). Ein

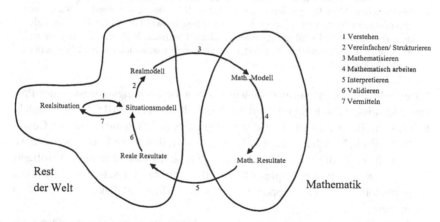

Abb. 1 Modellierungsprozess nach Blum und Leiss. (Blum, 2006)

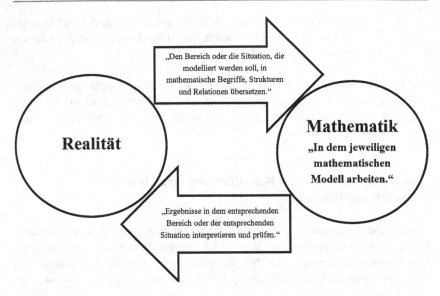

Abb. 2 Modellierungsprozess idealisiert. (Greefrath & Siller, 2018)

„idealisierter Modellierungsprozess [kann dabei] wie folgt [beschrieben werden]: Das gegebene reale Problem wird vereinfacht, um ein reales Modell der Situation zu bilden; unter anderem müssen Annahmen getroffen werden und zentrale beeinflussende Faktoren entdeckt werden. Um ein mathematisches Modell zu entwerfen, muss das reale Modell in die Mathematik ‚übersetzt‘ werden. […] Mit Hilfe des mathematischen Modells werden mathematische Resultate ausgearbeitet. Nach der Interpretation der mathematischen Resultate müssen sowohl die realen Lösungen als auch der gesamte Modellierungsprozess validiert werden. Möglicherweise müssen anschließend noch einzelne Teile oder der gesamte Prozess noch einmal bearbeitet werden" (Kaiser et al., 2015, S. 364).

Dabei geht das „Kreislaufmodell, welches den Bearbeitungsprozess realer Probleme idealisiert abbildet [auf] Pollak (1968)" (Kaiser et al., 2015, S. 361) zurück. Pollak – zu dieser Zeit Direktor des Mathematics and Statistics Research Center bei Bell Labs in New Jersey (später NOKIA®) – stellt sich der Frage „how can we teach applications of mathematics?" und trägt in seiner gleichlautenden Veröffentlichung (1969) „some examples of perfectly sensible everyday problems taken from random texts that happen to be in my office" (Pollak, 1969, S. 393) zusammen.

Damit lässt sich das mathematische Modellieren im Kern zusammenfassen als ein Übersetzen eines Problems aus der Realität in die Mathematik, einem sich anschließenden Arbeiten mit mathematischen Methoden, um schließlich eine kritisch überprüfte mathematische Lösung wieder zurück auf das reale Problem zu übertragen (Greefrath & Schukajlow, 2018).

Dazu halten Greefrath und Schukajlow (2018, S. 4) fest: „Ein solcher Modellierungskreislauf ist damit selbst wieder ein Modell – nämlich des mathematischen Modellierens".

Damit wollen wir für das Modellieren im dargestellten Zusammenhang folgende Voraussetzungen festhalten.

(I) Voraussetzung

Eine entscheidende Voraussetzung – eine Prämisse – für die Verwendung des didaktischen Konzepts des Modellierens ist wie zuvor ausgeführt die:

- Ein im Mathematikunterricht angesprochener empirischer Kontext, welcher eine Differenzierung im Sinne einer (analytischen) Trennung in Mathematik und Realität [bzw. Rest der Welt] zugänglich ist und somit die Beschreibung in den damit verbundenen Übersetzungsprozessen erlaubt.

Für „Unterrichtsstunden zum Modellieren" (Greefrath & Schukajlow, 2018, S. 4) ist es dann nötig, dass

- geeignete Situationen mit einer „geeigneten Aufgabe [vorliegen], die substantielle Modellierungen anregen" (Greefrath & Schukajlow, 2018, S. 4) und mithilfe des didaktischen Konzepts des Modellierens beschrieben werden können.

Dabei sind (Greefrath & Schukajlow, 2018) insbesondere zwei typische Aspekte für die Auswahl (Büchter & Leuders, 2016) von empirischen Kontexten für ein substanzielles Modellieren entscheidend:

- Authentizität: Dabei geht es darum, dass sowohl der außermathematische Kontext als auch die in der gegebenen Sachsituation anzuwendende Mathematik bestenfalls authentisch, mindestens aber „echt" bzw. „glaubwürdig" sein sollten.
- Relevanz: Damit ist die Relevanz der gegebenen realen Situation für Schüler*innen gemeint. Dabei kann es um eine gegenwärtige aber auch um eine in Zukunft für Schüler*innen bedeutungshaltige Situation gehen. Ziel ist es eine „bloße Einkleidung [von Aufgaben zu vermeiden] [...], sondern [die jeweilig gegebenen Sachkontexte] sollen ernst genommen werden" (Greefrath & Schukajlow, 2018, S. 5).

Wesentlich für die Beschreibung von Erkenntnisprozessen im didaktischen Konzept des Modellierens sind sogenannte Teilprozesse des Modellierens, die zwi-

Tab. 1 Teilkompetenzen des Modellierens (Greefrath & Siller, 2018, S. 6)

Teilkompetenz	Indikator
Verstehen	Die Schüler*innen konstruieren ein eigenes mentales Modell zu einer gegebenen Problemsituation und verstehen so die Fragestellung.
Vereinfachen Strukturieren	Die Schüler*innen trennen wichtige und unwichtige Informationen einer Realsituation.
Mathematisieren	Die Schüler*innen übersetzen geeignete vereinfachte Realsituationen in mathematische Modelle (z. B. Term, Gleichung, Figur, Diagramm, Funktion).
Mathematisch arbeiten	Die Schüler*innen arbeiten mit dem mathematischen Modell.
Interpretieren	Die Schüler*innen beziehen die im Modell gewonnenen Resultate auf die Realsituation und erzielen damit reale Resultate.
Validieren	Die Schüler*innen überprüfen die realen Resultate im Situationsmodell auf Angemessenheit. Die Schüler*innen vergleichen und bewerten verschiedene mathematische Modelle für eine Realsituation.
Vermitteln	Die Schüler*innen beziehen die im Situationsmodell gefundenen Antworten auf die Realsituation und beantworten so die Fragestellung.

schen den jeweiligen Schritten im Kreislauf (z. B. vom Realmodell zum mathematischen Modell) durchlaufen werden. „Diese Teilprozesse können mit Teilkompetenzen [(vgl. Tab. 1)] von Lernenden in Verbindung gebracht werden" (Greefrath & Siller, 2018, S. 5). Diese (vgl. Tab. 1) nutzen wir im Weiteren auch für die Beschreibung unseres Fallbeispiels.

(II) Beschreibung

Mit Grefrath und Siller können insbesondere die folgenden „Teilkompetenzen" des didaktischen Konzepts des Modellierens genutzt werden.

Gleichzeitig wollen wir auch die Zwischenschritte des Modellierens, Realsituation, Situationsmodell, Realmodell, Mathematisches Modell, Mathematische Resultate und Reale Resultate, (vgl. Abb. 1) zur Beschreibung nutzen.

(III) a) Folgerungen (*innerhalb*)

- Das Konzept gibt Auskunft darüber wie Aufgabenbearbeitung in empirischen Kontexten (strukturiert und stufenweise) organisiert werden kann.
- Es informiert über notwendiges (präskriptiv)/vorhandenes aktivierbares (deskriptiv) mathematisches Wissen bzw. Modelle und ob diese(s) mathematisch korrekt verwendet wird.
- Es gibt Erkenntnisse darüber, wie die verwendeten Modelle der Situation angepasst werden.

(III) b) Folgerungen (*über*)

An dieser Stelle wollen wir einige Thesen formulieren, die sich für das didaktische Konzept des Modellierens folgern lassen:

- In der aktuellen didaktischen Wendung handelt es sich um ein normativ-präskriptives Konzept für einen geeigneten Umgang mit Problemen in empirischen Kontexten im Mathematikunterricht. „Gutes" oder „substantielles" Modellieren wird als wichtiger Bestandteil eines zeitgemäßen Unterrichtes angesehen. In vereinfachter Weise kann und wird das didaktische Konzept sogar auf Metaebene zum Lerngegenstand des Unterrichts.

- Es geht wesentlich darum, ein – im Konzept des Modellierens gesprochen – in der Fachwissenschaft Mathematik bereits verfügbares mathematisches Wissen zur Modellbildung und -erschließung von Anwendungssituationen zu nutzen. Schüler*innen suchen im Unterricht das „geeignete" mathematische Modell um den entsprechenden empirischen Situationskontext zu erschließen.

- „Lernen" bedeutet in diesem (zyklischen) didaktischen Konzept des Modellierens dann auch die Fähigkeit immer differenziertere mathematische Modelle auszuwählen, um die vorgegebenen empirischen Kontexte möglichst adäquat zu beschreiben. Es lässt zunächst keine Rückschlüsse darauf zu, wie diese mathematischen Modelle erworben werden (können). (Vgl. bspw. auch Modellierungsaufgabe „Turm" in Hertleif, 2018, S. 17 ff.).

Beschreiben erfahrungswissenschaftlichen Wissens in empirischen Theorien als didaktisches Konzept

Mit dem wissenschaftstheoretischen Blick auf das Konzept des Strukturalismus ergibt sich eine weitere interessante Perspektive auf die Beschreibung von der Entwicklung mathematischen Wissens in empirischen Kontexten.

Im Sinne der didaktischen Wendung von Burscheid und Struve (2020) kann Schülerwissen so angeordnet werden, dass es in empirischen (Schüler-)Theorien strukturalistisch formuliert werden kann. Unter einer empirischen Theorie verstehen wir zunächst allgemein eine Theorie, die Phänomene der Realität beschreibt und erklärt (vgl. auch für das Folgende, J. Sneed (1971), W. Stegmüller (1973) und W. Balzer (1982)). Zu den klassischen empirischen Theorien zählen naturwissenschaftliche Theorien, wie z. B. die Newtonsche Mechanik und die Maxwellsche Elektrodynamik, aber auch beispielsweise ökonomische oder psychologische Theorien. Die Theorien können unterschiedliche Größen oder Reichweite besitzen, sodass auch Alltagstheorien von Kindern dazu zählen (Struve, 1990; Pielsticker

2020). Das erworbene mathematische Wissen von Kindern wird damit als ein „[…] Verfügen über eine Theorie behandelt" (Burscheid & Struve, 2018, S. 27) und beschrieben. „Mit Wissen ist in diesem Kontext nicht [das] von der betreffenden Person formulierte […] Wissen gemeint […], sondern das Wissen, das Beobachter den betreffenden Personen unterstellen, um ihr Verhalten zu erklären: Die Personen […] verhalten sich so, als ob sie über das Wissen/die Theorie verfügen würden" (Burscheid & Struve, 2020, S. 53 f.). Das mathematische Wissen von Schüler*innen bezieht sich insbesondere auf ein Wissen über physikalische Objekte und lässt sich, wenn es zusammenhängend beschreibbar ist, als in empirischen Theorien organisiert darstellen (Burscheid & Struve, 2020).

Für das didaktische Konzept der empirischen Theorien wollen wir folgende Voraussetzungen festhalten.

(I) Voraussetzung

Voraussetzungen für die Beschreibung empirischer (Schüler-)Theorien ist,

- dass die Daten in einer solchen Form vorliegen (Präzision und Umfang), dass eine rationale Rekonstruktion des Schülerwissens mit Hilfe einer empirischen Theorie durchführbar ist,
- dass dieses didaktische Konzept von einer integrierten Sicht in Bezug auf (Schul-)Mathematik und Realität im Unterricht ausgeht. Somit werden Mathematik und Realität nicht als getrennte Bereiche behandelt.
- weiterhin die Annahme einer Kontextgebundenheit (Bereichsspezifität) des (Schüler-)Wissens im Sinne von H. Bauersfeld (1983, 1985).

Zusätzlich zu eben diesen Voraussetzungen ist es zum Verständnis strukturalistischer Beschreibung erfahrungswissenschaftlichen Wissens (empirische Theorien) in empirischen Kontexten nützlich, auf Meta-Ebene die vereinfachte Annahme eines bipolaren Modells mathematischer Auffassungen (vgl. Abb. 3) darzulegen. Dabei gibt es eine Vielzahl an Auffassungen von Mathematik (bspw. auch noch Intuitionismus, Logizismus, Platonismus, etc.). Dass Auffassungen für unsere Lehr-Lern-Prozesse eine Relevanz haben, darüber besteht kein Zweifel, jedoch entzieht sich der Begriff bisher einer einheitlichen Definition – „The definition of beliefs (in mathematics education) is rather fuzzy. Depending on the many different approaches regarding beliefs and belief systems" (Witzke & Spies, 2016, S. 133). Im Sinne Schoenfelds (1985) hängt es wesentlich von Auffassungen (Weltbild, Vorstellungen, Einstellungen, Beliefs, …) von Mathematik ab, wie man mathematisches Wissen aufbaut, wie man damit umgeht oder ob

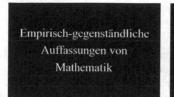 

Abb. 3 Bipolares Modell mathematischer Auffassungen

man erfolgreich ist. „One's beliefs about mathematics [...] determine how one chooses to approach a problem, which techniques will be used or avoided, how long and how hard one will work on it, and so on. The beliefs system establishes the context within which we operate [...]" (ebd., S. 45).

Exkurs Anfang da das bipolare Modell mathematischer Auffassungen für unseren didaktischen (Erkenntnis-) Ansatz empirischer Theorien entscheidend ist, wollen wir dieses in einem Exkurs detaillierter ausführen.

Mathematische Wissensentwicklungsprozesse können, wenn Schüler*innen eine Theorie über die Anschauungsmittel und Anwendungskontexte entwickeln, als empirische Theorie gefasst werden (Burscheid & Struve, 2020). Schulische Mathematik im anschauungsgeleiteten Unterricht beschreibt in weiten Teilen reale Gegenstandsbereiche, mit einem Wahrheitsbegriff, der an eine (gegenständlichen) Überprüfbarkeit angebunden ist. Weiterhin geschieht die Wissenssicherung beispielgebunden und experimentell, wobei zum Zweck tragfähiger Wissensbegründungen logische Ableitungen folgen sollten, ansonsten sprechen wir von einer naiv-empirischen Auffassung (Schoenfeld, 1985; Burscheid & Struve, 2020; Witzke, 2009). Exkurs Ende.

Diese empirisch-gegenständliche Auffassung unterscheidet sich bzgl. ihres Abstraktionsgrades und ihres Wahrheitsbegriffes fundamental von solchen Auffassungen, die mit moderner Hochschulmathematik vermittelt werden (vgl. auch für das Folgende Witzke, 2015).

Nach diesem Exkurs zu Auffassungen, die insbesondere für die Voraussetzungen unseres didaktischen (Erkenntnis)Ansatzes empirischer Theorien bedeutsam sind, wollen wir nun einige Aspekte für die Beschreibung festhalten.

(II) Beschreibung

Zur Beschreibung erfahrungswissenschaftlichen Wissens in empirischen Kontexten – empirische Theorien als didaktisches Konzept – sind folgende Fachtermini (vereinfacht) grundlegend:

Tab. 2 Fachtermini zur Beschreibung erfahrungswissenschaftlichen Wissens in empirischen Kontexten. (Pielsticker, 2020, S. 36 ff.)

Fachterminus	Indikator
Intendierte Anwendungen	Die durch eine empirische Theorie beschriebenen und erklärten Phänomene der Realität
Paradigmatische Beispiele	Vorbildliche Beispiele für Anwendungen der Theorie. Begründen dabei eine Klasse von intendierten Anwendungen einer empirischen Theorie
Referenzobjekte	Sind empirische Objekte (Gegenstände und Objekte der Realität) die unter einen bestimmten Begriff fallen und im Sinne einer empirischen Theorie als definitorisch für empirische Begriffe angesehen werden
Nicht-theoretische Begriffe	Nicht-theoretische Begriffe sind solche, die bereits in einer Vortheorie geklärt sind oder Referenzobjekte in der Realität besitzen (d. h. Objekte der Realität, die unter diesen Begriff fallen)
Theoretische Begriffe	Begriffe, deren Bedeutung erst durch die Aufstellung bzw. innerhalb einer Theorie geklärt werden können

Betonen wollen wir an dieser Stelle eine Differenzierung von nicht-theoretischen Begriffen und theoretischen Begriffen. Insbesondere zur Beschreibung von begrifflichen Entwicklungsprozessen ist, wie unser untenstehendes Fallbeispiel zeigen kann (vgl. 3. Abschnitt in diesem Artikel), diese analytische Unterscheidung nützlich. (Tab. 2)

(III) a) Folgerungen (*innerhalb*)

- Das Konzept kann dazu genutzt werden mathematische Entwicklungsprozesse von Wissen bzw. von Begriffen von Schüler*innen zu beschreiben.
- Es erlaubt zu beschreiben, ob Schüler*innen über theoretische Begriffe verfügen.
- Herausforderungen lassen sich insbesondere auf begrifflicher Ebene beim Erwerb theoretischer Begriffe beschreiben und erklären.
- Es ist zu erkennen, ob die Schüler*innen über eine naiv-empirische oder eine tragfähige empirische Auffassung von Mathematik verfügen (Schoenfeld, 1985).

(III) b) Folgerungen (*über*)

An dieser Stelle wollen wir zwei Thesen formulieren, die sich für das didaktische Konzept der empirischen Theorien und dem damit verbundenen Beschreiben erfahrungswissenschaftlichen Wissens in empirischen Kontexten folgern lassen.

- Es handelt sich um ein wissenschaftstheoretisch-deskriptives Konzept.

Empirische Theorien stellen eine bekannte wissenschaftstheoretische Möglichkeit dar, Wissensentwicklungsprozesse zu beschreiben (Stegmüller, 1986). Dieser wissenschaftstheoretische Ansatz ist grundsätzlich deskriptiv, kann aber, didaktisch gewendet (Pielsticker, 2020), zur Planung und Strukturierung von Mathematikunterricht genutzt werden.

- „Lernen" bedeutet danach: Aufbau von empirischen Theorien über (unterschiedliche) Phänomenbereiche und die Vernetzung dieser. Schüler*innen erwerben neue empirische Theorien, um einen neuen Phänomenbereich zu erschließen.

Zur Verdeutlichung der beiden dargestellten didaktischen Konzepte (Modellieren und empirische Theorien) zur Beschreibung der Entwicklung mathematischen Wissens in empirischen Kontexten folgt die exemplarische Besprechung eines Fallbeispiels.

3 Fallbeispiel der „manipulierten Spielwürfel" in schulischer Wahrscheinlichkeitsrechnung

Bevor wir im Weiteren in 3.1. und 3.2. die in Abschn. 2 formulierten theoretischen Einsichten am Beispiel verdeutlichen wollen, folgt nun zunächst eine kurze Einführung in den Situationskontext (Abb. 4):

Das betrachtete Fallbeispiel ist eine Unterrichtssituation einer 8. Klasse zum Thema Wahrscheinlichkeitsrechnung. Die Schüler*innen der untersuchten 8. Klasse einer Sekundarschule in NRW hatten den Auftrag, in Zweierteams innerhalb einer Spielsituation „The evil One" (Abb. 5) jeweils einen manipulierten

Abb. 4 Manipulierte Spielwürfel der untersuchten 8. Klasse. (Pielsticker, 2020)

> **The evil One**
> Spielanleitung: Jede Spielerin und jeder Spieler erhält einen Würfel und darf in einer Runde
> fünfmal hintereinander würfeln.
> Am Ende einer Runde addiert jeder seine Augenzahlen – aber Achtung:
> Wer in der Runde eine Eins (Die böse Eins, The evil ONE) geworfen hat, bekommt für diese
> Runde Null Punkte. Nach jeder Runde wird der gesamte Punktestand aktualisiert. Wer zuerst
> insgesamt 100 Punkte erreicht, gewinnt.

Abb. 5 Spiel „The evil One". (Pielsticker, 2019, S. 6)

Spielwürfel zu entwickeln, der die Gewinnchance im Spiel „The evil One" erhöhen
würde (für einen detaillierten Eindruck zur gesamten Lernumgebung vgl. die
„MatheWelt. Spiel mit selbstgedruckten Würfeln", Pielsticker, 2019). Für die in
diesem Fallbeispiel genutzten Daten siehe Pielsticker (2020). Mithilfe der
3D-Druck-Technologie war es den Zweierteams möglich, jeweils selbstständig
einen (hinsichtlich Form, Bezeichnung oder Gewichtsverteilung manipulierten)
Spielwürfel zunächst mithilfe eines CAD-Programms zu entwickeln und anschließend mit dem 3D-Drucker herzustellen. Auf diese Weise entstanden unterschiedliche manipulierte Spielwürfel.

Einige Zweierteams manipulierten die Spielwürfel durch das Einplanen von
Gewichten in Form unterschiedlicher geometrischer Körper im Innern. Andere
Zweierteams veränderten den klassischen sechsseitigen Spielwürfel durch eine
Veränderung der bekannten Zahlendarstellung. Ein Zweierteam druckte als Spiel-
würfel den geometrischen Körper des Ikosaeders. Mit der Spielsituation im Unter-
richt war schließlich auch die Aufgabe verbunden, den „Besten" (im Sinne des
Gewinnausgangs des Spiels) Spielwürfel zu küren.[3]

Ein Zweierteam, bestehend aus den Schülern Jan und Chris (Namen geändert)
werden wir nachfolgend im Detail beschreiben. Die beiden Schüler haben sich in
den letzten beiden Unterrichtsstunden der Einheit um die Konstruktion ihres manipulierten Spielwürfels bemüht. Die Ideen von Jan und Chris zur oben skizzierten
Unterrichtseinheit findet sich auf dem Arbeitsblatt „Spieleentwickler" (Abb. 6). Zu
der Unterrichtseinheit gehört neben dem Arbeitsblatt „Spieleentwickler" auch das
Blatt „Spieletester". Für die Analyse unseres Fallbeispiels nutzen wir das von Jan
bearbeitete „Spieletester"-Arbeitsblatt (Abb. 7).

---

[3] Auffällig war, dass keiner der Schüler*innen einen Würfel ohne „1" konstruierte. Nach-
befragungen ergaben, dass dieser dann nicht als „echter" Spielwürfel gegolten hätte. Hier
zeigt sich, dass der Begriff des unmöglichen Ereignisses für Schüler*innen eine besondere
erkenntnistheoretische Hürde in der Wahrscheinlichkeitsrechnung darstellt (Pielsticker, 2020).

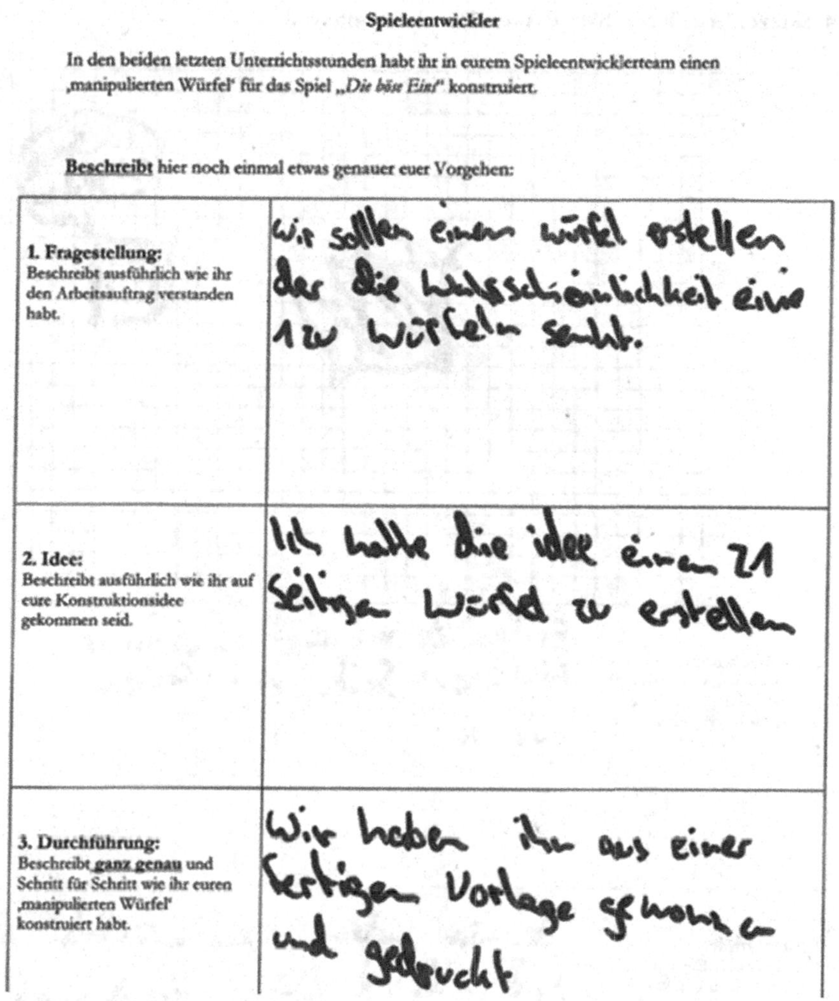

Spieleentwickler

In den beiden letzten Unterrichtsstunden habt ihr in eurem Spieleentwicklerteam einen ‚manipulierten Würfel' für das Spiel „*Die böse Eins*" konstruiert.

Beschreibt hier noch einmal etwas genauer euer Vorgehen:

1. Fragestellung: Beschreibt ausführlich wie ihr den Arbeitsauftrag verstanden habt.	wir sollen einen würfel erstellen der die Wahrscheinlichkeit eine 1 zu würfeln senkt.
2. Idee: Beschreibt ausführlich wie ihr auf eure Konstruktionsidee gekommen seid.	Ich hatte die idee einen 21 Seitigen Würfel zu erstellen
3. Durchführung: Beschreibt **ganz genau** und Schritt für Schritt wie ihr euren ‚manipulierten Würfel' konstruiert habt.	Wir haben ihn aus einer fertigen Vorlage genommen und gedruckt

Abb. 6 „Spieleentwickler" von Jan und Chris

4. Skizze: Erstellt eine Skizze eures Würfels im unteren Feld.

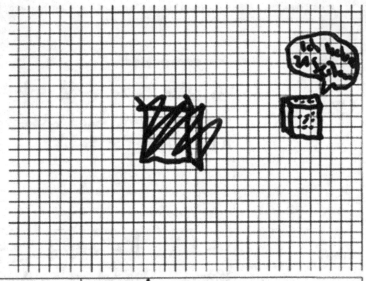

5. Beobachtungen: Beschreibt hier, was Euch alles aufgefallen ist. (Auch kleine Dinge, das ist sehr wichtig für uns!)	Es landet immer auf einer anderen Seite nur selten auf 1
6. Ergebnisse: Haltet hier eure Ergebnisse möglichst genau fest. Was habt ihr in den zwei Stunden geschafft?	Ja wir haben den würfel gedruckt und selber konstruiert

Abb. 6 (Fortsetzung)

7. Herausforderungen: Was ist euch schwer gefallen? Was würde Euch beim nächsten Mal helfen?	Die einzelnen Zahlen zu konstruieren
8. Fachliches: Beschreibt was ihr gelernt habt, worum ging es mathematisch?	Wir haben um Thema Daten & Zufall gelernt wie man wahrscheinlichkeiten bestimmt

Abb. 6 (Fortsetzung)

Spieletester

Arbeitsauftrag 2

Überprüft in eurem Spielentwicklerteam, ob der von euch manipulierte Würfel geeignet ist.

Führt dazu die drei Versuchsreihen durch und notiert eure Ergebnisse in der dafür vorgesehenen Tabelle im Testbericht.

Trefft eine begründete Entscheidung für die Eignung eures Würfels.

Testbericht Teil I (Versuchsreihe)

Anzahl der Würfe	Anzahl						Anzahl	Geeignet?
	1	2	3	4	5	6		
3							II	
8			I	I		I	IIII	
15	III	I	I			I	IIII	

Abb. 7 Ausschnitt des Arbeitsblattes „Spieletester" des Schülers Jan

Diese Schülerdokumente werden wir zunächst mithilfe des didaktischen Konzepts des Modellierens und im Anschluss vor dem Hintergrund des didaktischen Konzepts der empirischen Theorien analysieren. Als Grundlage dazu dient uns der jeweilige Abschnitt (II) Beschreibung aus Absatz 2.1 und 2.2 dieses Artikels.

Das Fallbeispiel vor dem Hintergrund des didaktischen Konzepts des Modellierens bzw. des Modellierungskreislaufs

Die im Fallbeispiel betrachtete Aufgabe lautete einen Würfel zu erstellen, der die Gewinnchance für den gegebenen Spielkontext erhöht. Implizites Ziel war der Aufbau von Zugängen zum Wahrscheinlichkeitsbegriff.

(I) Voraussetzungen

Das didaktische Konzept des Modellierens kann zur Analyse der Schülerdokumente „Spieleentwickler" und „Spieletester" genutzt werden, da es sich entsprechend der Voraussetzungen (I) um eine geeignete Situation handelt, die substanzielle Modellierungen anregen kann. Die Prämisse einer Trennung von Realität [Rest der Welt] und Mathematik ist dadurch gegeben, dass es sich einmal um eine Spielsituation handelt, ein Problem der Realität, das in die Mathematik übersetzt werden kann. Dann kann mit mathematischen Methoden, z. B. dem Bestimmen von Häufigkeiten daran gearbeitet werden und eine kritisch überprüfte mathematische Lösung zu der Frage, ob der eigens hergestellte Spielwürfel nun geeignet ist, zu erarbeiten, um dies wieder auf das reale Problem zu übertragen.

Da die gestellte Aufgabe für die beiden Schüler authentisch ist, kann das didaktische Konzept des Modellierens zur Analyse verwendet werden. Der außermathematische Kontext, die Spielsituation zu „The evil One" ist für die Schüler*innen glaubwürdig. Auch die anzuwendende Mathematik – Bestimmung von absoluten und relativen Häufigkeiten oder die Berechnung von Wahrscheinlichkeiten im Sinne von Laplace – ist als authentisches Mathematiktreiben zu bewerten. Zum anderen ist der Aspekt der Relevanz dadurch gegeben, dass die Spielsituation für die Zweierteams eine Bedeutung gewann. Durch die in der Unterrichtssituation integrierte Aufgabe, verbunden mit der Frage, welches der Zweierteams nun den „besten" Spielwürfel erstellt hat, um sich in dem Spiel „The evil One" einen Vorteil zu verschaffen, wurde die Problemstellung zum manipulierten Spielwürfel für die Schüler*innen der untersuchten 8. Klasse relevant. So relevant, dass einige Schüler*innen das Spiel in der Schulpause und zu Hause weiterspielten.

(II) Beschreibung

Mithilfe der Teilkompetenzen (vgl. Tab. 1) und Zwischenschritte beschreiben wir die Schülerdokumente „Spieleentwickler" und „Spieletester" (Abb. 6 und 7).

Unter die Teilkompetenz „verstehen" fällt beispielsweise das Konstruieren eines eigenen mentalen Modells zur gegebenen Problemstellung, nämlich der Erstellung eines Spielwürfels, „der die Wahrscheinlichkeit eine 1 zu würfeln senkt" (Schülernotiz, Abb. 8). Weiterhin kann die Idee der Schüler: „Ich hatte die Idee einen 21-seitigen Würfel zu erstellen" und dass sie diesen aus „einer fertigen Vorlage" (Schülernotiz, Abb. 8) aus dem Programm Tinkercad™ gewonnen haben, als vereinfachen/ strukturieren beschrieben werden, da die Schüler Jan und Chris damit wichtige von unwichtigen Informationen trennen. Als Realmodell kann die Skizze der beiden Schüler mit dem Kommentar „ich habe 21 Seiten" (Schülernotiz, Abb. 8)[4] gesehen werden, welches dann entsprechend des didaktischen Konzepts mathematisiert bzw. in die Mathematik übersetzt wird. Anschließend wird der manipulierte Spielwürfel im Programm konstruiert und auch mithilfe des 3D-Druckers gedruckt. Die beiden Schüler nutzen nun ihren manipulierten Spielwürfel, um Häufigkeiten zu bestimmen (Häufigkeitstabellen) und weitere mathematische Aussagen zu treffen, z. B.: „Er landet immer auf einer anderen Seite nur selten auf 1" (Schülernotiz, Abb. 8). Damit haben Jan und Chris den Spielwürfel – beschreibbar als das reale Resultat – für die Bestimmung von Häufigkeiten im Bereich Wahrscheinlichkeitsrechnung – beschreibbar als ein mathematisches Arbeiten – genutzt. Mithilfe der Bestimmung von absoluten und relativen Häufigkeiten, wodurch die Schüler die Aussage „Er landet immer auf einer anderen Seite nur selten auf 1" (Schülernotiz, Abb. 8) überhaupt erst treffen können, testen sie gleichzeitig bereits ihren hergestellten Spielwürfel – das reale Resultat in Bezug auf das Situationsmodell („Wir sollen einen Würfel erstellen, der die Wahrscheinlichkeit eine 1 zu würfeln senkt"). Dies könnte im Sinne des didaktischen Modellierens mit „validieren" beschrieben werden.

(III) a) Folgerungen (*innerhalb*)

Welche Folgerungen lassen sich nun aus diesem Beschreibungsprozess ziehen?

Die beiden Schüler verstehen die Problemstellung und entwickeln ein Realmodell, welches sie anschließend in die Mathematikwelt übersetzen und ein mathematisches Modell entwickeln. Die Schüler können Häufigkeiten bestimmen und arbeiten auf diese Weise mathematisch mit dem realen Resultat – der von ihnen erstellte Spielwürfel. Sie treffen dann mathematische Aussagen, wie: „Er landet immer auf einer anderen Seite nur selten auf 1" (Schülernotiz, Abb. 8), inter-

---

[4] Da kein (platonischer) Körper mit 21 Seiten existiert, konstruieren die Schüler schließlich tatsächlich einen 20-seitigen Spielwürfel (Abb. 10).

Kommentar	Code	Segment
Informationen zu Inhaltsbereichen der Unterrichtseinheit bzw. an welcher Stelle der Unterrichtseinheit die SuS sich befinden.	Info	**Spieleentwickler** In den beiden letzten Unterrichtsstunden habt ihr in eurem Spieleentwicklerteam einen „manipulierten Würfel" für das Spiel „Die böse Eins" konstruiert.
Gibt an welche Aufgabe die SuS haben.	Aufgabenstellung	**Beschreibt** hier noch einmal etwas genauer euer Vorgehen:
Die SuS konstruieren ein eigenes mentales Modell zu einer gegebenen Problemsituation und verstehen so die Fragestellung.	Verstehen	1. Fragestellung: Beschreibe ausführlich wie ihr den Arbeitsauftrag verstanden habt. *(handschriftlich)* Wir sollen einen Würfel erstellen das die Wahrscheinlichkeit eine 1 zu Würfeln sehr …
Die SuS trennen wichtige und unwichtige Informationen einer Realsituation.	Vereinfachen/ Strukturieren	2. Idee: Beschreibe ausführlich wie ihr auf eure Konstruktionsidee gekommen seid. *(handschriftlich)* Ich hatte die Idee einen 21 seitigen Würfel zu erstellen
		3. Durchführung: Beschreibe ganz genau und Schritt für Schritt wie ihr euren „manipulierten Würfel" konstruiert habt. *(handschriftlich)* Wir haben 3x aus einer fertigen Vorlage genomen und gedruckt
Die SuS übersetzen geeignete vereinfachte Realsituationen in mathematische Modelle (z.B. Term, Gleichung, Figur, Diagramm, Funktion).	Mathematisieren	4. Skizze: Erstelle eine Skizze eures Würfels im unteren Feld. 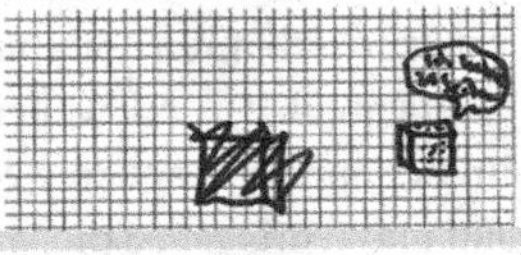 *(Skizze auf kariertem Papier)*
Die SuS arbeiten mit dem mathematischen Modell.	Mathematisch arbeiten	**Spieletester** *(Arbeitsauftrag 2 und Testbericht Teil 1 (Versuchsreihe) Tabelle)*
Die SuS überprüfen die realen Resultate im Situationsmodell auf Angemessenheit. Die SuS vergleichen und bewerten verschiedene mathematische Modell für eine Realsituation.	Validieren	5. Beobachtungen: Beschreibe hier, was Euch alles aufgefallen ist. (Auch kleine Dinge, das ist sehr wichtig für uns) *(handschriftlich)* Es landet immer auf einer anderen Seite nur selten auf 1
		6. Ergebnisse: Habt ihr eure Ergebnisse erreicht genau wie ihr die in den zwei Stunden geschafft? *(handschriftlich)* Ja wir haben den Würfel gedruckt und selber konstruiert
		7. Herausforderungen: Was ist euch schwer gefallen? Was würde Euch beim nächsten Mal helfen? *(handschriftlich)* Die einzelen Zahlen zu konstruieren
Die SuS beziehen die im Situationsmodell gefundenen Antworten auf die Realsituation und beantworten so die Fragestellung.	Vermitteln	8. Fachliches: Beschreibe was ihr gelernt habt, worum ging es mathematisch? *(handschriftlich)* Wir haben um Thema Daten & Zufall gelernt wie man wahrscheinlichkeit bestimmt

Abb. 8 Beschreibung mithilfe des didaktischen Konzepts des Modellierens

pretieren diese, um aufgrund der mathematischen Resultate ihre realen Resultate zu validieren. Scheinbar war es für die beiden Schüler herausfordernd die Zahlen zu konstruieren (Abb. 8). Mit der Schüleraussage „Er landet immer auf einer anderen Seite nur selten auf 1" (Schülernotiz, Abb. 8), kann festgehalten werden, dass für Jan und Chris die Aufgabe erfüllt ist und sie die Problemstellung erfolgreich beantwortet haben. Sie haben einen manipulierten Spielwürfel für die Realsituation erstellt.

(III) b) Folgerungen (*über*)

An dieser Stelle wollen wir auch Folgerungen für das didaktische Konzept des Modellierens auf Grund unserer Ausarbeitungen zum Fallbeispiel festhalten.

Es zeigt sich, dass die Problemstellung in Form der Spielsituation „The evil One", als Realsituation beschrieben werden kann. Auch ein Verstehen und damit die Erstellung eines Situationsmodells und ein Vereinfachen/Strukturieren in ein Realmodell können wir beschreiben. Die beiden Schüler konstruieren und drucken anschließend ihren manipulierten Spielwürfel. An dieser Stelle kommt es zu einem Bruch. Entscheiden wir, dass wir den Konstruktionsprozess zum Spielwürfel als mathematisches Modell beschreiben (Abb. 9) ist nun die Frage, wie das mathemati-

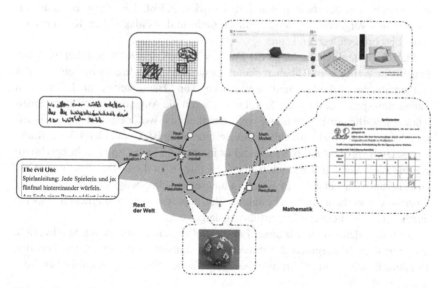

Abb. 9 Beschreibung mithilfe des didaktischen Konzepts des Modellierens

sche Arbeiten und die mathematischen Resultate beschrieben werden können, denn die beiden Schüler möchten mithilfe ihres hergestellten manipulierten Spielwürfels Aussagen über die Gewinnchance im Spiel treffen. Die beiden Schüler nutzen ihren Spielwürfel, um Häufigkeiten zu bestimmen (Häufigkeitstabelle, vgl. „Spieletester" Abb. 7) und Aussagen (bspw. „Er landet immer auf einer anderen Seite nur selten auf 1") diesbezüglich zu treffen. In unserer Beschreibung spielt dann das reale Resultat – Spielwürfel – beim mathematischen Arbeiten und zum Erhalt mathematischer Resultate eine Rolle. Auch Kaiser et al. (2015) stellen einen solchen Aspekt in der Beschreibung des Modellierungsprozesses heraus, wenn festgehalten wird, dass

„die Unterscheidung zwischen realem und mathematischem Modell nicht immer eindeutig [ist], da die Prozesse der Entwicklung eines realen Modells und eines mathematischen Modells miteinander verflochten sind, unter anderem weil das entwickelte reale Modell abhängt vom mathematischen Wissen des Modellierers bzw. der Modelliererin" (S. 364)

Eine klare analytische Trennung zwischen Mathematik und Realität erscheint hier tatsächlich problematisch. Im Prozess hängen die geometrischen Fragen und die Fragen die Wahrscheinlichkeit (Gewinnchance) betreffen voneinander ab. Die zwei mathematischen Prozesse geschehen parallel in Abhängigkeit voneinander und werden von den beiden Schülern integriert gelöst. Die Frage ist dann, inwiefern das Vorgehen der Schüler*innen mithilfe des didaktischen Konzepts adäquat beschrieben werden kann.

Für die beiden Schüler hängt die Frage, wie der Spielwürfel gestaltet wird, mit Fragen zur Wahrscheinlichkeitsrechnung zusammen. Gleichzeitig bezieht sich das mathematische Arbeiten und Bestimmen von Häufigkeiten auch auf den Validierungsprozess, denn die Schüler validieren die Angemessenheit ihres Spielwürfels mithilfe der Bestimmung von Häufigkeiten – wofür ein mehrfacher Wurfprozess mit dem Spielwürfel als reales Resultat nötig ist. Damit bleibt der 2. Rück-Übersetzungsprozess (Abb. 9) aus und ist in unserem Fallbeispiel nicht beschreibbar und nicht deutbar. Die analytische Trennung ist an dieser Stelle nicht aufrecht zu erhalten. Hier entsteht ein Bruch in unserer Beschreibung. In Abb. 9 wird der Prozess verdeutlicht und insbesondere die angesprochenen fraglichen Aspekte durch eine unterbrochene Linienführung dargestellt.

Im Folgenden wollen wir unser Fallbeispiel zu den manipulierten Spielwürfeln auch vor dem Hintergrund des didaktischen Konzepts der empirischen Theorien und dem Beschreiben erfahrungswissenschaftlichen Wissens in empirischen Kontexten darstellen.

Das Fallbeispiel vor dem Hintergrund des didaktischen Konzepts der empirischen Theorien

Auf unser Fallbeispiel lässt sich auch mithilfe der empirischen (Schüler-)Theorien schauen. Dafür werden wir die Dokumente „Spieleentwickler" (Abb. 6) und „Spieletester" (Abb. 7) betrachten und mithilfe unseres didaktischen Konzepts die Schülertheorien beschreiben. Der Fokus liegt dabei auf der Beschreibung der kognitiven Ebene, weshalb wir den Schwerpunkt unserer Beschreibung auf die Objekte und die von den beiden Schülern Jan und Chris daran ausgeführten Handlungen setzen.

(I) Voraussetzungen

Die Daten der Schülerdokumente „Spieleentwickler" (Abb. 6) und „Spieletester" (Abb. 7), liegen in beschreibbarer Form vor und können entsprechend der Voraussetzungen für die Analyse mithilfe des didaktischen Konzepts der empirischen Theorien rekonstruiert werden. Für unsere Beschreibung mithilfe der Fachtermini gehen wir weiterhin von einer integrierten Sicht in Bezug auf (Schul-)Mathematik und Realität aus. Auch setzen wir für die Schüler Jan und Chris (in Kenntnis des bipolaren Modells mathematischer Auffassungen (Abb. 3)) eine empirisch-gegenständliche Auffassung voraus, da die Schüler in der hier dargestellten Lehr-Lern-Situation in empirischen Kontexten agieren und ihren Wahrscheinlichkeitsbegriff an das empirische (Referenz-)Objekt des 20-seitigen manipulierten Spielwürfels (Abb. 10) binden und daran auch dessen Bedeutung für die schuli-

Abb. 10 Manipulierter 20-seitiger
Spielwürfel von Jan und Chris

sche Wahrscheinlichkeitsrechnung entwickeln. Damit können wir in Bezug auf Bauersfeld (1983, 1985) von einer Bereichsspezifität in Bezug auf das Schülerwissen ausgehen.

(II) Beschreibung

Mithilfe der Fachtermini können wir das Schülerdokument im Sinne des didaktischen Konzepts empirischer Theorien zur Beschreibung (mathematischen) Schülerwissens in empirischen Kontexten wie in Abb. 13 darstellen. Die intendierten Anwendungen können dabei beschrieben werden, als die manipulierten Spielwürfel zur Bestimmung der Wahrscheinlichkeiten.

Dabei fungiert der 20-seitige manipulierte Spielwürfel der Schüler Jan und Chris vor allem auch als paradigmatisches Beispiel für Anwendungen der Theorie. Das Objekt, an dem bestimmte Handlungen ausgeführt werden und ein mathematisches Wissen (weiter-)entwickelt wird, ist somit der 20-seitige Spielwürfel (Abb. 10). Für Jan und Chris handelt es sich um *das* Beispiel für die Wahrscheinlichkeitsrechnung in ihrem Schulunterricht. Dabei steht das paradigmatische Beispiel gleichzeitig für verschiedene weitere intendierte Anwendungen (bspw. der Münzwurf oder das Werfen einer Heftzwecke, die in dem Fallbeispiel nicht vorkommen, aber im weiteren Unterricht), die hinreichend ähnlich sind. Handlungen, die die beiden Schüler an dem Objekt – Spielwürfel – ausführen, sind das „Werfen" des Spielwürfels zum Zweck der Erstellung einer Häufigkeitstabelle und um Aussagen zur Wahrscheinlichkeit treffen zu können.

Besonders interessant ist für uns in diesem Zusammenhang der Dualismus von theoretischen und nicht-theoretischen Begriffen. Die Begriffe „Würfel" und „Zahlen" können wir an dieser Stelle als nicht-theoretisch beschreiben, in dem Sinne, dass diese eindeutige Referenzobjekte für die beiden Schüler besitzen. Mit „Würfel" referenzieren Jan und Chris auf ihren erstellten 20-seitigen manipulierten Spielwürfel (Abb. 10), den sie aus einer Vorlage ihres genutzten CAD-Programms (Tinkercad) gewonnen haben (Abb. 11).

Unter „Zahlen" bzw. „Zahlen konstruiert" verstehen die beiden Schüler die im CAD-Programm Tinkercad konstruierten Ziffern und anschließend 3D-gedruckten Zahlen, auf den Seitenflächen ihres Spielwürfels (1, …, 20) (Abb. 11 und 12).

Als theoretisch wird in den Arbeiten von Burscheid und Struve (2020) der Begriff der „Wahrscheinlichkeit" beschrieben. Das legt nahe, dass auch die Schüler*innen den Wahrscheinlichkeitsbegriff als theoretisch auffassen würden. Dabei ist für uns interessant wie Jan und Chris in ihren Schülerdokumenten den Begriff der Wahrscheinlichkeit verwenden und für diesen in ihrer (empirischen) Wahrscheinlichkeitstheorie eine Bedeutung entwickeln. Wie bereits in weiteren Studien beschrieben (Pielsticker, 2020), können theoretische Begriffe und insbesondere

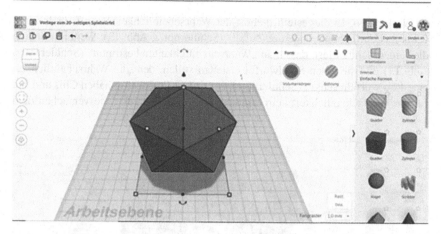

Abb. 11 Vorlage des manipulierter 20-seitigen Spielwürfels von Jan und Chris im Programm Tinkercad

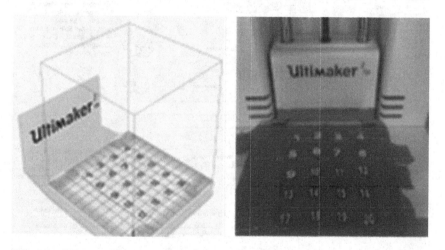

Abb. 12 „Zahlen" für den 20-seitigen Spielwürfel von Jan und Chris im 3D-Drucker

auch der Wahrscheinlichkeitsbegriff mögliche Hürden in Lehr-Lern-Prozessen von Schüler*innen im Unterricht darstellen. Theoretische Begriffe als epistemologische Hürden (Sierpinska, 1992) liegen in der Natur der Sache und bedürfen einer besonderen Aufmerksamkeit und Vor- bzw. Nachbereitung durch die Lehrperson im Unterricht.

Wie in Abb. 13 dargestellt, gehört der Wahrscheinlichkeitsbegriff für Jan und Chris zu dem „Thema Daten & Zufall" (Schülernotiz, Abb. 13). Weiterhin halten die beiden Schüler fest, dass man „Wahrscheinlichkeiten bestimmt" (Schülernotiz, Abb. 13) und sie einen Spielwürfel erstellen sollen, der „die Wahrscheinlichkeit eine 1 zu würfeln senkt" (Schülernotiz, Abb. 13). Gleichzeitig haben Chis und Jan für die Wahrscheinlichkeit kein empirisches Referenzobjekt. Sie versuchen dem

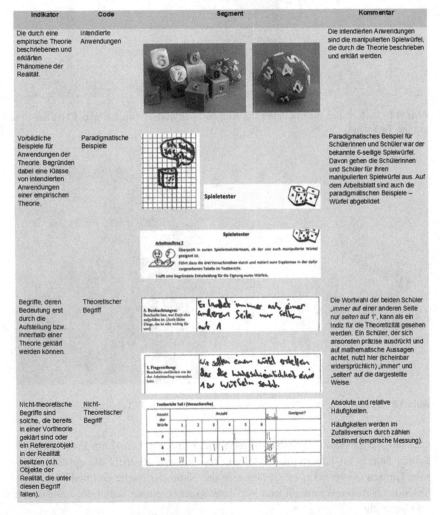

Abb. 13 Beschreibung mithilfe des didaktischen Konzepts empirischer (Schüler-)Theorien

Wahrscheinlichkeitsbegriff über absolute und eventuell relative Häufigkeiten – Häufigkeitstabelle (Abb. 7) – eine Bedeutung zuzuweisen („Er landet immer auf einer anderen Seite nur selten auf 1", Schülernotiz, Abb. 13). Dabei ist die von den Schülern gewählte Formulierung „immer auf einer anderen Seite" und „selten auf 1" besonders interessant. Die beiden Schüler haben ihren Spielwürfel getestet (Dokument „Spieletester", Abb. 7) und eine Häufigkeitstabelle erstellt, worin sie die absoluten Häufigkeiten festgehalten haben.

Da sich Jan und Chris aber scheinbar nicht sicher sind, ob das Ergebnis 1 nicht doch nach einer höheren Wurfanzahl (nach 100 Würfen, nach 1000 Würfen, etc.) fällt, wählen sie die Formulierung „selten auf 1" (Schülernotiz, Abb. 13). Auf lange Sicht sind die beiden Schüler somit unsicher bzgl. des Ergebnisses 1. In dem Schulbuch der beiden Schüler ist die Idee „auf lange Sicht" mit dem empirischen Gesetz der großen Zahlen verbunden, wonach die relative Häufigkeit $h_n(A)$ eines Ergebnisses A bei n Versuchen, dass z. B. das Ergebnis des Werfens eines Spielwürfels sein kann, für n gegen die Anzahl, gegen dessen Wahrscheinlichkeit $P(A)$ konvergiert: $\lim\limits_{n \to \infty} h_n(A) = P(A)$. Dabei ist $h_n(A)$ die relative Häufigkeit, die sich aus dem Quotient Anzahl der Versuchsergebnisse und Anzahl n dieser Versuche ergibt. Dabei muss beachtet werden, dass die Versuchsreihen, die im Unterricht durchgeführt werden, nicht unendlich lang sind (und auch nicht sein können) und es nur der „wahrscheinliche" Fall ist, dass die relative Häufigkeit der auftretenden Ereignisse gegen ihre Wahrscheinlichkeit konvergiert – die relative Häufigkeit konvergiert im Maß gegen die Wahrscheinlichkeit:

$$P^N\left[\lim\limits_{n \to \infty} h_n(A) = P(A)\right] = 1.$$

Das empirische Gesetz der großen Zahlen ist mathematisch gesehen nicht korrekt: Die relative Häufigkeit eines Ereignisses A konvergiert nur „wahrscheinlich" gegen dessen Wahrscheinlichkeit.[5]

Somit ist das Gesetz der großen Zahlen eine Aussage, die für Schüler*innen eine epistemologische Hürde im Unterricht zur Wahrscheinlichkeitsrechnung darstellt. Die Schüler Jan und Chris haben für den Wahrscheinlichkeitsbegriff kein reales Referenzobjekt und geben diesem Begriff Bedeutung über Beziehungen, d. h. Häufigkeiten, wobei sie festhalten, dass ihr erstellter Spielwürfel „immer auf einer anderen Seite und nur selten auf 1" (Schülernotiz, Abb. 13) fällt.

---

[5] Das empirische Gesetz der großen Zahlen stellt in der geschilderten Form eine Elementarisierung für den Mathematikunterricht dar, die sich einer analytischen Trennung in „Mathematik" und „Realität" grundsätzlich entzieht: Es ist eine Aussage über die Realität, die sich nicht im mathematischen Modell herleiten lässt.

(III) a) Folgerung (*innerhalb*)

Als Folgerungen, die sich innerhalb des didaktischen Konzepts für den betrachteten empirischen Kontext ergeben, wollen wir an dieser Stelle festhalten, dass die beiden Schüler ihr mathematisches Wissen mithilfe des Objekts – 20-seitiger Spielwürfel – erwerben und mit den daran ausgeführten Handlungen – „Werfen" des Spielwürfels zur Erstellung einer Häufigkeitstabelle – mathematische Aussagen treffen, sowie ihren Wahrscheinlichkeitsbegriff (weiter-)entwickeln. Dabei hat es den Anschein, als würden Jan und Chris ihre empirische Schülertheorie über Wahrscheinlichkeiten über den Phänomenbereich der manipulierten Spielwürfel erwerben/erweitern. Als (epistemologische) Hürde kann dabei der Wahrscheinlichkeitsbegriff – beschreibbar als theoretischer Begriff bzgl. der empirischen Wahrscheinlichkeitstheorie der beiden Schüler – ausgemacht werden. Insbesondere im Zusammenhang mit dem von uns zuvor beschriebenen Aspekt „auf lange Sicht" (Gesetz der großen Zahlen) im Schulbuch der beiden Schüler – entstehen für Jan und Chris Herausforderungen bzw. Unsicherheiten, sodass sie scheinbar widersprüchlich (wohl theoretischen Überlegungen s. o. folgend) festhalten: „Er landet *immer* auf einer anderen Seite nur *selten* auf 1" (Schülernotiz, Abb. 13, H.d.V.).

Dieses Fallbeispiel legt damit nahe, dass die beiden Schüler über eine empirische Auffassung von Mathematik verfügen, da sie nicht allein auf eine theoretische Überlegung aus der Betrachtung des Spielwürfels vertrauen, sondern ihre Hypothese mithilfe eines Experiments zur Bestimmung von Häufigkeiten überprüfen, auf diese Weise absichern und schließlich damit zu erklären suchen.

Des Weiteren möchten wir für die mathematikdidaktische Analyse bzw. das didaktische Konzept der empirischen Theorien folgende Punkte mit Bezug zu unserem Fallbeispiel hervorheben.

(III) b) Folgerung (*über*)

Es zeigt sich, dass wir mithilfe des didaktischen Konzepts der empirischen Theorien und dem damit verbundenen Beschreiben erfahrungswissenschaftlichen Wissens in empirischen Kontexten folgern können, dass die theoretische Annahme „auf lange Sicht" in Bezugnahme auf den Umgang mit relativen Häufigkeiten und der theoretische Begriff der Wahrscheinlichkeit im Schulunterricht zur Wahrscheinlichkeitsrechnung eine Herausforderung darstellen kann. Lehrer*innen sollten für den Umgang mit diesen Hürden, die in der Natur der Sache liegen (Sierpinska, 1992), in Lehr-Lern-Prozessen zur Wahrscheinlichkeitsrechnung sensibilisiert sein. Weiterhin zeigt sich deutlich, dass die betrachteten Schüler ihr (mathematisches) Wissen in Auseinandersetzung mit ihrer Umwelt konstituieren und sich dabei verhalten, als würden sie entsprechend ihrer individuellen empirischen Theorien handeln (bzw. wir beschreiben dies auf diese Weise). Die Schüler erwerben bzw. entwickeln ihre empirische Theorie über die Objekte (im Fallbeispiel u. a. der Spielwürfel), um den Phänomenbereich zur Wahrscheinlichkeitsrechnung zu erschließen.

Diese Folgerungen können wir ziehen, da wir mithilfe unseres wissenschaftlichen Beschreibungskonzepts insbesondere auf die Begriffsentwicklungsprozesse schauen können.

4 Modellieren – Empirische Theorien: vergleichende Aspekte

Nachdem in den vorherigen Abschnitten jeweils die Voraussetzungen, die Beschreibungen und die Folgerungen der didaktischen Konzepte des Modellierens und der empirischen Theorien in den Blick genommen wurden und eine exemplarische Diskussion an einem Fallbeispiel dargestellt wurde, ist es in diesem Abschnitt Ziel dadurch informiert, charakteristische Merkmale, Strukturgleichheiten und -unterschiede sowie Herausforderungen und Grenzen des jeweiligen didaktischen Konzepts prägnant zusammengefasst der didaktischen Diskussion zuzuführen. Dazu dient im Folgenden eine tabellarische Zusammenfassung (Tab. 3).

Tab. 3 Vergleich der didaktischen (Erkenntnis-)Ansätze des Modellierens und der empirischen Theorien

Modellieren	Empirische Theorien
Der Zugang bietet eine sehr zugängliche Beschreibungsmöglichkeit sowohl für Lehrer*innen als auch für Schüler*innen	Der Zugang ist theoretisch anspruchsvoll und bietet die Möglichkeit Wissensentwicklung sehr präzise zu beschreiben
Zentral ist die Beschreibung der Wahl adäquater Mathematik in Lehr-Lern-Situationen	Zentral ist die Beschreibung von Begriffsentwicklungsprozess in Lehr-Lern-Situationen
Betrachtung von Übersetzungsprozessen. Mathematik wird als eine zusätzliche (abstrakte) Ebene gesehen. Es werden Symbole bewusst im abstrakten Sinne genutzt	Kontinuierlicher (bewusster) Bezug zu betrachteten Phänomenbereichen. Mathematische Theorien werden als naturwissenschaftliche Theorien aufgefasst, die dazu dienen, Realität zu beschreiben und zu erklären
Entstammt dem „Common Sense" angewandter Mathematik. Intersubjektiv geteiltes Erfahrungswissen der Community	Aus der Wissenschaftstheorie zur Klärung von Grundlagenfragen gewonnen und für die Didaktik gewendet
Ein Ansatz von Fachmathematikern – angewandte Mathematik (insbesondere mit Pollak, 1969). Angewandte Mathematik für physikalische und bspw. ökonomische Prozesse	Zur Beschreibung der Entwicklung der Mathematik bzw. von Erkenntnisprozessen. Zur Diagnose von Lehr-Lern-Prozessen
Ein trennendes (schematisches) „Handlungsmodell"	Ein integriertes (begriffliches) „Entwicklungsmodell"

5   Fazit und Ausblick

Eine Beschreibung der Entwicklung mathematischen Wissens in empirischen Kontexten mit dem didaktischen Konzept des Modellierens und mit dem didaktischen Konzept empirischer (Schüler-)Theorien wurde in den vorherigen Abschnitten dargestellt.

Es zeigt sich, dass sich ein Blick in den jeweils „andere" (Erkenntnis-)Ansatz nützlich für die eigenen Konzepte und das Beschreiben von Entwicklung mathematischen Wissens in empirischen Kontexten erweist. Wir hoffen, dass wir auf diese Weise neue Diskussionsimpulse geben konnten und eventuell weitere Fallbeispiele aus pluraler (theoretischer) Perspektive in den Blick genommen werden können.

Mit Wallwitz (2017) kann an dieser Stelle für Schulmathematik und der Beschreibung von Entwicklung mathematischen Wissens in empirischen Kontexten im Sinne beider didaktischer Konzepte festgehalten werden: „Interessant wird es dort, wo die Mathematik mit der Realität in Berührung kommt [...]. Ein sehr großer Teil der Mathematik ist aus der Beschäftigung mit konkreten Problemen entstanden und an dieser Nahtstelle zwischen Geist und Natur wird sie greifbar" (Wallwitz, 2017, S. 10). Oder wie Heinrich Winter beschreibt: „Die Mathematik mit ihrem hohen Grad an innerer Vernetzung, was interne Kontrolle ermöglicht, und ihren vielfältigen Beziehungen zur außermathematischen Realität weist einen unerschöpflichen Reichtum an Aufgaben unterschiedlichsten Anspruchs auf, so dass sich Chancen bieten, den Gebrauch des Verstandes zu trainieren, falls dabei die Reflexion auf die eigenen Tätigkeiten wesentlich und beständig mit einbezogen werden" (Winter, 1996, S. 38).

Literatur

Baack, W. (2014). *Mathematisches Modellieren in der Grundschule. Darstellung von Modellierungskompetenzen an ausgewählten realitätsbezogenen Aufgabenstellungen.* Bachelor + Master Publishing.

Balzer, W. (1982). *Empirische Theorien: Modelle – Strukturen – Beispiele. Die Grundzüge der modernen Wissenschaftstheorie.* Friedr. Vieweg & Sohn.

Balzer, W., Sneed, J. D., & Moulines, C. U. (Hrsg.). (2000). *Structuralist Knowledge Representation. Paramatic Examples.* Rodopi.

Bauersfeld, H. (1983). Subjektive Erfahrungsbereiche als Grundlage einer Interaktionstheorie des Mathematiklernens und -lehrens. In H. Bauersfeld (Hrsg.), *Lernen und Lehren von Mathematik* (S. 1–56). Aulis.

Bauersfeld, H. (1985). Ergebnisse und Probleme von Mikroanalysen mathematischen Unterrichts. In W. Dörfler & R. Fischer (Hrsg.), *Empirische Untersuchungen zum Lehren und Lernen von Mathematik* (S. 7–25). Hölder-Pichler-Tempsky.

Blum, W. (2006). Modellierungsaufgaben im Mathematikunterricht – Herausforderung für Schüler und Lehrer. In A. Büchter, H. Humenberger, S. Hußmann, & S. Prediger (Hrsg.), *Realitätsnaher Mathematikunterricht – vom Fach aus und für die Praxis. Festschrift für Hans-Wolfgang Henn zum 60. Geburtstag* (S. 8–23). Franzbecker.

Borromeo Ferri, R., Greefrath, G., & Kaiser, G (Hrsg.). (2013). *Realitätsbezüge im Mathematikunterricht. Mathematisches Modellieren für Schule und Hochschule: Theoretische und didaktische Hintergründe*. Springer Fachmedien. https://doi.org/10.1007/978-3-658-01580-0

Büchter, A., & Leuders, T. (2016). *Mathematikaufgaben selbst entwickeln. Lernen fördern – Leistung prüfen*. Cornelsen Scriptor.

Burscheid, H. J., & Struve, H. (2018). *Empirische Theorien im Kontext der Mathematikdidaktik*. Springer.

Burscheid, H. J., & Struve, H. (2020). *Mathematikdidaktik in Rekonstruktionen. Grundlegung von Unterrichtsinhalten*. Springer. https://doi.org/10.1007/978-3-658-29452-6

Greefrath, G., & Schukajlow, S. (2018). Wie Modellieren gelingt. *mathematik lehren, 207*, 2–9.

Greefrath, G., & Siller, H.-S. (2018). *Digitale Werkzeuge, Simulationen und mathematisches Modellieren. Didaktische Hintergründe und Erfahrungen aus der Praxis*. Springer.

Hefendehl-Hebeker, L. (2016). Mathematische Wissensbildung in Schule und Hochschule. In A. Hoppenbrock, R. Biehler, R. Hochmuth, & H.-G. Rück (Hrsg.), *Lehren und Lernen von Mathematik in der Studieneingangsphase* (S. 15–30). Springer.

Hempel, C. G. (1945). Geometry and empirical science. *American Mathematical Monthly, 52*, 7–17.

Hertleif, C. (2018). Wie groß ist die Etage? Dynamische Geometrie Software (DGS) als Hilfsmittel beim Modellieren nutzen. *mathematik lehren, 207*, 16–19.

Kaiser, F., Blum, W., Borromeo Ferri, R., & Greefrath, G. (2015). Anwendungen und Modellieren. In R. Bruder, L. Hefendehl-Hebeker, B. Schmidt-Thieme, & H.-G. Wigand (Hrsg.), *Handbuch der Mathematikdidaktik* (S. 357–383). Springer.

KMK. (2004). *Bildungsstandards im Fach Mathematik für den mittleren Schulabschluss (Beschluss der Kultusministerkonferenz vom 04.12.2003)*. Wolters Kluwer.

Ministerium für Schule, Jugend und Kinder des Landes Nordrhein-Westfalen. (2004). *Kernlehrplan für die Realschule in Nordrhein-Westfalen* (1. Aufl., Schule in NRW, Nr. 3302). Ritterbach.

Pielsticker, F. (2019). MatheWelt. Spiel mit selbstgedruckten Würfeln. In I. Witzke & J. Heitzer (Hrsg.), *3D-Druck. mathematik lehren*, 217. Friedrich.

Pielsticker, F. (2020). *Mathematische Wissensentwicklungsprozesse von Schülerinnen und Schülern. Fallstudien zu empirisch-orientiertem Mathematikunterricht am Beispiel der 3D-Druck-Technologie*. Springer. https://doi.org/10.1007/978-3-658-29949-1

Pielsticker, F., & Witzke, I. (2022). Erkenntnisse zur Beschreibung des aktivierten mathematischen Wissens in empirischen Kontexten an einem Beispiel aus der Wahrscheinlichkeitstheorie. *mathematica didactica, 45*. https://doi.org/10.18716/ojs/md/2022.1395

Pollak, H. (1979). The interaction between mathematics and other school subjects. In UNESCO (Hrsg.), *New trends in mathematics teaching* (Bd. IV, S. 232–248). UNESCO.

Pollak, H., & Garfunkel, S. (2014). A view of mathematical modeling in Mathematics education. In A. Sanfratello & B. Dickmann (Hrsg.), *Proceedings of conference on mathematical modeling at Teachers College of Columbia University* (S. 6–12).

Pollak, H. O. (1968). On some of the problems of teaching applications of mathematics. *Educational Studies in Mathematics, 1*(1/2), 24–30.

Pollak, H. O. (1969). How can we teach applications of mathematics? *Educational Studies in Mathematics, 2*, 393–404.

Schiffer, K. (2019). *Probleme des Mathematikunterrichts beim Übergang von Arithmetik zur Algebra.* Springer. https://doi.org/10.1007/978-3-658-27777-2

Schlicht, S. (2016). *Zur Entwicklung des Mengen- und Zahlbegriffs.* Springer. https://doi.org/10.1007/978-3-658-15397-7

Schoenfeld, A. H. (1985). *Mathematical problem solving.* Academic Press.

Sierpinska, A. (1992). On understanding the notion of function. In G. Harel & E. Dubinsky (Hrsg.), *The concept of function: Aspects of epitemology and pedagogy* (S. 25–28). Mathematical Association of America (MAA).

Sneed, J. D. (1971). *The logical structure of Mathematical Physics* (2. Aufl., 1979). Reidel.

Stegmüller, W. (1973). *Jenseits von Popper und Carnap: Die logischen Grundlagen des statistischen Schließens.* Springer.

Stegmüller, W. (1986). *Theorie und Erfahrung: Probleme und Resultate der Wissenschaftstheorie und Analytischen Philosophie, Band II, 3. Teilband: Die Entwicklung des neuen Strukturalismus seit 1973.* Springer.

Stoffels, G. (2020). *(Re-)konstruktion von Erfahrungsbereichen bei Übergängen von einer empirisch-gegenständlichen zu einer formal-abstrakten Auffassung. Eine theoretische Grundlegung sowie Fallstudien zur historischen Entwicklung der Wahrscheinlichkeitsrechnung und individueller Entwicklungen mathematischer Auffassungen von Lehramtsstudierenden beim Übergang Schule Hochschule.* Universi.

Struve, H. (1990). *Grundlagen einer Geometriedidaktik.* BI-Wiss.-Verlag.

von Wallwitz, G. (2017). *Meine Herrn, dies ist keine Badeanstalt. Wie ein Mathematiker das 20. Jahrhundert verändert.* Berenberg.

Winter, H. (1996). *Mathematikunterricht und Allgemeinbildung.* https://www.degruyter.com/downloadpdf/j/dmvm.1996.4.issue-2/dmvm-1996-0214/dmvm-1996-0214.pdf. Zugegriffen am 30.12.2019.

Witzke, I. (2009). *Die Entwicklung des Leibnizschen Calculus. Eine Fallstudie zur Theorieentwicklung in der Mathematik.* Franzbecker.

Witzke, I. (2015). Different understandings of mathematics. An epistemological approach to bridge the gap between school and university mathematics. *ESU, 7*, 304–322.

Witzke, I., & Spies, S. (2016). Domain-specific beliefs of school calculus. *Journal für Mathematik-Didaktik, 37*(1), 131–161.

Printed in the United States
by Baker & Taylor Publisher Services

Printed in the United States
by Baker & Taylor Publisher Services